ユーキャンの
気象予報士
入門テキスト
きほんの「き」

巻頭特集

気象美景

BEAUTIFUL VIEWS OF THE WEATHER

空の世界を

毎日の天気については気にしていても、
ゆっくりと空を眺めることは、あまりないかもしれません。
でも、たまにはちょっと立ち止まって、空を眺めてみましょう。
空や雲が作り出す、その時にそこでしか見られない
かけがえのない景色を見つけられるはずです。
そして、数々の不思議に、きっと胸が高鳴ることでしょう。
自然は、日々のくらしを豊かにするさまざまな感動を、
私たちに与えてくれます。

、旅しよう

01 積乱雲（せきらんうん）

雲の高さが10kmを超える、モクモクとした背の高い雲。夏の象徴でもある入道雲は積乱雲。

02
この雲が出たら、竜巻に注意！

漏斗雲

03
いわしの群れが、雨をお知らせ。

いわし雲（巻積雲）

04
雷のはじまりは、静電気!?

落雷（積乱雲）

02. 積乱雲などから垂れ下がってできるロウト（じょうご）のような形の雲。竜巻が発生する前や発生中に見られる。 **03.** いわしの群れに見えることから命名された。1つ1つが大きくなるほど、雨を降らせる雲が近づいている証拠。 **04.**積乱雲内部で、氷の粒などがぶつかって発生する静電気がたまり、雷となる。 **05.**オーロラの正体は、蛍光灯などと同じ放電現象。**06.**高い山の風下に出現する神秘的な雲。現れて数時間後には、天気が崩れる可能性あり。

美しく、壮大に。
空で巻き起こる、
数々のドラマ。

オーロラ

05
発光の仕組みは、蛍光灯とほぼ同じ！

つるし雲（竜の巣）

06
ぐるぐる、UFOみたい！

さあ、あなただけの空の世界を見に行きましょう。

チンダル現象（層積雲）
07
別名、「天使のはしご」。

彩雲

08 見ると幸せになれる？雲。

07.厚い雲の切れ間から光が放射状に漏れ、道すじのように輝く現象。「天使のはしご」という美しい呼び名もある。 08.カラフルな虹のように染まる美しい雲。季節や場所を問わず、太陽の近くに積雲、高積雲、巻積雲があるときに現れやすい。

INTRODUCTION

はじめに

気象に興味はあるけど、「数学や物理がちょっと…」という理由で気象予報士試験のチャレンジへの第一歩を踏み出せずにいる方に、お伝えしたい言葉があります。

合格に必要な数学や物理の知識の多くは、暗記で対応できる！

「気象学」を極めるためには、多くの数学や物理の知識が必要です。しかし、目的を気象予報士試験の合格とするのであれば、試験で問われる可能性のある数学や物理の知識の習得で十分です。それ以外の数学や物理の知識の習得は、資格取得後でもよいのです。また、資格試験の場合は、満点ではなく合格基準点をクリアできる力を養えばよく、そのために必要な物理や数学の知識は、かなり限定される上に、暗記で対応できるものが多くあります。

本書は、気象予報士試験の概要をつかみ、次のステップへつなげる土台作りのための基本書として、初めて学習する方が気軽に読み進められ、無理なく学習を続けていけるように、次のような工夫をしています。

- **優先的に学習すべき知識として厳選された内容！**
- **初学者の方が読みやすい、専門用語を極力減らした平易な文章！**
- **本文の内容の理解を視覚的に補助する図や表の活用！**
- **気象予報士試験の実際の難易度が把握できる、節ごとの過去問の掲載！**

「分かる学習は楽しい」という理念に基づいて制作した本書を足掛かりに、気象を学ぶ楽しさを感じていただき、ひいては気象予報士という価値ある資格取得の栄光を手にされることを念願しております。

おことわり

本書は、平成31年４月１日現在施行の法令等に基づいて執筆されています。なお、執筆以後の法改正情報等で気象予報士試験に関連するものについては、「ユーキャンの本」ウェブサイト内「追補（法改正・正誤）」にて、適宜お知らせいたします。https://www.u-can.co.jp/book/information

本書に収録した気象予報士試験の過去問題と解答は、（一財）気象業務支援センターの許可を得て掲載しています。

CONTENTS

目次

本書の使い方

こんにちは！このテキストは、初めての方でも気軽に無理なく学習できるよう、さまざまな工夫を施しています。何度も繰り返し読み込んで、知識を自分のものにしていきましょう。

ここでは、第１章、第２章のLessonページの説明をしています。１つのLessonは、ほとんどが見開き完結です。自分のペースで無理なく学習を進めましょう。

STEP 1 学習優先度・頻出度をチェック！

効率良く学習するには、優先順位を意識することが大切です。本書では、優先的に学ぶべき知識を厳選し、内容を分かりやすく解説しています。レッスンでの学びを進める前に必ず確認しましょう。

学習優先度

高い ↑優先度 低い

どのぐらいの優先順位で学習を進めるべきかをＡ～Ｃの３段階で表しています。

頻出度

高い ↑頻出度 低い

過去５年間程度の試験を分析し、そのレッスンで扱う内容がどのくらいの頻度で出題されてきたかを３段階で表示しています。

STEP 2 レッスンの概要をつかむ

このレッスンで学ぶ内容の概要をまずは確認しましょう。学習内容の概要を事前に把握することで、理解が進みやすくなります。

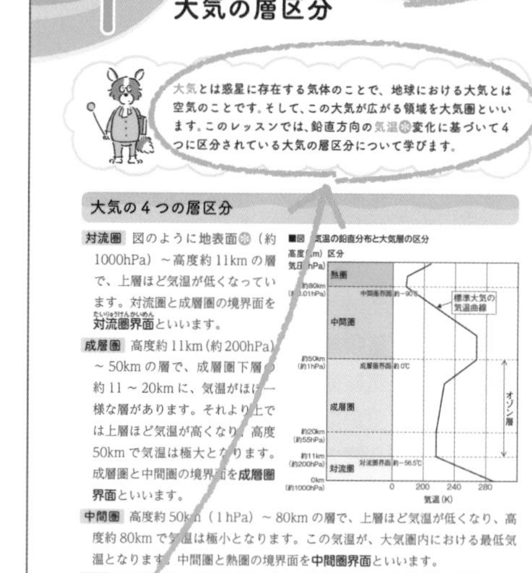
LESSON 1

学習優先度 A 頻出度

大気の層区分

大気とは惑星に存在する気体のことで、地球における大気とは空気のことです。そして、この大気が広がる領域を大気圏といいます。このレッスンでは、鉛直方向の気温❀変化に基づいて４つに区分されている大気の層区分について学びます。

大気の４つの層区分

対流圏 図のように地表面❀（約1000hPa）～高度約11kmの層で、上層ほど気温が低くなっています。対流圏と成層圏の境界面を**対流圏界面**といいます。

成層圏 高度約11km(約200hPa)～50kmの層で、成層圏下層の約11～20kmに、気温がほぼ一様な層があります。それより上では上層ほど気温が高くなり、高度50kmで気温は極大となります。成層圏と中間圏の境界面を**成層圏界面**といいます。

中間圏 高度約50km（1hPa）～80kmの層で、上層ほど気温が低くなり、高度約80kmで気温は極小となります。この気温が、大気圏内における最低気温となります。中間圏と熱圏の境界面を**中間圏界面**といいます。

熱圏 高度約80km(約0.01hPa)から大気上層で、上層ほど気温が高くなり、高度約500kmでは約1,000K（約700℃）と非常に高温になります。

■図 気温の鉛直分布と大気層の区分

❀用語 **気温**／水温が水の温度を意味するように、気温は空気の温度を意味する。
地表面／地面や海面のこと。

32

※こちらに掲載しているページは「本書の使い方」を説明するための見本です。

※本書では特に言及がない限り、北半球の場合について説明しています。

過去問に挑戦して、
知識を定着させましょう！

STEP 3 本文をしっかり学習

初めは細かいところにこだわりすぎず、ザッと全体を通して読むのがおすすめです。基本的な知識のインプット作業を行ったら、すぐにアウトプット作業として節末にある過去問に取り組みましょう。

対流圏・成層圏・中間圏・熱圏の特徴

対流圏の特徴 気温が低下する割合を気温減率といいます。対流圏内の気温減率は、高度1 kmにつき**約6.5℃**です。太陽光は大気を通過するので、太陽光が直接加熱するのは大気ではなく地表です。太陽光によって加熱された地表は熱を放射し、この地表から放射される熱が大気を加熱するので、対流圏内では地表から遠くなる**上層ほど気温は低く**なります。

また、対流圏内の空気は対流によって上下によくかき混ぜられているのが特徴です。雲ができ雨が降るといった日々の天気変化をもたらす大気の運動のほぼすべては、対流圏内で起こっています。対流圏界面の高度は、低緯度ほど高く（約16km）、高緯度ほど低く（約8 km）なっています。中緯度における対流圏界面の高度は変動が大きく、約10 ~ 12km程度です。

成層圏の特徴 高度約20kmまでの成層圏下層は気温が一定な層ですが、高度約**20km**より上では**上層**ほど気温が**高く**なっています。このように上層ほど気温が高くなっている層は安定な状態であることから、上下の混合が起こりにくくなりますが、実際は、強い風が吹いたり、数日間で気温が大きく変化するなどの現象が見られます。つまり、成層圏でも空気の上下の混合が起こっていることから、成層圏内の大気組成の割合は、ほぼ一様となっています。

また、図に示すように、成層圏にはオゾン層があり、特に高度20 ~ 30km付近には多量のオゾンが存在しています［▶L 2］。

中間圏の特徴 対流圏と同様に、上層ほど気温が低くなっていますが、気温減率は対流圏の半分以下となっています。

熱圏の特徴 熱圏の特徴は気温が高いことです。熱圏では、空気の成分である窒素や酸素の原子や分子が太陽光線に含まれる紫外線を吸収し、光のエネルギーによって原子核の周りを回転している電子は原子から放出されます。これを光電離（ひかりでんり）といい、光電離が起こることで形成される層を電離層といいます。熱圏の気温が高いのは、この光電離によって生じる加熱の効果によるものです。

ここがポイント！

光電離の仕組みはとても難しいから、気象予報士試験対策として、まずは熱圏で紫外線による光電離が起こるということを押さえたら、学習を先へ進めるといいよ！

第1章 一般知識 第1節 気象学の基礎

33

マーカー
重要項目は青字やマーカーを引いています。

リンク
参考となるレッスンへのリンクです。

学びのアドバイス

ヒントがいっぱい！

工夫を凝らしたアイコンで、あなたの学習をバックアップ！

プラスわん！
本文からさらに一歩踏み込んだ内容を補足し、解説しています。

用 語
分かりにくい用語や初めて出てきた用語などを解説しています。

ひとこと
学習に役立つ知識や着目ポイントなどをアイキャンくんが教えてくれます。

ここがポイント
試験で狙われやすいポイントを詳しく解説。効率的な学習のコツも伝授します。

キャラクター紹介

一緒に学ぼう！

あなたの学習をサポートしていく仲間です。

せんせい
物知りでのんびりとした性格の、気象博士。優しくていねいにアドバイスしてくれる頼れる先生。

アイキャンくん
天気のことになると人一倍マジメで熱心。アドバイスが得意。気象予報士になるのが夢で、猛勉強中。

プーキャンちゃん
太陽のように明るく、みんなのアイドル的な存在。お天気キャスターを目指して勉強を始めたばかり。

資格について

気象予報士

●気象予報士とは

気象庁から提供される数値予報資料などの高度な予測データを、適切に利用できる技術者として以下の能力を有することを認定する**気象予報士試験**に合格し、気象庁長官の登録を受けた者をいいます。

1 技術革新に対処するために必要な気象学の基礎的知識
2 各種データを適切に処理し、科学的な予測を行う知識および能力
3 予測情報の提供に不可欠な防災上の配慮を適確に行うための知識および能力

●気象予報士の業務

気象予報士だけが、気象庁以外の者として**予報業務を行う**ことを認められており、気象のエキスパートとして次のような分野での活躍が期待されています。

報道関係 気象キャスターとしてテレビやラジオなどで予報内容を分かりやすく伝える業務や、アナウンサーなどが読み上げる天気予報の原稿作成業務など。

地方自治体関係 災害対策を目的として日々の気象解説などを行う気象防災アドバイザーとしての業務。

運輸関係 航空機の飛行や船舶の運航などが安全に行われることを目的として行う現象の予報業務。

気象予報士試験の概要

●受験資格

制限なし（※気象業務法による処分を受けた場合を除く）。

●試験の方法

学科試験（マークシートによる多肢選択式）と実技試験（記述式）があり、いずれも筆記試験により行います。学科試験には一般知識と専門知識があります。

●試験科目

一般知識 大気の構造、大気の熱力学、降水過程、大気における放射、大気の力学、気象現象、気候の変動、気象業務法その他の気象業務に関する法規。

専門知識 観測の成果の利用、数値予報、短期予報・中期予報、長期予報、局地予報、短時間予報、気象災害、予報の精度の評価、気象の予想の応用。

実技 気象概況及びその変動の把握、局地的な気象の予報、台風等緊急時における対応。

●試験地

北海道、宮城県、東京都、大阪府、福岡県、沖縄県

●科目免除

学科試験の全部または一部に合格した者は、申請により、合格発表日から1年以内に行われる試験において、合格した科目の試験が免除となります。また、気象業務に関する業務経歴または資格を有する者は、申請により、学科試験の全部または一部が免除となります（詳細は試験案内を参照）。

●試験までのスケジュール

	第1回	第2回
受験申込書の交付	5月中旬頃	10月中旬頃
受験票到着	8月初旬頃	1月初旬頃
試験日（年2回）	8月下旬の日曜日	1月下旬の日曜日
合格発表	10月上旬頃	3月上旬頃

●試験科目と合格ラインの目安など

	科 目	試験形態	合格ラインの目安	試験時間
学科試験	予報業務に関する一般知識	択一式	15問中11問以上	60分
	予報業務に関する専門知識	択一式	15問中11問以上	60分
実技試験1		記述式	合計の正解率が70%以上	75分
実技試験2		記述式		75分

※合格ラインは、難易度により調整されることがあります。

【試験に関する問い合わせ先】

一般財団法人　気象業務支援センター

〒101-0054　東京都千代田区神田錦町3-17 東ネンビル

代表電話：03-5281-0440　http://www.jmbsc.or.jp

※試験に関する詳細は上記ホームページを参照(試験日の約3か月前から)するか、センターへお問い合わせください。

これから学ぶ人へ

科目ごとの傾向と対策

一般知識 通例として、全15問のうちの４問は、法令に関する出題となっています。また、熱力学や大気力学からの出題が多くなっています。いずれも、まずは基本事項の暗記で対応できるところから確実に押さえていきましょう。

専門知識 出題範囲が非常に広く、細かい知識を問う問題もあります。最初から細かく学習していくと、学習に多くの時間が必要となるので、学習の優先順位を特に意識して学習を進めましょう。

実技 記述式と呼ばれる15～45文字程度の文章を自分自身の言葉で記入することが求められる問題があります。この記述式問題で得点するためには、キーワードとなる用語を確実に記入することが必要です。本書の強調文字は、記述式でのキーワードになる可能性が高いことを意識して学習を進めていきましょう。

本書の学習のコツ

ステップ１（インプット）

節ごとにレッスンを読む
▼
短期記憶

ステップ２（アウトプット）

節末の過去問に取り組む
▼
短期記憶

ステップ３

ステップ１と２を繰り返す
▼
長期記憶として定着

学習のコツは､次の２点を意識することです。

学習のコツ１

インプットとアウトプットを繰り返すこと

学習のコツ２

短期記憶から長期記憶へ移行させること

節ごとの各レッスンを読み、基本的な知識のインプット作業を行ったら、すぐにアウトプット作業として節末の過去問に取り組みます。この時点ではまだ短期記憶ですぐに忘れてしまうので、忘れた頃に再度インプットとアウトプットを行います。この作業を、問題に確実に正解できるようになるまで繰り返すことで、長期記憶として定着させます。

REFERENCES

参考資料

Lesson内の図表は2色表記としていますが、カラー表記が推奨される図表はこちらに掲載しています。

P175

■図　ドップラー速度の平面分布図を説明する図

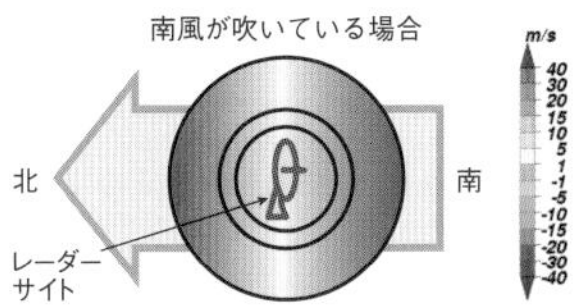

P182

■参考図　可視画像

（気象庁提供）

P182

■参考図　赤外画像

（気象庁提供）

P182

■参考図　水蒸気画像

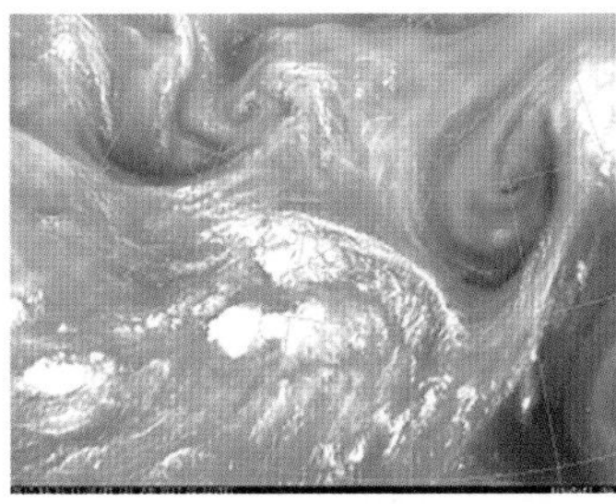

（気象庁提供）

P244

■図68－1　発表区分（福島県の場合）

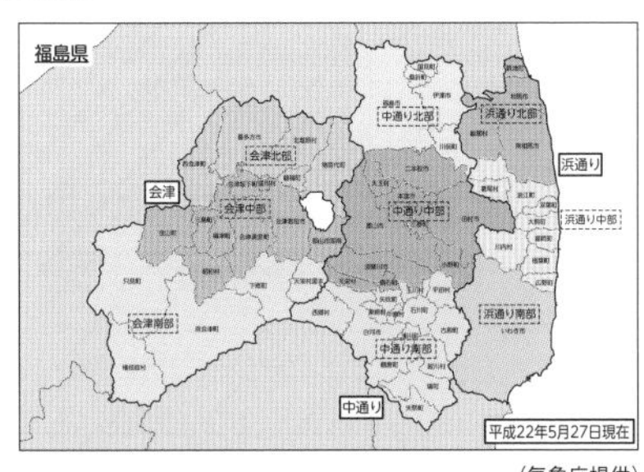

（気象庁提供）

P246

■図69－1　台風情報
（24時間先までの予報）

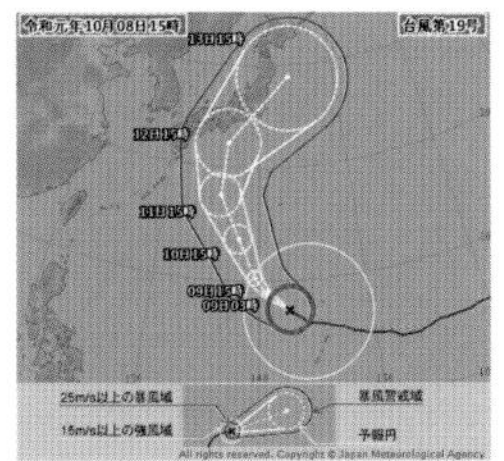

（気象庁提供）

P247

■図69－2　台風情報
（24時間先までの予報）

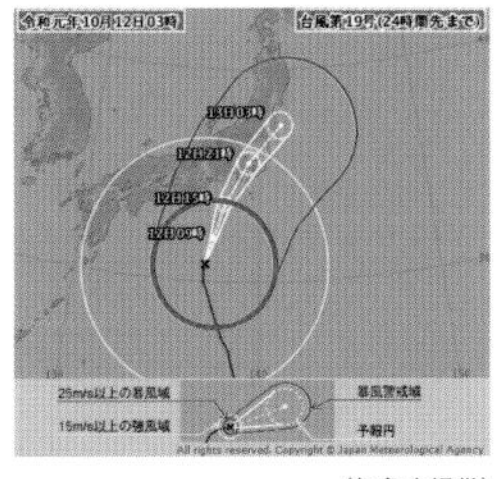

（気象庁提供）

P250

ア 10:00
イ 10:30
ウ 11:00
上流
A
Z川
B
下流
降水強度
(mm/h)
50
30
1
(a)
(b)
(c)
指数
10:00 10:30 11:00 11:30 12:00
時刻(時：分)

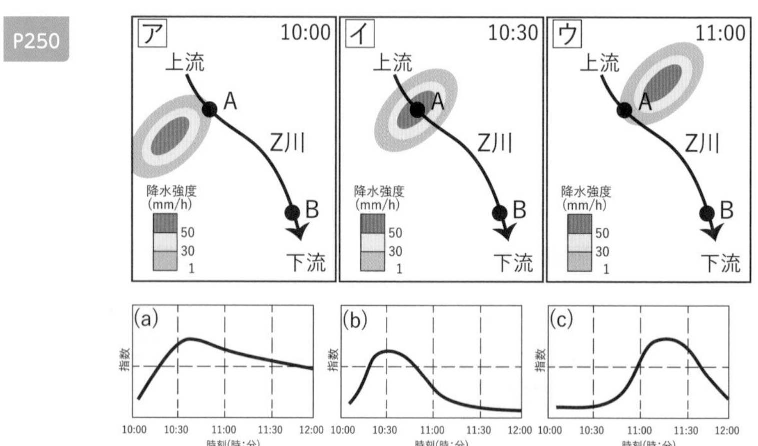

P310

■図73－41　エマグラム（状態曲線）から算出するSSI

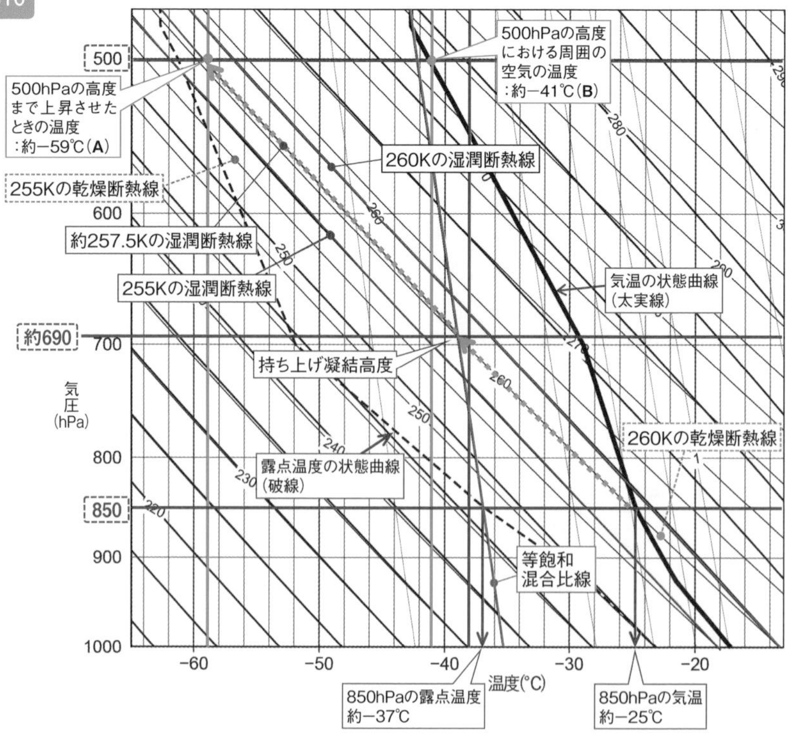

500
500hPaの高度まで上昇させたときの温度：約－59℃(A)
500hPaの高度における周囲の空気の温度：約－41℃(B)
260Kの湿潤断熱線
255Kの乾燥断熱線
600
約257.5Kの湿潤断熱線
255Kの湿潤断熱線
気温の状態曲線(太実線)
約690
700
持ち上げ凝結高度
気圧(hPa)
260Kの乾燥断熱線
800
露点温度の状態曲線(破線)
850
900
等飽和混合比線
1000
-60 -50 -40 -30 -20
温度(℃)
850hPaの露点温度約－37℃
850hPaの気温約－25℃

前章

天気の仕組み

この章の目的は、現在の自分の天気に関する知識がどのくらいなのかを簡単に把握することと、低気圧や台風といった私たちにとって身近な現象の大まかな仕組みを把握することです。この章は、あまり細かいことは気にすることなく、楽な気持ちで楽しく読み進めてください。

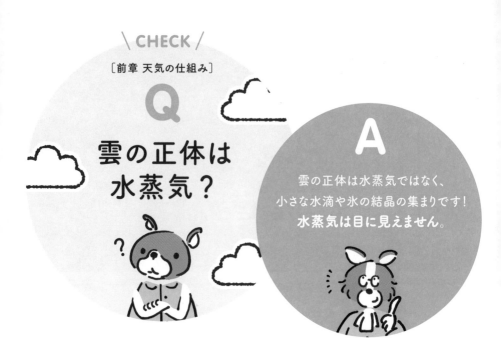

＼CHECK／

〔前章 天気の仕組み〕

Q 雲の正体は水蒸気？

A

雲の正体は水蒸気ではなく、小さな水滴や氷の結晶の集まりです！**水蒸気は目に見えません。**

海や湖など、水は目に見えます。この目に見える水を温めると、やがて水の表面から白くもやもやとしたものが出てくるのが見えます。これは水蒸気なのでしょうか？いいえ。水蒸気は目に見えないので、これは水蒸気ではなく、小さな水滴の集まりです。水の表面付近をよく見ると、表面のすぐ上は透明で何も見えません。白くもやもやしたものが見えるのは、表面から少し離れた場所です。これは、水が温められて水蒸気へと変化した後、すぐに周囲の冷たい空気に冷やされて再び水蒸気が水（水滴）へと変化するために、**小さな水滴の集まり**が表面から少し離れた場所で白いもやもやとなって目に見えている状態です。

雲も同じです。目に見えなかった空気中の水蒸気が気温の低い空の高い場所で冷やされて、水（水滴）や氷の結晶に変化することで、私たちの目に見えるようになります。これが雲です。

水の３つの姿…液体、気体、固体

水は液体、水蒸気は気体、氷は固体の状態です。水が水蒸気に変わることを**蒸発**、水が氷に変わることを**凝固**といいます。また、氷が水蒸気に変わることを**昇華**（しょうか）、氷が水に変わることを**融解**といい、さらに水蒸気が水に変わることを**凝結**、水蒸気が氷になることを**昇華**といいます。

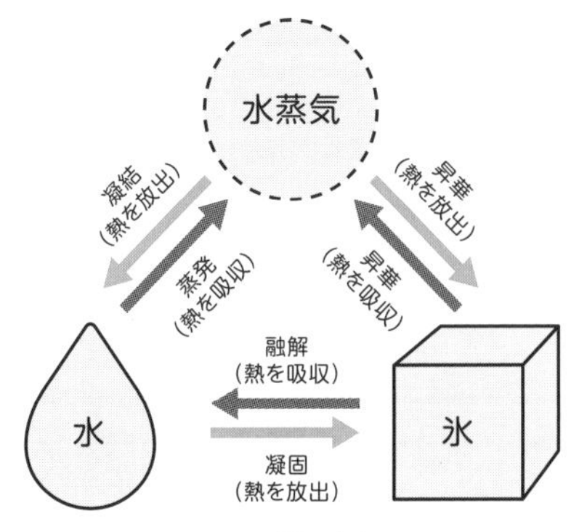

このように、水や水蒸気や氷に変化することを**水の相変化**（そうへんか）といい、水の相変化の際に放出や吸収する熱を**潜熱**といいます。

潜熱（せんねつ）とは

水は熱を放出することで氷に変わりますが、このとき水や氷の**温度に変化はありません**。このように、水や氷の温度を変化させないことから、潜（ひそ）んでいる熱という意味で潜熱といいます。

潜熱は、水・氷・水蒸気の温度は変化させませんが、周囲の空気の温度は変化させますよ。例えば、水蒸気が水に相変化する際に放出する潜熱は、周囲の空気を暖めます。

雲ができ雨や雪が降るまで

海や湖などに存在する水は常に蒸発しています。この蒸発した水、つまり水蒸気は空気中に含まれます。日射によって地表面付近の水蒸気を含む空気が暖められると、軽くなった空気の塊（空気塊（くうきかい））が上昇していきます。

高度が高い場所ほど、空気が押す力（気圧）は弱くなっているので、上昇する空気塊が**周囲の空気**によって押される力も弱くなり、上昇する空気塊は膨張します。上昇する空気塊と**周囲の空気**の間に熱の出入りがないと、空気塊の膨張に空気塊自身が持つエネルギー(内部エネルギーといいます)が使われるので、空気塊の温度が低下します。これを断熱膨張冷却といいます。

上昇する空気塊の温度が断熱膨張冷却によって低下していくと、空気塊中の水蒸気はやがて凝結して水滴となり、さらに温度が低下すると氷の結晶もできます。こうしてできた小さな水滴や氷の結晶がたくさん集まり、空の高い場所で浮かんでいるのが雲です。

雲粒（くもつぶ）（水滴や氷の結晶）が小さいうちは空気抵抗を受けて落下速度が遅いことに加えて、上昇気流に支えられているので空に浮かんでいられますが、雲粒が成長して大きくなると空に浮かんでいられなくなります。こうして落ちてくるのが雨や雪です。

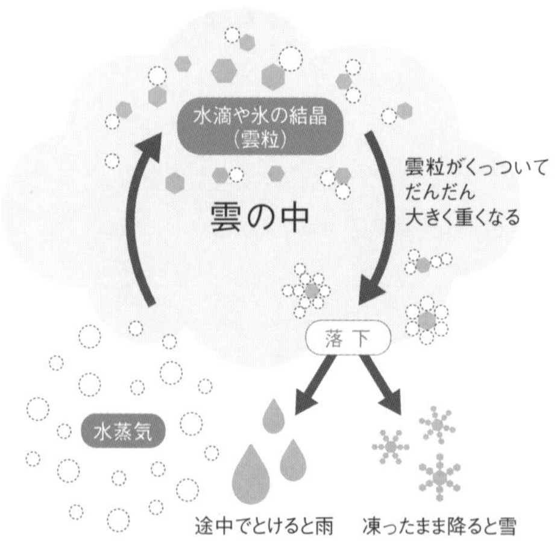

＼CHECK／

［前章 天気の仕組み］

Q

風はなぜ吹くの？

A

風が吹くのは、気圧の高いところと低いところがあるからです！水が高いところから低いところへ移動するように、空気も気圧の高い側から低い側へ移動します。

地球上には絶えることなく、鉛直方向や水平方向の空気の動きがあって、このうちのほぼ水平方向の空気の流れを風と表現しています。水が高い場所から低い場所に向かって移動するように、空気も気圧の高い側から気圧の低い側に向かって水平方向に移動します。

空気は目には見えず、また、普段の生活の中で私たちが空気の重さを感じることはありませんが、空気にも重さがあります。そして、地球の周りには空気の層があって、高度が低いほど上に載っている空気の量は多くなるので、高度が低いほど気圧は高く（空気が押す力は強く）なります。一方、高度が高いほど、その高さから上に載っている空気の量は少なくなるので気圧は低く（空気が押す力は弱く）なります。気圧はhPa（ヘクトパスカル）という単位で表しますが、高度０ｍの気圧はだいたい1013.25hPaであるのに対して、高度3,776ｍの富

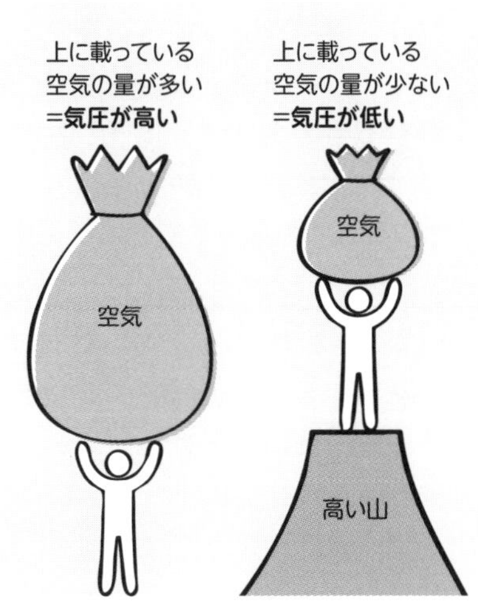

士山の頂上の気圧はだいたい638hPaです。このような高度の違いによって生じる気圧差もあれば、その他の要因によって生じる気圧差もあります。

例えば、空気が日射によって暖められると、暖められた空気は膨張して体積が増えて密度が小さくなります。密度の小さい空気が押す力は弱いので気圧が低くなります。反対に、空気が冷やされると密度は大きくなるので気圧は高くなります。このようにして気圧の高いところや低いところができます。

空気はあらゆる方向から圧力を受けていて、すべて同じ圧力であれば空気は移動しません。しかし、気圧に高低差があれば、圧力の大きい側の押す力の方が強くなるので、気圧の高い側から低い側に空気が移動することになります。この気圧の違いによって生じる空気の流れが風です。

周囲よりも気圧の低い場所を低気圧、
周囲よりの気圧の高い場所を高気圧というよ。

日本の気象に影響を与える3つの気団

空気が広大な大陸や海の上に長期にわたって停滞していると、空気は次第にその場所の影響を受け、空気の性質が変わっていきます。例えば、冷たく乾燥した大陸上に長く停滞する空気は次第に寒冷で乾燥した空気となり、暖かい海の上に長く停滞する空気は次第に暖かく湿った空気となります。このような、停滞した場所の影響を受けてほぼ同じ性質となった、水平方向が1,000km以上の巨大な空気塊を気団といいます。

日本付近の主な気団として3つの気団があり、シベリア気団は冬、小笠原(おがさわら)気団は夏、オホーツク海気団は梅雨の時期における日本の気象に影響を与えます。

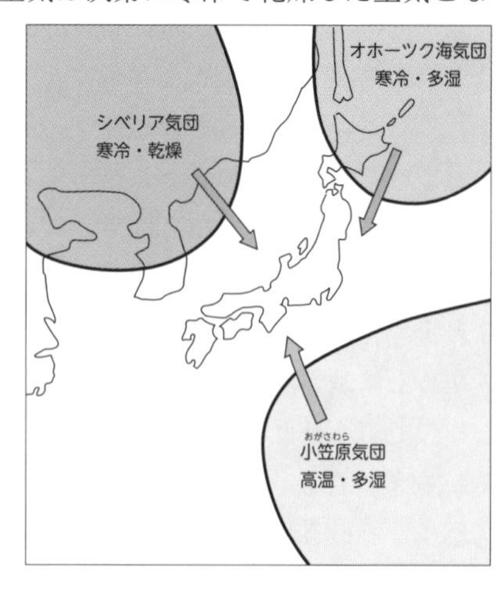

気団によって作られる前線

気団にはそれぞれの持つ空気の性質があるので、異なる２つの気団の境界は性質の異なる空気の境界となります。この気団と気団の境界線が前線です。性質の異なる空気がぶつかっても、これらが簡単に混じり合うことはありません。そのため、暖かい性質を持つ気団と冷たい性質を持つ気団がぶつかった場合において、冷たい性質を持つ気団の勢力が強ければ、冷たくて重い空気が暖かくて軽い空気の下にもぐり込み、暖かい空気を押し上げながら進みます。このように、性質の異なる空気が簡単に混じり合わないことで、前線が作られます。

気団は立体的に存在するので、厳密には気団と気団の境界面を前線面といい、前線面が地表面と交わる線を前線といいます。

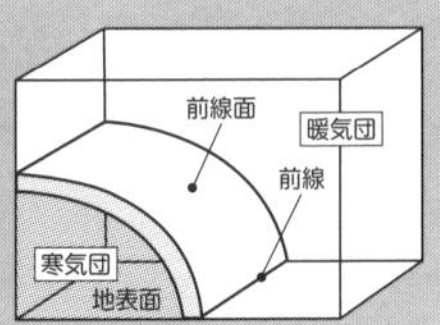

前線の種類とその特徴

前線には、温暖前線、寒冷前線、停滞前線、閉塞（へいそく）前線の４つの種類があります。

①温暖前線の特徴（前線記号：◓◓◓）

温暖前線は、温暖な気団と寒冷な気団がぶつかるところで、暖気が寒気の上にゆっくりとはい上がり、寒気を後退させながら進むことで生じる前線です。前線の傾きは緩やかで、前線に伴う雲としては乱層雲や、高層雲、巻層雲（けんそううん）などが多いことが特徴です。横に広がる雲が生じるので、前線に伴って、広範囲に穏やかな雨が長時間にわたり降り続くことが多くなります。

②寒冷前線の特徴（前線記号：▼▼▼）

寒冷前線は、寒冷な気団と温暖な気団がぶつかるところで、寒気が暖気の下にもぐり込み、暖気を激しく押し上げながら進むことで生じる前線です。寒気にもぐり込まれた暖気が激しい上昇気流となるため、前線の傾きは急で、前線に伴う雲としては積雲や積乱雲などが多いことが特徴です。前線通過時には、風が強まり、激しいにわか雨が降り、時には雷雨やひょうが降ることもあります。縦に伸びる雲が生じるので、前線に伴って降る雨の多くは１～２時間程度です。

③停滞前線の特徴（前線記号：▲▼▲▼）

２つの気団の勢力がつり合うことで生じる前線です。暖気が寒気の上にはい上がりますが、勢力がつり合っているので境界の位置はほぼ動きません。前線の位置が動かないので、同じ場所で長期にわたり雨が降り続く傾向があります。停滞前線の代表的なものとしては、梅雨（ばいう）前線や秋に長雨を降らせる秋雨（あきさめ）前線があります。

④閉塞前線の特徴（前線記号：▲▲▲）

温帯低気圧に伴って生じる温暖前線と寒冷前線は、温帯低気圧の発達期までは前線の進行方向の前面に温暖前線が位置し、後面に寒冷前線が位置しています。しかし、寒冷前線の進む速さの方が温暖前線よりも速いため、後面の寒冷前線が前面の温暖前線に追いつくことで生じる前線です。閉塞前線は温帯低気圧の最盛期から衰弱期に現れます。

\ CHECK /

［前章 天気の仕組み］

Q 温帯低気圧や台風のエネルギー源は何？

A

温帯低気圧のエネルギー源は**有効位置エネルギー**で、台風のエネルギー源は**潜熱**です。

温帯低気圧と台風はどちらも低気圧ですが、温帯低気圧は、緯度30°～60°付近の温帯地方において、北からの寒気と南からの暖気がぶつかってできる前線上で発生します。温帯低気圧を発達させるエネルギー源は、水平方向に存在する寒気と暖気が、重たい寒気は下へ軽い暖気は上へと移動するために生じる大気の運動によるエネルギーです。これを、位置エネルギーから運動エネルギーへの転換による有効位置エネルギーといいます。

物体が高い位置にあるために持つエネルギーを位置エネルギーといいます。高い位置にある物体が低い位置へ移動することで位置エネルギーは運動エネルギーに転換されることになりますが、この位置エネルギーから運動エネルギーに実際に転換できるものが有効位置エネルギーです。

一方、台風は熱帯の暖かい海洋上で発生します。強い日射によって海面から大量の水蒸気が発生して上昇気流ができ、上昇気流によって上昇した大量の水蒸気が上空で凝結する際に放出する**潜熱**によって周囲の空気を暖めて上昇気流をさらに強めることで発達していきます。つまり、台風のエネルギー源は潜熱です。

温帯低気圧の一生

①発生期

寒気と暖気が接する境界面（前線面）が波打つことで渦(うず)ができ、そこに低気圧が発生します。

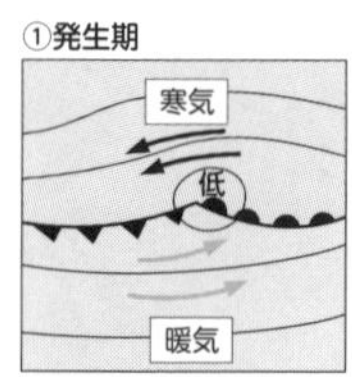

②発達期

重い寒気が軽い暖気の下にもぐり込み、暖気が寒気の上に押し上げられることで生じる**有効位置エネルギー**が低気圧に供給されて発達します。

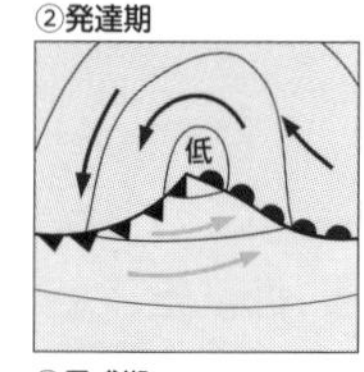

③最盛期

エネルギーの供給により、渦運動が強まります。低気圧の中心気圧はさらに下がり、寒冷前線が温暖前線に追いつき閉塞前線ができ始めます。

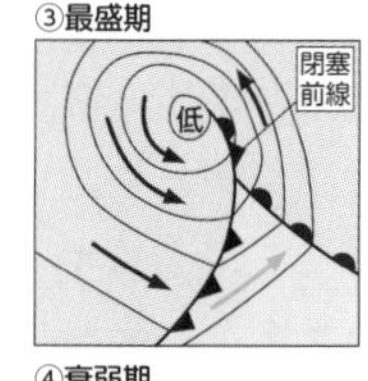

④衰弱期

低気圧の中心が閉塞前線の南西側に取り残され、低気圧の中心気圧が上がり始めます。

ここでは、温帯低気圧がどういうものかという概要を大まかに把握することで充分ですよ。温帯低気圧のエネルギー源についてはLESSON27で、その他の関連知識は各LESSONで詳しく学習していきましょう。

台風の特徴とその一生

台風の特徴

熱帯の海上で発生する低気圧を熱帯低気圧といいます。このうち北西太平洋または南シナ海に存在し、なおかつ低気圧域内の最大風速がおよそ17m／s以上のものを台風と呼びます。

熱帯低気圧や台風は、温帯低気圧のように性質の異なった気団が接することで生じる訳ではないので、前線を伴いません。そのため、等圧線の形はほぼ円形となり、中心に近いほど非常に強い風が吹きます。

台風の一生

①発生期

赤道付近の海面水温が高い熱帯の海上では上昇気流が発生しやすく、台風は、一般的に海面水温が26～27℃以上の熱帯の海域で発生するといわれています。また、台風の発生・発達には、周辺からの暖湿（だんしつ）な空気塊を効率的に流入させるための低気圧性循環が必要です。上昇気流によって次々と発生した積乱雲が多数まとまって渦を形成するようになり、渦の中心付近の気圧が下がり、さらに発達して熱帯低気圧となり、最大風速がおよそ17m／s以上になったものが台風です。

この低気圧性循環は空気の渦であるため、コリオリの力が弱いと生じにくくなります。コリオリの力は地球が自転していることによって生じる力です。赤道（低緯度）に近いほどコリオリの力は小さくなり、赤道におけるコリオリの力はゼロとなります。そのため、コリオリの力が小さい南北緯度5°以内の赤道付近では、台風はほぼ発生しません。

①発生期

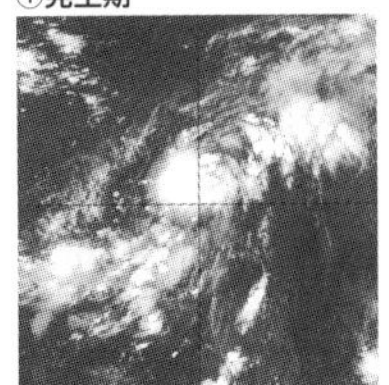

②発達期

③最盛期

④衰弱期

（気象庁提供）

②発達期

熱帯低気圧が台風となった後も、暖かい海面から供給される水蒸気をエネルギー源として発達していき、台風の中心気圧がぐんぐん下がり、中心付近の風速が急激に強くなります。

③最盛期

台風の中心気圧がさらに下がって中心気圧が最も低くなり、最大風速も最も強くなります。その後、台風の北上に伴い、中心付近の風速は徐々に弱まっていきますが、強い風の範囲は広がる傾向があります。

④衰弱期

海面水温が熱帯よりも低い日本付近に台風が移動してくると海からの水蒸気の供給が減少するので、台風の勢力が衰えていきます。

⑤台風の熱帯低気圧化・温帯低気圧化

台風の勢力がそのまま衰えて、最大風速が 17m ／ s 未満になると台風は熱帯低気圧に変わりますが、この場合は風速が弱まっただけなので、引き続き強い雨が降ることもあります。

また、台風が北上してくることで、北から寒気の影響が加わるようになると、寒気と暖気の境である前線を伴う温帯低気圧に変わります。このとき、低気圧の中心付近では多くの場合、風速のピークは過ぎていますが、強い風の範囲は広がるので、低気圧の中心から離れた場所で大きな災害が起こることや、寒気の影響を受けて再発達して風が強くなって災害が起こることがあります。

ここでは、台風の基本的な特徴などを簡単に把握することで十分ですよ。**コリオリの力**は LESSON19 で、**台風**については LESSON34 で詳しく説明しています。

第1章

一般知識

第１章は、気象予報士試験における学科試験の「予報業務に関する一般知識」に対応する内容となっています。大気の構造、大気現象における力学など気象学の基本となる重要な知識と、気象業務に関して定めた法律や関連する法律についての知識を学習します。

第1章
ざっくり解説

第1節

気象学の基礎

気象予報士試験の難易度を高くしている数学的知識を多く含む節ですが、最初からすべてを理解する必要はありません。大気の熱力学と大気力学の基礎は、実技で学ぶ内容にも大きく関連しているので、第1章を最後まで学習したら、また第1節に戻ってきて繰り返し学習するようにしましょう。

やだぁ～。
いきなり、とっても
難しそうなんだけどぉ…
不安になる
必要はありませんよ！
まずは基本的な知識を
押さえるところから
始めていきましょう。
難易度が低い問題で確実に
正解できる**基礎力**を養う
ことが大切ってことだね。

ここを押さえよう！

この節の 学習ポイント

大気の鉛直構造 ▶▶▶L1～L2

大気の層ごとの特徴などについて学びます。特に気温の鉛直方向の特徴や、オゾンの密度が最大となる高度と気温が極大となる高度の関係性を意識しましょう。

大気の熱力学 ▶▶▶L3～L6

大気が熱を受け取ったり失ったりすることで起こる変化などについて学びます。大気の鉛直安定度では、地球を取り巻く空気（大気）と、大気中を上昇や下降する空気塊の違いを意識することが理解のための大きなポイントです。

降水過程 ▶▶▶L7～L10

実際の大気中で水滴が雨粒に成長するまでのプロセスや、雲の分類などについて学びます。雲粒が雨粒に成長するために必要な２つの成長過程が大切です。

大気における放射 ▶▶▶L11～L17

太陽から放射されるエネルギーと、地球が放射するエネルギーの違いなどについて学びます。気体とガスの違いや、散乱と放射の違いなど、用語の意味をしっかりと意識しましょう。

大気力学の基礎 ▶▶▶L18～L24

地球の自転や気圧差などによって大気に作用する力などについて学びます。特に温度風は、実技でも問われる重要な知識なので、ここでしっかりと学習しておきましょう。

試験では、数式を覚えておいて単位の変換さえできれば正解にたどり着ける難易度が比較的低い問題も多く出題されています。

LESSON 1

学習優先度  頻出度 

大気の層区分

大気とは惑星に存在する気体のことで、地球における大気とは空気のことです。そして、この大気が広がる領域を大気圏といいます。このレッスンでは、鉛直方向の**気温**✻変化に基づいて4つに区分されている大気の層区分について学びます。

大気の４つの層区分

対流圏 図のように**地表面**✻（約1000hPa）～高度約11kmの層で、上層ほど気温が低くなっています。対流圏と成層圏の境界面を**対流圏界面**（たいりゅうけんかいめん）といいます。

成層圏 高度約11km（約200hPa）～50kmの層で、成層圏下層の約11～20kmに、気温がほぼ一様な層があります。それより上では上層ほど気温が高くなり、高度50kmで気温は極大となります。成層圏と中間圏の境界面を**成層圏界面**といいます。

■図　気温の鉛直分布と大気層の区分

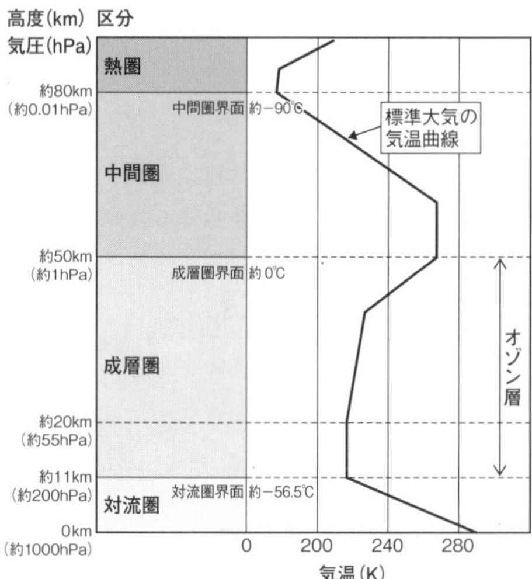

中間圏 高度約50km（1hPa）～80kmの層で、上層ほど気温が低くなり、高度約80kmで気温は極小となります。この気温が、大気圏内における最低気温となります。中間圏と熱圏の境界面を**中間圏界面**といいます。

熱圏 高度約80km(約0.01hPa)から大気上層で、上層ほど気温が高くなり、高度約500kmでは約1,000K（ケルビン）（約700℃）と非常に高温になります。

用語

気温／水温が水の温度を意味するように、気温は空気の温度を意味する。

地表面／地面や海面のこと。

対流圏・成層圏・中間圏・熱圏の特徴

対流圏の特徴 気温が低下する割合を気温減率といいます。対流圏内の気温減率は、高度1kmにつき**約6.5℃**です。太陽光は大気を通過するので、太陽光が直接加熱するのは大気ではなく地表です。太陽光によって加熱された地表は熱を放射し、この地表から放射される熱が大気を加熱するので、対流圏内では地表から遠くなる**上層ほど気温は低く**なります。

また、対流圏内の空気は対流によって上下によくかき混ぜられているのが特徴です。雲ができ雨が降るといった日々の天気変化をもたらす大気の運動のほぼすべては、対流圏内で起こっています。対流圏界面の高度は、低緯度ほど高く（約16km)、高緯度ほど低く（約8km）なっています。中緯度における対流圏界面の高度は変動が大きく、約10～12km程度です。

成層圏の特徴 高度約20kmまでの成層圏下層は気温が一定な層ですが、高度約**20km**より上では**上層**ほど気温が**高く**なっています。このように上層ほど気温が高くなっている層は安定な状態であることから、上下の混合が起こりにくくなりますが、実際は、強い風が吹いたり、数日間で気温が大きく変化するなどの現象が見られます。つまり、成層圏でも空気の上下の混合が起こっていることから、成層圏内の大気組成の割合は、ほぼ一様となっています。

また、図に示すように、成層圏にはオゾン層があり、特に高度20～30km付近には多量のオゾンが存在しています［▶L2］。

中間圏の特徴 対流圏と同様に、上層ほど気温が低くなっていますが、気温減率は対流圏の半分以下となっています。

熱圏の特徴 熱圏の特徴は気温が高いことです。熱圏では、空気の成分である窒素や酸素の原子や分子が太陽光線に含まれる紫外線を吸収し、光のエネルギーによって原子核の周りを回転している電子は原子から放出されます。これを光電離（ひかりでんり）といい、光電離が起こることで形成される層を電離層といいます。熱圏の気温が高いのは、この光電離によって生じる加熱の効果によるものです。

ここがポイント！

光電離の仕組みはとても難しいから、気象予報士試験対策として、まずは熱圏で紫外線による光電離が起こるということを押さえたら、学習を先へ進めるといいよ！

LESSON 2

学習優先度 A　頻出度

オゾン層とオゾンホール

大気中の酸素原子と酸素分子の結合によりオゾンが作られ、オゾンを多く含む成層圏のオゾン層が、生物に有害な紫外線を吸収し生物を保護しています。このレッスンでは、オゾン層やオゾンが破壊され穴が開いたような状態のオゾンホールについて学びます。

オゾン生成の仕組みとオゾンの分布

オゾン（O_3）は、さまざまな気体分子で形成されている大気中において、次の化学反応により生成されます。

①大気中の酸素分子（O_2）が太陽紫外線（0.24μm（マイクロメートル）以下の波長領域）を吸収して、2つの酸素原子（O）に分解

O_2 + 光（紫外線 0.24μm 以下）→ O + O

②分解された酸素原子（O）が、それぞれ別の酸素分子（O_2）と結合してオゾン（O_3）を生成

O + O_2 → O_3

大気の化学組成は、高度約 80km（中間圏界面）まではほぼ一様で、空気密度は下層ほど大きいので、オゾンの生成に必要な酸素分子（O_2）の数は、下層ほど多くなります。一方、酸素原子（O）の数は、成層圏や中間圏では上層ほど多いため、これらのバランスから、オゾンの生成は成層圏下層の高度 25km 付近で最大となり、オゾン密度の最大も高度 25km 付近となります。

■図　オゾン密度の鉛直分布

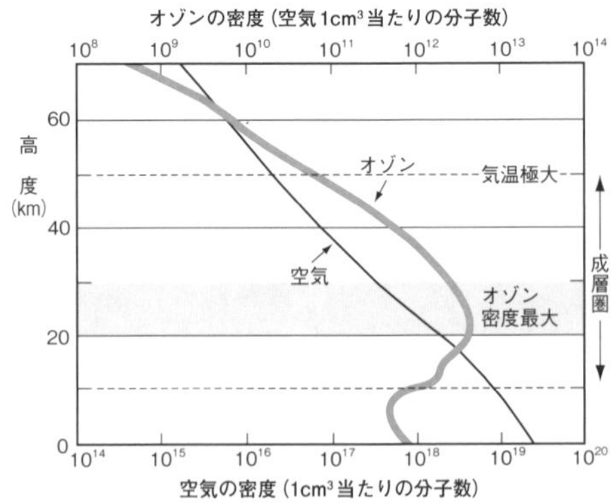

オゾンが太陽紫外線を吸収するときに発生する熱によって成層圏の気温は加熱されますが、図に示すように、成層圏の気温の極大は約 50km の高度にあり、オゾン密度が最大となる約 25km の高度とは異なり

ます。このように、オゾン密度が最大となる高度約 25km よりも上層の高度約 50km で気温が極大となるのは、太陽紫外線が大気中を通過するときに上層のオゾンに吸収されて下層ほど太陽紫外線が弱まるため、太陽紫外線の吸収量が、より上層で多くなるからです。

オゾン層の破壊とオゾンホールができる仕組み

太陽からの強い紫外線は、地球上の多くの生物にとって有害ですが、オゾン層が紫外線のほとんどを吸収し、有害な紫外線から生物を保護しています。しかし、フロンという化学物質によるオゾン層の破壊が全世界で生じており、特に顕著に現れているのが、南極で春に発生するオゾンホールと呼ばれるオゾン層の破壊です。オゾン層を破壊する原因物質とされているフロンは、人工的に作り出された物質で、化学的に非常に安定した気体です。そのため、フロンが大気中に放出されると、破壊されることなく成層圏にまで達し、成層圏で初めて紫外線によって分解されることになります。このフロンの分解により塩素原子が放出され、塩素原子が成層圏のオゾンを破壊します。オゾン層の破壊は次のメカニズムによって起こります。

①成層圏の上層に達したフロンが、太陽紫外線によって分解されて塩素原子（Cl）を放出

②①で放出される塩素原子（Cl）がオゾン分子（O_3）と反応してオゾン分子から酸素原子（O）を１個奪って一酸化塩素（ClO）になり、オゾン分子は消滅して酸素分子（O_2）になる

$Cl + O_3 \rightarrow ClO + O_2$

③一酸化塩素（ClO）が酸素原子（O）と反応して酸素分子（O_2）になり、塩素原子（Cl）を放出

$ClO + O \rightarrow Cl + O_2$

④③で放出された塩素原子（Cl）が、②のオゾン分子が酸素分子に分解される際の有効な触媒（しょくばい）として働き、オゾン層の破壊が進行していく

南極のオゾンホールは、春に現れます。なぜなら、南極が極夜（一日中太陽の光が射さない状態）となる冬に、成層圏の気温が氷点下約 78℃以下になって**極成層圏雲**（きょくせいそうけんうん）（凍った微粒子から成る雲）が生じると、この雲の表面で起こる化学反応により大量の塩素分子が大気に放出されます。その後、南極が春になって太陽紫外線が成層圏に届くようになると、塩素分子と紫外線が反応してできた塩素原子が放出されてオゾンを急激に破壊するからです。

過去問チャレンジ

大気の鉛直構造 [▶L 1]

R 1－1（52回）一般 問1

大気圏各層における国際標準大気の気温と気圧の特徴および層内で起きる現象について整理した，下の表の空欄(a)～(d)に入る適切な語句と数値の組み合わせを，下記の①～⑤の中から一つ選べ。

層	気温の高度分布	最下層の気圧	層内で起きる現象
対流圏	上部の気温は下部よりも (a)	約1000hPa	降水
成層圏	上部の気温は下部よりも (b)	約 (c) hPa	成層圏突然昇温
中間圏	上部の気温は下部よりも (a)	約1hPa	夜光雲
熱圏	上部の気温は下部よりも (b)	約0.01hPa	(d)

	(a)	(b)	(c)	(d)
①	高い	低い	10	準二年周期振動
②	低い	高い	10	紫外線による光電離
③	高い	低い	200	準二年周期振動
④	低い	高い	200	紫外線による光電離
⑤	低い	高い	200	ブリューワー・ドブソン循環

ここが大切！

対流圏、成層圏、中間圏、熱圏の上下の高度は、**km** と **hPa** のどちらの単位で問われても答えられるように、数値を暗記しておきましょう。また、気温の鉛直分布の特徴も頻出項目なので、確実に暗記しておくことが大切です。

解説と解答

(a) 大気は、気温の変化に基づいて、対流圏、成層圏、中間圏、熱圏の４つの層に区分されています。対流圏は、地表から高度約 11km までの範囲で、上層ほど気温は**低**くなっています。また、中間圏は、高度約 50 ~ 80km までの範囲で、上層ほど気温は**低**くなっています。つまり、対流圏と中間圏の上部の気温は下部よりも低い状態です。したがって、「低い」が入ります。

(b) 成層圏は、高度約 11 ~ 50km までの範囲で、高度約 11 ~ 20km の気温はほぼ一定ですが、それより上空では上層ほど気温は**高**くなっています。また、熱圏は、高度約 80km から大気の上限までの範囲で、上層ほど気温は**高**くなっています。つまり、成層圏と熱圏の上部の気温は下部よりも高い状態です。したがって、「高い」が入ります。

(c) 成層圏の範囲は高度約 11 ～ 50km までなので、最下層の高度は約 11km です。高度約 11km は、季節や緯度によっても異なりますが、200hPa 程度なので、成層圏の最下層の気圧は約 **200**hPa です。したがって、「200」が入ります。

(d) 準二年周期振動 ［▶ L 37］は、赤道上空の成層圏下層において、約 2 年（約 26 か月）の周期で東風と西風が交互に入れ替わる現象です。ブリューワー・ドブソン循環 ［▶ L 36］は、成層圏下層における低緯度から高緯度に向かう循環です。紫外線による光電離は、熱圏内の高度約 100km より上層に多く存在している電子（原子核の周りを回転している）が、太陽光線に含まれる**紫外線**などによって原子から放出される現象です。熱圏の温度が高いのは、熱圏の大気を構成する窒素や酸素の原子・分子が、**光電離**することに伴って生じる加熱の効果によるものなので、熱圏内で起きる現象は、紫外線による光電離です。したがって、「紫外線による光電離」が入ります。

わんステップアドバイス！

選択肢（d）のように、誤りの選択肢としては、他の項目で学習したことのある用語が提示されることがよくあります。そのため、例えば、紫外線による光電離が正解だという自信が持てなくても、準二年周期振動や、ブリューワー・ドブソン循環の用語の意味が分かっていれば、消去法で正解肢を選択できますね。気象予報士試験では、こういうテクニックがよく使えるので、普段から、用語の意味を理解することを意識して学習を進めておきましょう！

解答 ④

LESSON 3

学習優先度 A　頻出度 

気体の状態方程式と静力学平衡

気圧と温度と密度の３つは、状態方程式という関係式で表されます。また、気圧や密度は高度によって変化します。このレッスンでは、これらの関係式について学びます。試験対策として非常に重要な項目なので、しっかりと学習していきましょう。

気体の状態方程式

気体の圧力（気圧）、温度、密度は、２つの値が決まれば、残り１つの値も決まる関係にあることが、**理想気体の状態方程式**と**気体の状態方程式**で説明されます。まず、気体の容積をV、質量をm、気圧をp、温度をTとすると、これらの関係は理想気体の状態方程式という次の式で表すことができます。

理想気体の状態方程式

$$pV=mRT$$

上式のRは、気体定数という各気体が持つ特有の値（定数）です。この理想気体の状態方程式を空気密度ρ（ロー）を用いて表すと、空気密度ρ＝質量m／容積Vの関係から、**単位質量**の気体の状態方程式は、m＝１より、次の式で表されます。

気体の状態方程式

$$p=\rho RT$$

気体定数Rは決まった数値なので、気圧pと温度Tと密度ρのうち２つの値が決まれば、残りの１つも自ずと決まる関係にあることが分かります。気圧、温度、密度の関係は、気圧pは温度Tと密度ρに比例し、気圧が一定であれば、密度ρと温度Tは反比例する関係です。

プラスわん！ 密度の代わりに比容α（アルファ）を用いた場合の気体の状態方程式は、α＝１／ρより、次の式で表せます。
$p\alpha=RT$　上の２つの式と併せて押さえておきましょう！
（※比容は、物体の単位質量が占める容積のことで、密度の逆数です。）

用語　**単位質量**／気象学における単位質量とは１kgのこと。

静力学平衡（静水圧平衡）

大気は絶えず動いていますが、**重力による下向きの力（重力）**と**鉛直方向の圧力傾度（上向きの気圧傾度力）**とがつり合っていると仮定した状態を、大気は静力学平衡（静水圧平衡）の状態にあるといいます。

■図　静力学平衡の状態

静力学平衡について、大気中の**単位面積**❈を底面積とする鉛直な気柱で考えます。この気柱が、図に示すように、ある高度をｚ、それより少し高い高度をｚ＋Δｚ❈とする直方体である場合、容積（体積）はΔｚ（単位面積における底面積は縦１ｍ×横１ｍなので、これに高さのΔｚを乗じるとΔｚと算出される）となります。直方体内の空気の密度をρとすると、**質量は密度と容積（体積）の積であるρΔｚ**です。**重力加速度**❈をｇとすると、この直方体に対して働く**重力による下向きの力（重力）は、質量と重力加速度の積であるρｇΔｚ**となります。また、直方体の底面積と上面積の２つの高度面間の圧力の差をΔｐとすると、直方体の底面積に働く上向きの力は気圧ｐ、上面積に働く下向きの力は気圧ｐ＋Δｐと表せます。直方体が下に落ちないのは、高度ｚの水平面（直方体の底面積）に働く上向きの力の方が、高度ｚ＋Δｚの水平面（直方体の上面積）に働く下向きの力よりも大きいからです。

静力学平衡の状態は、大規模な大気運動などにおいて鉛直方向の運動がなく、重力による下向きの力（重力）と鉛直方向の圧力傾度（上向きの気圧傾度力）とがつり合っていると仮定した状態なので、直方体の底面積と上面積の２つの高度面間の圧力の差であるΔｐは、次の式で表せます。

静力学平衡の式

$$\Delta p = -\rho g \Delta z$$

したがって、静力学平衡の式は、ある高度における気圧はそれより上にある大気の重さと等しいことを表しています。

なお、静力学平衡の式に－（マイナス）の符号が付くのは、高度は下から上に向かって増大するのに対して、気圧は上から下に向かって増大するという逆の関係にあるためです。

❈用語　**単位面積**／１辺を１ｍとした場合の面積である１m^2のこと。　**Δ**／２つの値の差のこと。　**重力加速度**／物体が自由落下するときに、重力によって生じる加速度のことで、緯度や高さによって値は異なるが、気象学では9.81 m／s^2の定数として扱うのが一般的。

LESSON 4

学習優先度 A　頻出度

乾燥断熱減率と温位

空気塊が大気中を上昇や下降する場合、空気塊の温度は一定の法則にしたがって変化します。また、異なる高度にある空気塊の暖かさを客観的に比較するための概念として温位があります。このレッスンでは、乾燥した空気塊の温度変化や温位について学びます。

乾燥断熱減率

空気塊が大気中を上昇や下降する場合に、空気塊と周囲の空気との間で熱の出入りがないことを**断熱**といいます。また、空気塊が断熱的に大気中を上昇や下降すると、空気塊の温度は変化し、この空気塊の温度変化を**断熱変化**といいます。空気塊が断熱的に上昇する場合、周囲の空気の気圧は上層ほど低くなっているので、上昇する空気塊に加わる気圧も上層ほど低くなります。そのため、空気塊が上昇すると空気塊は膨張し、この膨張に、空気塊の内部に存在する熱がエネルギーとして使われることで熱が減少して空気塊の温度は低下します。これを断熱膨張冷却といいます。反対に空気塊が下降して温度が上昇することを断熱圧縮昇温といいます。

気象学では、水蒸気を含んでいても飽和していない状態の空気を乾燥空気、水蒸気が飽和している状態の空気を湿潤空気といいます。そして、大気中を鉛直方向に移動する空気塊が乾燥している場合の空気塊の温度変化を**乾燥断熱変化**といい、乾燥空気塊が上昇する場合における空気塊の温度低下の割合を**乾燥断熱減率**といいます。乾燥断熱変化は、空気塊が1 km上昇（あるいは下降）するごとに10℃の割合なので、**10℃／km**（1.0℃／100 mの場合もあり）と表現します。乾燥空気塊は、10℃／kmの割合で、上昇するときは温度が低くなり、下降するときは温度が高くなります。

温位（おんい）

空気塊が断熱的に大気中を上昇や下降すると空気塊の温度は変化するので、異なる高度に存在する乾燥空気塊の内部エネルギーを含む温度の高低を比較するためには、同じ高度に移動させたときの温度で比較する必要があります。この、同じ高度とされているのが 1000hPa の高度であり、ある高度における乾燥空気塊を断熱的に **1000hPa** に移動（下降あるいは上昇）させたときの温度を、**温位**といいます。温位を θ（シータ）で表現する場合もあります。また、温位は絶対温度（単位：K（ケルビン））で表します。0℃＝273.15 K の関係にあるので、℃から K への単位変換は、℃の数値に 273.15 を加算します。例えば、10℃を絶対温度に変換すると 283.15 K（10 ＋ 273.15 ＝ 283.15）となります。

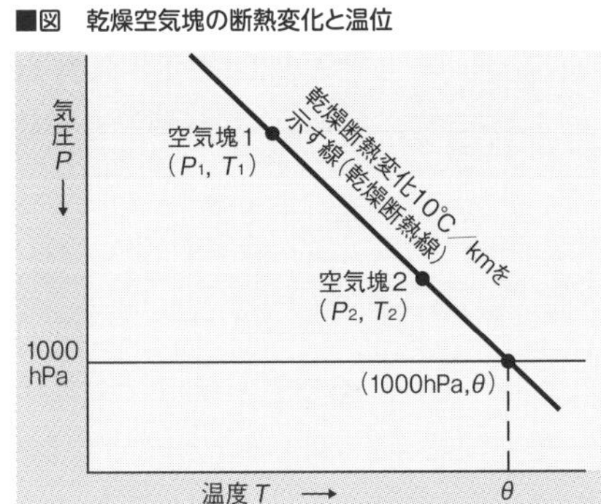

大気中を上昇や下降する乾燥空気塊の温度は、前述のとおり、乾燥断熱変化で低くなったり高くなったりします。つまり、温位が、乾燥空気塊を断熱的に 1000hPa へ移動（下降あるいは上昇）させたときの温度であるということは、**同じ乾燥空気塊**をどれだけ上昇や下降させても、図に示すように、その乾燥空気塊の温度は必ず 10℃／km の割合で変化するので、温位に変化はありません（温位は一定）。このことを、温位は保存されると表現します。空気塊の温位が保存されるのは、空気塊が断熱変化をする場合のみで、非断熱変化をする場合は、温位は保存されません。また、**同じ**乾燥空気塊が上昇や下降する場合の温位は保存されますが、**異なる**乾燥空気塊の場合は当然に温位も異なります。例えば、高度 5 km にある－30℃の乾燥空気塊 A の温位と、高度 10km にある－50℃の乾燥空気塊 B は、異なる空気塊なので、温位は同じではないことに注意が必要です。乾燥空気塊 A の温位は 293.15 K（－30℃＋（10℃／km × 5 km）＝ 20℃→20℃ ＋ 273.15＝293.15 K）、乾燥空気塊 B の温位は 323.15 K（－50℃＋（10℃／km × 10km）＝ 50℃→50℃＋ 273.15 ＝ 323.15 K）です。

なお、**地球を取り巻く大気（空気の層）**の温位の分布としては、下層に存在する空気の温位よりも、上層に存在する空気の温位の方が高い状態であることが観測されています。

ここがポイント！

LESSON 1 で学習した対流圏内の気温減率（高度 1 km につき約 6.5℃）は、周囲の空気の気温減率だから、空気塊の気温減率である乾燥断熱減率と混同しないことが理解のポイントだよ！

LESSON

5 空気中の水蒸気量・湿潤断熱減率と相当温位

学習優先度 A　頻出度 

空気中に含まれる水蒸気量は、水滴になったり水面から蒸発した水蒸気が空気中に移動してきたりと変化しています。このレッスンでは、空気中に含まれる水蒸気量の表し方や、湿潤空気塊が鉛直方向に移動する場合の気温変化や相当温位について学びます。

空気中の水蒸気量

自然界における空気中には、多かれ少なかれ水蒸気が含まれていますが、単位容積中（1m^3）に含むことのできる水蒸気量には限界があります。空気中の水蒸気量が、その空気中に含むことのできる限界に達した状態を**飽和**といい、飽和している空気の単位容積中（1m^3）に含まれている最大水蒸気量を**飽和水蒸気量（単位：g）**といいます。飽和水蒸気量は、空気の温度によって異なり、温度が高いほど多くなります。空気塊が上昇や下降して空気塊の温度が変化すると、空気塊の飽和水蒸気量も変化することになり、空気塊が上昇して温度が低くなると、空気塊の飽和水蒸気量が少なくなります。そのため、空気中に含んでいることができなくなった水蒸気が凝結して水滴に変わります。

また、水蒸気を含まない空気と水蒸気が混ざった気体を混合気体といい、混合気体の圧力を全圧といいます。全圧は、水蒸気を含まない空気の分圧と水蒸気の分圧を合計したもので、水蒸気の分圧を水蒸気圧といいます。同じ温度、同じ体積という条件のもとでは、水蒸気量が多いほど水蒸気圧も高くなることから、気象学では**水蒸気量を水蒸気圧**で表します。大気中の水蒸気量（水蒸気圧）の表し方には、相対湿度（単に湿度ともいう）や混合比などがあります。

相対湿度 単位は%です。その空気に含まれる水蒸気量とその空気塊の温度に対応する飽和水蒸気量（飽和水蒸気圧）の比率で、次の式で表します。

$$\text{相対湿度（単位：\%）} = \frac{\text{水蒸気圧（水蒸気量）}}{\text{飽和水蒸気圧（飽和水蒸気量）}} \times 100$$

相対湿度は、空気中の水蒸気量の飽和状態への近さを表すものなので、相対湿度の値が同じでも、気温が高いほど空気中に含まれる水蒸気量は多くなります。

混合比 単位は **g／kg** で、1kgの乾燥空気に対して何gの水蒸気量が混合しているかを示す値です。空気塊が上昇や下降して温度や気圧が変わっても、その空気塊中で水蒸気の凝結や雲粒の蒸発がない限り、混合比は一定に保たれます。

湿潤断熱減率と相当温位

空気中の水蒸気が飽和している状態の空気塊（湿潤空気塊）が、断熱的に鉛直方向に移動する場合の湿潤空気塊の温度変化を**湿潤断熱変化**といい、湿潤空気塊が上昇する場合における空気塊の温度低下の割合を**湿潤断熱減率**といいます。水蒸気が飽和している状態の空気塊を断熱的に上昇させると、断熱膨張冷却により空気塊の温度は下がりますが、水蒸気が凝結する際に放出する潜熱が空気塊を暖めるため、湿潤空気塊の温度の下がり方は、乾燥空気塊の温度の下がり方よりも小さくなります。その値は水蒸気の凝結量により異なるため、湿潤断熱減率は水蒸気量の多い対流圏下層で**約4℃／km**、対流圏中層で**約6～7℃／km**の割合です。

相当温位は、空気塊から放出される水蒸気の潜熱の効果を温位に加えた温度なので、**常に温位よりも高く**なります。空気塊が未飽和な状態の乾燥空気塊であれば乾燥断熱変化で、飽和している状態の湿潤空気塊であれば湿潤断熱変化で空気塊の温度が変化します。図に示すように、上昇を始める前の空気塊A_0が未飽和な状態の乾燥空気塊であっても、乾燥空気塊が断熱的に上昇して温度が下がっていくことで、やがて空気塊は飽和に達します。そのため、上昇する空気塊は飽和に達するまでの未飽和な状態では乾燥断熱減率で温度が低下し、空気塊A_0の温度を通る乾燥断熱線と、空気塊の**露点温度** T_d（水蒸気が凝結して水滴ができ始めるときの温度）を通る**等飽和混合比線**（飽和混合比の値が等しい所を結んだ線）の交点A_1で飽和に達します。この高度を**持ち上げ凝結高度**といいます。飽和に達した後は湿潤断熱減率で温度が低下するので、水蒸気がすべて凝結して水滴になる高度A_2まで空気塊を上昇させてから、乾燥断熱変化で1000hPaの高度A_3まで下降させたときの温度が**相当温位**となります。相当温位は、空気塊が飽和している状態かどうかにかかわらず、断熱変化では保存されます。

■図　湿潤空気の断熱変化と温位・相当温位の関係

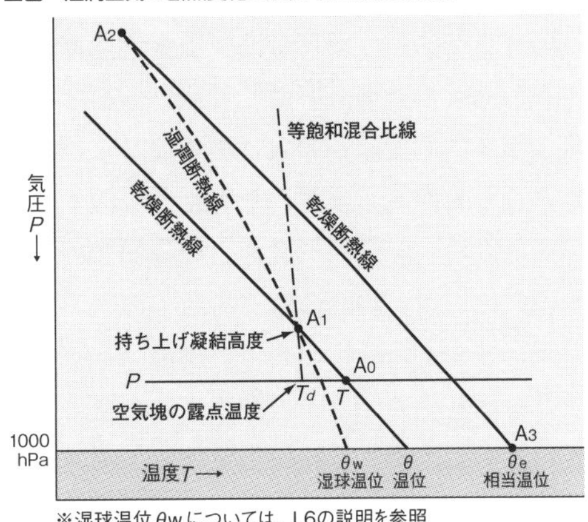

※湿球温位θwについては、L6の説明を参照

LESSON 6

学習優先度 A　頻出度 🐾🐾🐾

大気の鉛直安定度

空気の鉛直方向の運動の起きやすさを**静的安定度**といいます。静的安定度は、上昇する空気塊と周囲の空気の温度の低下率などによって決まります。このレッスンでは、乾燥大気の静的安定度、湿潤大気の静的安定度、対流不安定、逆転層について学びます。

乾燥大気の静的安定度

空気塊が大気中を下降する状態にあることを**安定**、上昇も下降もしない状態にあることを**中立**、上昇する状態にあることを**不安定**といいます。空気は温度が高いほど軽いので、暖かい空気は上へ、冷たい空気は下へと移動します。そのため、大気の状態が安定か中立か不安定かは、上昇や下降した空気塊の温度が、周囲の空気の温度よりも低いか同じか高いかで決まります。

安定　乾燥空気塊の温度の方が低い場合は、乾燥空気塊の方が周囲の空気よりも重く、乾燥空気塊の上昇が抑制されるため安定。

中立　温度が同じ場合は、乾燥空気塊は上昇も下降もしないため中立。

不安定　乾燥空気塊の温度の方が高い場合は、乾燥空気塊の方が周囲の空気よりも軽く、乾燥空気塊がさらに上昇することになるので不安定。

乾燥空気塊（ここでは、**水蒸気を含まない**空気塊をいう。）が断熱的に**上昇**する場合、空気塊の温度は必ず乾燥断熱減率（10℃／km）で低くなるので、上昇する空気塊の気温減率は乾燥断熱減率を表す線（乾燥断熱線）の傾きで表せます。線の傾きは気温減率の大きさを表しているので、傾きが大きいほど気温減率は大きいことを意味します。そのため、図6－1に示すように、乾燥断熱減率（乾燥断熱線）の傾きの大きさと、周囲の空気の気温減率を示す線の傾きの大きさを比較して、周囲の空気の気温減率を示す線の傾きの方が小さい場合は、乾燥断熱減率で上昇する乾燥空気塊の気温減率の方が大きく、上昇する乾燥空気塊の温度は常に周

■図6－1　温度における乾燥大気の静的安定度

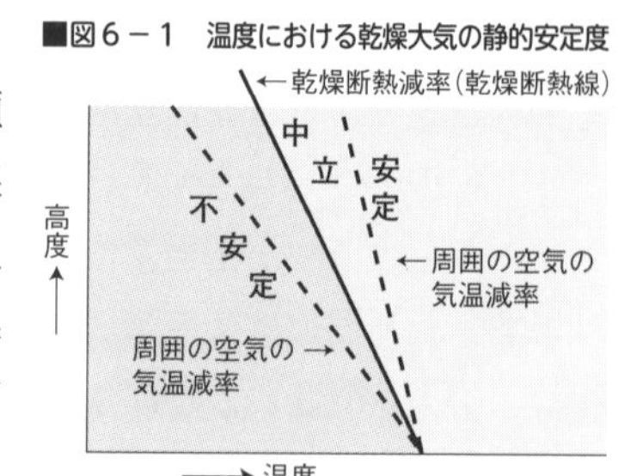

囲の空気よりも低い状態になるので安定です。傾きの大きさが同じ場合は常に同じ温度になるので**中立**、周囲の空気の気温減率を示す線の傾きの方が大きい場合は、乾燥断熱減率で上昇する乾燥空気塊の気温減率の方が小さく、上昇する乾燥空気塊の温度は常に周囲の空気よりも高い状態になるので不安定です。

また、**温位**による比較でも、静的安定度の判断は可能です。乾燥空気塊の温位は一定な（保存される）ので、図６－２に示すように、乾燥空気塊の温位の鉛直方向の傾きを示す線は垂直になります。周囲の空気の温位の鉛直分布を示す線の傾きが右側に傾いている場合は周囲の空気の温位は上層ほど高くなっている状態で、常に温位が一定の上昇する乾燥空気塊の方が周囲の空気よりも常に温位が低い状態になるので**安定**です。周囲の空気の温位が鉛直方向に一定の場合は、上昇する空気塊の温位と常に同じになるので**中立**、周囲の空気の温位の鉛直分布を示す線の傾きが左側に傾いている場合は周囲の空気の温位は上層ほど低くなっている状態で、常に温位が一定の上昇する空気塊の方が周囲の空気よりも常に温位が高い状態になるので**不安定**です（温位が高い＝気温が高い）。

■図６－２　温位における乾燥大気の静的安定度

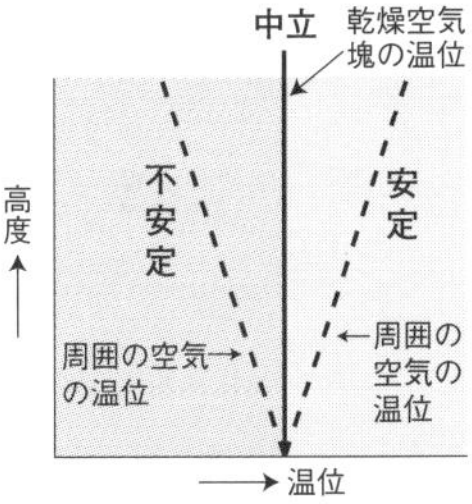

湿潤大気の静的安定度

湿潤空気塊（**水蒸気を含む**空気塊）が**上昇**する場合、空気塊が飽和していない状態であれば乾燥断熱減率で、飽和している状態であれば湿潤断熱減率で空気塊の温度は低くなるので、空気塊の気温減率は乾燥断熱線あるいは湿潤断熱線の傾きで表せます。そのため、湿潤大気の安定度は、図６－３に示すように、乾燥断熱線・湿潤断熱線と、周囲の空気の気温減率を示す線の傾きの大きさから、①絶対安定、②絶対不安定、③条件付不安定の３つの状態に分けられます。

①絶対安定（湿潤断熱減率＞周囲の空気の気温減率の状態）　乾燥断熱線と湿潤断熱線の傾きは決まっていて、必ず乾燥断熱線＞湿潤断熱線の関係になるので、図６－３に示すように、周囲の空気の気温減率を示す線の傾きが湿潤断熱線よりも小さい場合（A）は、上昇する空気塊の温度が乾燥断熱減率と湿潤断熱減率のどちらで低くなっても、周囲の空気の気温減率の方が小さく、上昇する空気塊の温度は常に周囲の空気よりも低い状態になるので絶対安定

■図６－３　湿潤大気の静的安定度

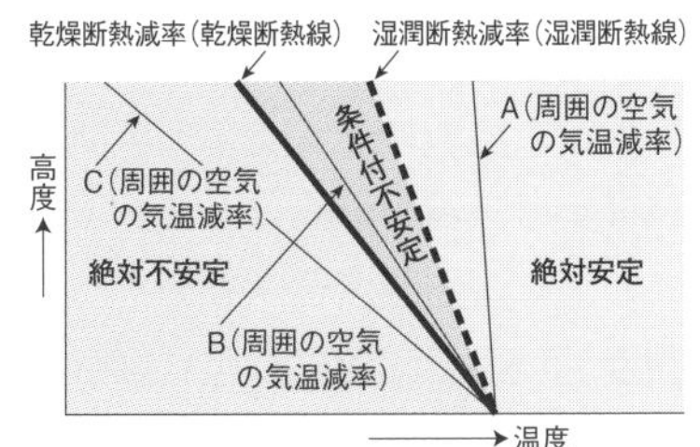

です。

②絶対不安定（乾燥断熱減率＜周囲の空気の気温減率の状態） 周囲の空気の気温減率を示す線の傾きが乾燥断熱線よりも大きい場合（C）は、上昇する空気塊の温度が乾燥断熱減率と湿潤断熱減率のどちらで低くなっても、周囲の空気の気温減率の方が大きく、上昇する空気塊の温度は常に周囲の空気よりも高い状態になるので絶対不安定です。

③条件付不安定（湿潤断熱減率＜周囲の空気の気温減率＜乾燥断熱減率の状態） 周囲の空気の気温減率を示す線の傾きが湿潤断熱減率より大きく、乾燥断熱減率より小さい場合（B）は、上昇する空気塊が飽和していない状態で乾燥断熱減率により温度が低くなるのであれば、上昇する空気塊の方が常に温度が低くなるので安定です。しかし、上昇する空気塊が飽和している状態で湿潤断熱減率により温度が低くなるのであれば、上昇する空気塊の方が常に温度が高くなるので不安定となります。つまり、上昇する空気塊が飽和しているか、飽和していないかという条件によって安定か不安定かが決まるので、条件付不安定です。

対流不安定

■図６－４　対流不安定

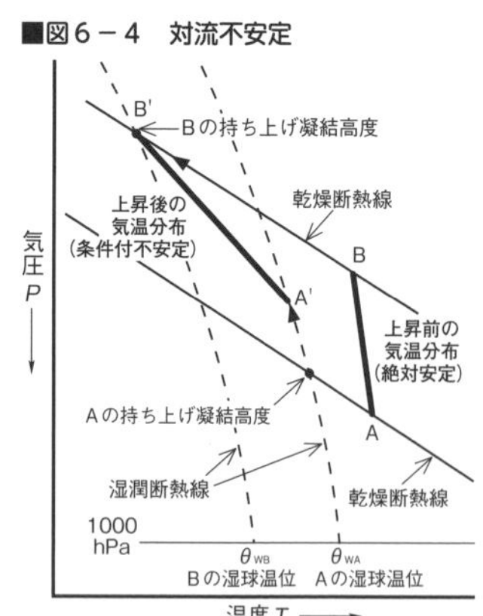

対流不安定は、厚みを持つ**気層**（空気の層）が飽和していなければ安定だけど、層全体が**上昇**して飽和すると、大気中に内在していた**不安定が顕在化して不安定になる状態**のことをいいます。図６－４に示すように、気層の下部をＡ、上部をＢとする気層Ａ－Ｂの気温減率を示す線の傾きが、湿潤断熱線の傾きよりも小さく絶対安定の状態にある場合で、なおかつ、気層下部Ａは飽和に達してはいないものの湿度が高い状態で、気層上部Ｂは乾燥した状態にあり、気層Ａ－Ｂが気層Ａ´－Ｂ´の高度まで持ち上げられたとすると、下部Ａと上部Ｂの気温はいずれも最初は乾燥断熱減率で低くなりますが、湿度が高い下部Ａの方が上部Ｂよりも早い段階で飽和に達することになります。そのため、下部Ａが飽和に達して湿潤断熱減率で気温が低くなっても、乾燥している上部Ｂは下部Ａよりも飽和に達するのが遅く、飽和に達するタイミングにずれが生じます。このように、下部Ａは湿潤断熱減率で、上部Ｂは乾燥断熱減率で気温が低くなる状態で気層Ａ－Ｂが上昇すると、下部Ａから上部Ｂへの気温減率を示す線の傾きに変化が生じ、気層Ａ´

－Ｂ´の気温減率を示す線の傾きは、持ち上げられる前の状態である気層Ａ－Ｂより大きくなり、湿潤断熱線の傾きよりは大きいが乾燥断熱線の傾きよりは小さい**条件付不安定**の状態になります。LESSON ５の図に示すように、空気塊を持ち上げ凝結高度から湿潤断熱変化で1000hPa の高度まで下降させたときの温度を**湿球温位**といい、湿球温位と相当温位は、湿球温位が決まれば相当温位も決まる関係で、空気塊が飽和しているかどうかにかかわらず断熱変化では保存されます。図６－４でこの湿球温位に着目すると、上部Ｂの方が下部Ａよりも湿球温位が低くなっています。このように、上層ほど湿球温位（相当温位）が低くなっている気層は、対流不安定な状態にあるといえます。

大気の逆転層

対流圏では、一般的に上層ほど気温が低くなっていますが、上層ほど気温が高くなっている層が出現することがあります。この層を**逆転層**といい、成因により次のように分類されます。

接地逆転層 風がなく雲のない夜間に、地表面からの赤外放射による冷却（熱を放射して冷える現象で放射冷却という。）で地表面に近い空気が冷えてできる逆転層です。冬季に陸上で発生しやすく、霧（放射霧）［▶L 10］も発生しやすくなります。また、地表面が暖められる日の出とともに逆転層も霧も消失しやすいのが特徴です。逆転層内では、気温と露点温度がいずれも上層ほど高くなっています。

沈降性逆転層（ちんこうせい） 上層から、乾燥した重い空気［▶L 73］が下降してきて、下降する空気が断熱圧縮によって気温が上昇することでできる逆転層です。気温は上層ほど高くなりますが、空気が乾燥していて露点温度は上層に向かって急激に低くなるため、逆転層内で両者の差が大きくなります。

前線性逆転層（移流逆転層） 前線のように、冷たい気団の上に暖かい気団がある境界で、上層ほど気温が高くなって形成される逆転層です。逆転層内では、気温と露点温度はいずれも上層ほど高くなります。

■図６－５　逆転層の状態

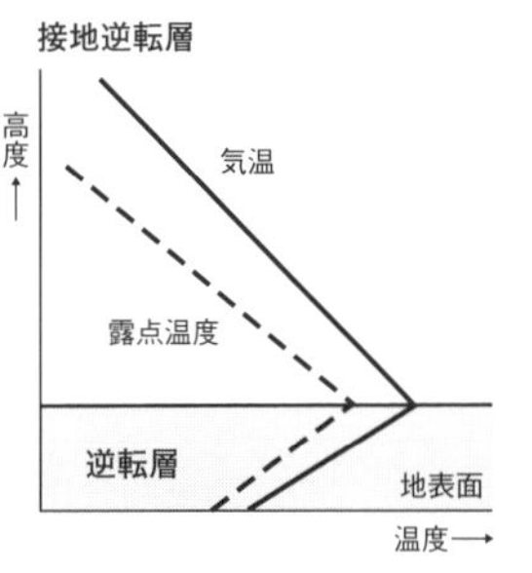

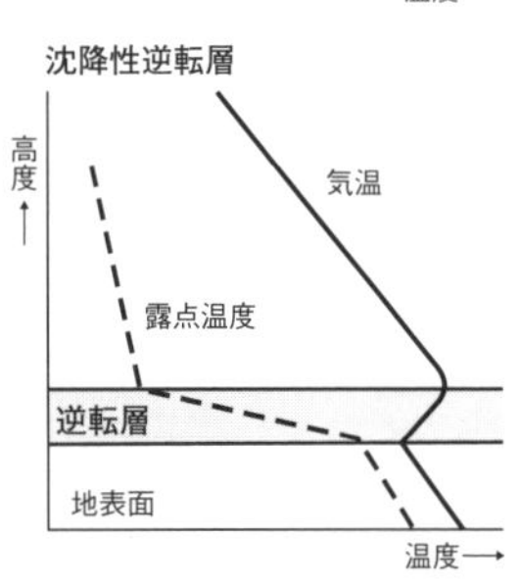

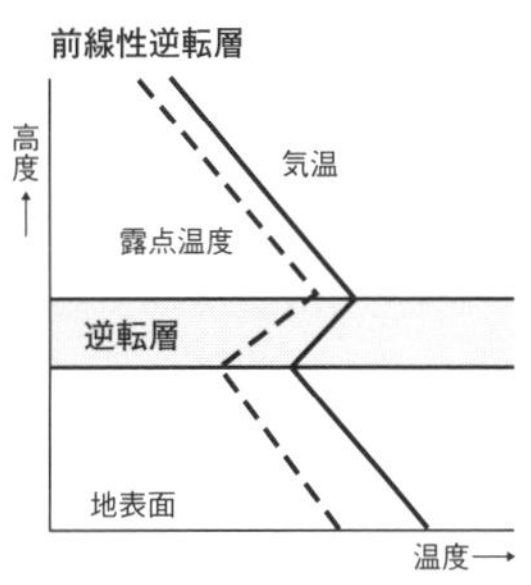

過去問チャレンジ

大気の熱力学 [▶L 4・L 5]

H 30 − 1（50 回）一般 問 2

温度 270K の空気塊 A 〜 D の気圧と相対湿度が下の表のとおりであるとき，各空気塊の温位および相当温位の相互の関係について述べた次の文(a)〜(d)の中で正しいものの個数を，下記の①〜⑤の中から一つ選べ。

気象要素	空気塊A	空気塊B	空気塊C	空気塊D
気圧(hPa)	700	700	700	710
相対湿度(%)	5	10	20	10

(a) 空気塊 A の温位は，空気塊 B の温位より低い。
(b) 空気塊 A の相当温位は，空気塊 C の温位より低い。
(c) 空気塊 B の相当温位は，空気塊 C の相当温位より低い。
(d) 空気塊 C の温位は，空気塊 D の温位より低い。

① 0 個
② 1 個
③ 2 個
④ 3 個
⑤ 4 個

ここが大切！

温位と相当温位に関する基本的な内容を、難しく見せかけた問題です。基本的な内容を確実に習得して、得点源にしましょう。

解説と解答

(a) 温位は、ある高度（気圧）における空気塊を乾燥断熱線に沿って 1000hPa まで移動させたときの温度です。問題文に「温度 270 K（ケルビン）の空気塊A〜D」とあるので、空気塊Aと空気塊Bの温度はいずれも同じです。気圧もともに 700hPa で同じです。そのため、700hPa にある 270 K の空気塊 A と B は、同じ乾燥断熱線上を 1000hPa まで移動するため、**温位は同じ**です。したがって、誤った記述です。

(b) 相当温位は、空気塊から放出される水蒸気の潜熱の効果を温位に加えた温度なので**相当温位＞温位**の関係にあります。空気塊Aと空気塊Cは、温度270 K、気圧700hPaと同じなので温位は同じです。そのため、問題文の空気塊Cを空気塊Aに置き換えると、**相当温位＜温位**の関係となるので、誤った関係にあることが分かります。なお、相当温位をθe（シータ）、温位をθ、混合比をqとすると、相当温位は$\boldsymbol{\theta e = \theta + 2.8\ q}$の近似式（きんじしき）で表せます。この式は、相当温位が温位より2.8 q分高いことを意味します。空気塊Aと空気塊Cの温位は同じなので、温位と相当温位を比較すると、**相当温位（空気塊A）の方が**温位（空気塊C）よりも2.8 q分**高く**なります。したがって、誤った記述です。

(c) 相当温位は、潜熱の効果を温位に加えた温度なので、温位が同じであれば、水蒸気を多く含んでいるほど相当温位は高くなります。空気塊Bと空気塊Cは、温度と気圧が同じなので温位は同じですが、相対湿度が違います。相対湿度は、空気中の水蒸気量が飽和に近いかどうかを表すもので、相対湿度が低いほど水蒸気量は少ないので、温位が同じ場合は相対湿度が低いほど相当温位は低くなります。そのため、相対湿度が小さい（10%）**空気塊Bの方が**、相対湿度の大きい（20%）空気塊Cより**相当温位は低く**なります。したがって、正しい記述です。

(d) 空気塊Cと空気塊Dの温度（270 K）は同じですが、気圧（高度）が異なります。700hPaにある空気塊Cを1000hPaまで乾燥断熱的に移動させると300hPaの高度差の昇温となりますが、710hPaにある空気塊Dを1000hPaまで乾燥断熱的に移動させると290hPaの高度差の昇温となります。空気塊Cと空気塊Dの温度(270 K)は同じなので、より多く昇温する**空気塊Cの温位の方が**、空気塊Dの温位よりも**高く**なります。したがって、誤った記述です。

わんステップアドバイス！

温位と相当温位の定義をしっかりと理解することが、正解するための大きなポイントですよ。選択肢（b）は、相当温位の近似式$\theta e = \theta + 2.8\ q$を知らなくても、定義が理解できていれば正解を導くことができます。ただ、今後の試験対策としてこの式は覚えておきましょう！

解答 ②

LESSON 7

学習優先度 A　頻出度 🐾🐾🐾

水滴の生成

実際の大気では、空気中にほこりなどが存在することで水滴が生成されます。このレッスンでは、ほこりなどが存在しない清浄な空気と、実際の大気における水滴の生成について学びます。エーロゾルに関する出題頻度は高いので念入りに学習しましょう。

ちりやほこりが存在しない清浄な空気での水滴の生成

大気中にちりやほこりが存在しない清浄な空気では、**表面張力**という力の働きにより、相対湿度が100%を超えてもなかなか水滴は生成されません。表面張力は、液体の表面積を最小にしようと働く力で、与えられた容積の液体で最小の表面積となるのは球形であることから、水滴は球形となります。水滴は、水蒸気分子が衝突して結合する過程の凝結で生成され、水滴の表面積は、結合した水滴に水蒸気の分子がさらに入り込む（結合する）ことで増大していきますが、水滴の表面積が小さいほど表面張力は強く働いて、水蒸気分子は水滴に入り込みにくくなります。水滴がある程度の大きさになれば､水滴から出ていく水分子の数と、水滴に入り込む水分子の数が等しい平衡状態を保てるようになるので、水滴として存在できるようになります。しかし、水滴が小さいと表面張力が強く働いて、水滴から出ていく水分子の数の方が多くすぐに蒸発してしまうので、水滴として存在することができません。水滴に入り込む水分子の数と出ていく水分子の数が等しい平衡状態にあるときの水蒸気圧を**飽和水蒸気圧**といい、水蒸気圧が飽和水蒸気圧よりも大きい状態を過飽和の状態といいます。その度合いは、過飽和度という次の式で表します。

$$過飽和度（単位：\%）= \frac{水蒸気圧 - 飽和水蒸気圧}{飽和水蒸気圧} \times 100$$

小さい水滴が平衡状態になって水滴として存在しうるためには、過飽和な状態にあることが必要で、水滴の半径が小さいほど、より過飽和な（空気中により多くの水分子が存在している）状態にある必要があります。例えば、水滴の半径が0.01μmの場合は、過飽和度が12%（相対湿度112%）のときに、半径が0.1μmの場合は、過飽和度が１％（相対湿度101%）のときに、それぞれ平衡状態を保つことができます。

> プラスわん！ 同じ数だけの水分子が水滴に入り込むことで起こる表面積の増加の割合は、水滴が小さいほど大きくなります。

エーロゾルと凝結核（ちりやほこりが存在する実際の大気）

実際の大気では、過飽和度が1％より大きくなることはまれです。それにもかかわらず、実際の大気において水滴が生成されるのは、相対湿度が100％未満でも水滴が生成される要因が存在するからです。それが凝結核の存在です。実際の大気において凝結核となり得るのは、地表面から吹き上げられた**土壌粒子**、海水のしぶきが蒸発してできた**海塩粒子**、火山の噴火で放出された**火山灰**、車など人間活動に伴って放出された**汚染粒子**など、さまざまな浮遊する微粒子であり、これらの微粒子を総称して**エーロゾル**といいます。エーロゾルは大きさによって、①**エイトケン核**（半径0.005～0.2μm）、②**大核**（だいかく）（半径0.2～1μm）、③**巨大核**（半径1μm以上）の3つのグループに分けられます。また、大気中のエーロゾルの数は、場所などによって大きく異なり、次に示すように、海上より陸上の方が多くなっています。

海上：10^9個／m^3、陸上：10^{10}個／m^3、市街地：10^{11}個／m^3

吸湿性の良いエーロゾル 吸湿性の良いエーロゾルは、その表面が水を吸収して薄い水の被膜（ひまく）で覆われることで半径が大きくなるため、平衡状態になり得る過飽和度が小さくなります。例えば、0.3μmの吸湿性の良いエーロゾルの場合は、わずか0.4%の過飽和度で平衡状態になることが可能です。この吸湿性の良いエーロゾルは、水蒸気が凝結するときの核の役割を果たしていることから**凝結核**といいます。凝結核としての代表的な粒子の1つに主成分を塩化ナトリウムとする**海塩粒子**があります。

水に溶けやすい（水溶性の）エーロゾル 純粋な水に対する飽和水蒸気圧と、化学物質が溶け込んだ水に対する飽和水蒸気圧を比較すると、化学物質が溶け込んだ水に対する飽和水蒸気圧の方が低くなります。水溶性のエーロゾルの働きによって大気中に発生した水滴は、溶け込んだ物質の効果で**飽和水蒸気圧が低く**なっているため、相対湿度が100％未満であっても水滴として存在することが可能となります。つまり、実際の大気において雲・霧・もやなどが発生するためには、吸湿性の良いエーロゾルや水溶性のエーロゾルの存在が重要となります。

LESSON 8

学習優先度 A 頻出度 

水滴の成長と雨粒の成長

水滴は、2つの成長過程を経て雨粒にまで成長します。水滴が雨粒ほどの大きさになるためには、異なる大きさの水滴が、落下速度の違いによって衝突する過程が必要となります。このレッスンでは、水滴の成長過程と雨粒の成長過程について学びます。

凝結過程による水滴の成長

水蒸気を含む空気塊が上昇して断熱膨張により気温が低下すると、気温の低下に伴って相対湿度が高くなり、やがて凝結高度で空気塊は飽和し、飽和した空気塊に凝結核が含まれていれば、水滴が生成されます。これが雲です。できたての雲の中の水滴（雲粒）の半径は1～20μm程度です。空気塊がさらに上昇を続ければ、絶えず過飽和の状態にあるため、水滴（雲粒）は**凝結過程**により成長します。凝結過程とは、過飽和な空気中において、水蒸気分子が水滴に向かって拡散（衝突）して水滴の周りに凝結（結合）していく過程で、拡散過程ともいいます。

過飽和度が同じであれば、単位時間に凝結過程によって半径が増大する割合は、**半径の小さい水滴ほど大きい**ので、水滴はできたての頃に急速に大きくなり、時間が経つにつれて成長速度は遅くなります。雲の中には多数の雲粒があり、できたての水滴の大きさは凝結核の大きさによって異なりますが、**小さい水滴（雲粒）ほど速く成長するため、雲粒はやがて同じ大きさになる傾向**があります。また、多くの水滴（雲粒）が、空気中の水蒸気を奪い合って成長するため、凝結過程のみで雲粒が雨粒ほどの大きな水滴にまで成長するのは非常に難しく、**併合過程**（へいごう）によって雲粒は雨粒にまで成長します。

併合過程による雨粒の成長

併合過程とは、大きくて落下速度の速い水滴が、小さくて落下速度の遅い水滴に衝突して併合することで水滴が成長する過程です。氷晶を含まない水滴のみでできている雲を**暖かい雲**、暖かい雲から降る雨を**暖かい雨**といい、氷晶を含む雲を**冷たい雲** [▶L 9]、冷たい雲から降る雨を**冷たい雨**といいます。ここでは暖かい雲（雨）について考えます。暖かい雲が上昇も下降もしない状態で空気中に存在し、凝結過程により大きさが一様になる前の状態で大きさの異なる水滴を多く含んでいる場合、大きい水滴は小さい水滴より**落下の終端速度**（後述）が大きいので、小さい水滴に追いついて衝突します。衝突した水滴は合体して１つの水滴になって（併合して）より大きな水滴になります。水滴の大きさが大きいほど落下の終端速度も大きくなるので、より速く小さい水滴に追いついて加速度的に水滴が成長していきます。雲粒は、この併合過程によって雨粒にまで急速に成長します。雲の中では上昇気流が存在するため、上昇や下降を繰り返し、上昇気流では支えきれないほどに大きく成長した水滴が地上に落下するのが雨（暖かい雨）です。

水滴の落下の終端速度

空気は流体であり、流体が動くときに**抵抗力**が働く粘性（ねんせい）という性質を持っています。そのため、空気中を落下する水滴には抵抗力が働き、水滴が受ける抵抗力は水滴の半径と落下速度に比例します。この関係を表すのが次の式です。

$F = 6\pi\eta rv$（F：抵抗力、η（エータ）：空気の粘性係数、r：水滴の半径、v：水滴の落下速度）

この式からは、水滴の落下速度vが大きくなると空気から受ける抵抗力は大きくなることが分かります。地球上のすべての物体は地球の引力を受けているので、落下する物体の速度は絶えず加速されます。そのため、落下する水滴の速度も初めは次第に増大します。しかし、落下速度の増大に伴って、空気から受ける抵抗力が大きくなるため、空気中を落下する水滴がある速度になると、水滴に働く重力（下向きの力：mg）と上向きに働く空気の抵抗力$6\pi\eta rv$がつり合うようになります。つり合った後の水滴の落下速度は一定となることから、この速度を**落下速度の終端速度**といいます。この関係を表すのが次の式です。

$mg = 6\pi\eta rV$（m：物体の質量、g：重力加速度、η：空気の粘性係数、r：水滴の半径、V：水滴の終端速度）

球形の水滴の質量をm、水の密度をρ（ロー）とすると、水の質量mは、球の体積に密度を乗じた$4\pi r^3\rho/3$で表せるので、球形の水滴の落下の終端速度Vは、$mg = 6\pi\eta rV$の式に代入して、次の式で表せます。この式から、球形の水滴の終端速度は、半径rの２乗に比例することが分かります。

球形の水滴の落下の終端速度

$$V = \frac{2r^2\rho g}{9\eta}$$

LESSON 9

学習優先度 A　頻出度 

氷晶の生成と成長

積乱雲などの雲では、凝結核と同様の働きをする氷晶核によって氷晶が生成されます。また、生成された氷晶には3つの成長過程があります。このレッスンでは、氷晶や過冷却水滴、氷晶の生成や成長、冷たい雲について学びます。

氷晶の生成

氷晶は、大気中に生成される氷の結晶です。一般に0℃は氷点と呼ばれ、水が氷になる温度とされていますが、過冷却水という、水の温度が0℃以下になっても液体のままで凍らない水が存在します。過冷却水の水滴（過冷却水滴）が、ちりやほこりなどの存在しない清浄な空気中で凍結するには－33℃以下になる必要があります。また、水は**－40℃以下では液体の状態を保つことができないため、すべて凍結して氷**になります。そのため、温度が－40℃までの雲では過冷却水滴と氷晶が混在し、－40℃以下の雲はすべて氷晶から構成されます。水滴と氷晶が混在する混合雲や、氷晶のみから構成される氷晶雲を冷たい雲といいます。

実際の大気においても、巻雲（けんうん）や巻積雲のように高度が高く温度の低い所にできる特定の上層雲の温度は約－40～－50℃と低温なので、氷晶が生成されます。積乱雲のような下層の空気が持ち上げられて生じる雲の場合は、大気中のちりやほこりが凝結核の働きをして水滴が生成されるのと同様に、核となる微粒子の働きによって温度が－33℃以下の低温になる前に氷晶が生成されます。このような核としての働きをする微粒子を総称して氷晶核といいます。

自然界に存在する主な氷晶核は、地表面から舞い上がった土壌粒子の粘土鉱物で、その数は水滴を生成する凝結核よりもかなり少なく**10～10^3個／m^3**となっているのが特徴です。また、核として有効に働く温度は核によって異なります。中国内部から飛来する黄砂は－12～－15℃、雪不足のときにスキー場で人工氷晶核として用いられるヨウ化銀（AgI）は－4℃で有効な氷晶核として働きます。

プラスわん！　冷たい雲から降る雨を冷たい雨といい、氷晶が落下途中にとけずに地上に到達したのが雪・ひょう・あられです。中緯度に位置する日本で降る雨の80％が冷たい雨であるといわれています。

氷晶の成長

氷晶は、①水蒸気の昇華凝結による成長過程、②過冷却水滴の捕捉による成長過程、③氷晶同士の衝突・結合による成長過程の3つの過程によって成長します。

①水蒸気の昇華凝結過程による成長過程 昇華凝結過程とは、水滴の凝結過程に対応するもので、過飽和な空気中において水蒸気分子が氷晶に向かって拡散（衝突）して氷晶の周りに昇華（結合）していく過程です。過冷却水滴と氷晶が混在する場合、過冷却水滴に対する飽和水蒸気圧と氷に対する飽和水蒸気圧は異なるため、両者の成長速度も異なります。飽和水蒸気圧は**過冷却水滴＞氷晶**の関係にあるので、氷晶の方が過冷却水滴よりも早く過飽和な状態となります。そのため、水蒸気は過飽和な状態にある氷晶と結合しやすくなり、氷晶の方が過冷却水滴よりも早く成長することになります。表に示すように、例えば、－10℃の過冷却水滴に対する飽和水蒸気圧は2.86hPaであるのに対して、氷晶に対する飽和水蒸気圧は2.60hPaなので、過冷却水滴に対して飽和している2.86hPaの状態は、氷晶に対しては10%（(2.86－2.6)／2.6＝0.1）の過飽和状態となり、－20℃の場合は約19%（(1.24－1.04)／1.04≒0.19）の過飽和状態となります。これは、過冷却水滴に対する相対湿度が100%であるとき、－10℃の氷晶に対しては110%、－20℃の氷晶に対しては約119%の過飽和な状態にあることを意味します。つまり、水蒸気分子は、より過飽和な状態にある氷晶に向かって拡散（衝突）して氷晶の周りに昇華（結合）するため、氷晶は昇華凝結過程によって成長していきます。

■表　過冷却水・氷に対する飽和水蒸気圧

	飽和水蒸気圧（hPa）	
温度（℃）	過冷却水滴	氷晶
0℃	6.105	6.105
－10℃	2.86	2.60
－20℃	1.24	1.04

②過冷却水滴の捕捉による成長過程 昇華凝結過程によって成長した氷晶は、雪の結晶となります。雪の結晶は、雲の中の上昇気流や下降気流で上昇や下降を繰り返して過冷却水滴と衝突し、過冷却水滴を凍結させて捕捉することで、結晶の形が分からなくなるくらい丸く大きくなります。これを、あられといい、あられがさらに上昇や下降を繰り返して直径が5mm以上となったものをひょうといいます。

③氷晶同士の衝突・結合による成長過程 氷晶は形や大きさが異なるので、落下速度が異なります。そのため、氷晶が落下するときに、落下速度の異なる氷晶同士が衝突し、結合して氷晶の質量が増大することがあります。この氷晶が衝突して互いに付着する割合は、氷晶の形や温度によって異なります。

LESSON 10 学習優先度 A 頻出度

対流雲と層状雲

雲の形には1つとして同じものはありませんが、雲が成長する方向に着目すると、鉛直方向に成長する雲と、水平方向に成長する雲に分類されます。このレッスンでは、これらの雲を生じさせる要因や、霧の発生原因と分類について学びます。

対流雲（対流性の雲）

雲の分類には、雲が現れる高さと形で、巻雲、巻積雲、巻層雲（けんそううん）、高積雲（こうせきうん）、高層雲（こうそううん）、乱層雲（らんそううん）、層積雲、層雲（そううん）、積雲（せきうん）、積乱雲の10種類に分類された10種雲形（じゅっしゅうんけい）[▶ L 47]があります。また、雲の広がりが、鉛直方向か水平方向かによって分類した呼び方として、**対流雲（対流性の雲）**と**層状雲（層状性の雲）**があります。

積雲系の雲は鉛直方向に発達する雲で、条件付不安定な成層をしている大気中において、暖かく湿った空気塊が上昇するときに発達することから、対流雲（対流性の雲）と呼ばれます。例えば、夏の強い日射によって水蒸気を大量に含む高温の空気塊が、不安定な成層の大気中を上昇し、激しい上昇気流によって雲が鉛直方向に発達すると、積雲→雄大積雲→積乱雲へと発達します。積乱雲の雲頂が対流圏界面付近まで成長すると、成層圏は安定層であるため成層圏には上昇できず、対流圏上層で巻雲や巻積雲となって水平方向に広がっていきます。この雲の形状がかなとこという作業台に似ていたことから、かなとこ雲と呼ばれます。

積乱雲などは、内部において鉛直方向に上昇する空気塊の温度が0℃以下となる上層において過冷却水滴と氷晶が共存する雲と、それより上層の氷晶のみの雲で構成されています。また、積雲を形成する上昇気流を生じさせる主な要因としては次のものがあります。

- 夏の強い日射によって暖められた地表面付近の空気の上昇
- 寒冷前線の接近によって暖かい空気が押し上げられて生じる空気の上昇
- 上空の寒気の下降に伴って生じる下層の空気の上昇
- 台風のような発達した低気圧の中心付近で生じる激しい上昇気流

層状雲（層状性の雲）

安定な成層の大気が、広い範囲にわたって上昇する場合などに、層状性の雲が発生します。中緯度帯で最も典型的なのは、温帯低気圧に伴う温暖前線によって生じる層状雲です。温暖前線は暖気が寒気の上にはい上がってできる前線なので、広範囲にわたって、安定な成層が前線面を上昇することになり、巻層雲、高層雲、乱層雲といった層状雲が生じます。

霧

霧は、直径数10μm以下の小さな水滴（氷晶）が、大気中に浮かんでいることを原因として、地表面付近で水平方向の視程が1km未満になっている現象です。霧粒が光を散乱、反射、吸収するために視程が悪くなります。霧は、発生原因によって次の５つに分類されます。

①放射霧 風も雲もない夜などに、地表面からの赤外放射による放射冷却で地表面が冷えることで、**地表面に接している空気の温度が下がって**明け方に発生する霧です。日の出後に気温が上がると、霧は消滅します。冷たい空気は密度が大きく盆地にたまるので、放射霧は山間の盆地で発生しやすくなります。

②移流霧 **暖かい空気**が温度の低い地表面上に移動することで、空気が冷やされて発生する霧です。暖かい海洋上の暖湿な空気が北上して冷たい海洋上で冷やされて発生する霧が、典型的な移流霧です。

③蒸気霧（蒸発霧） **冷たい空気**が暖かい水面上に流れ込み、水面から蒸発した水蒸気が流れ込んだ空気に冷やされて発生する霧です。川霧が、典型的な蒸気霧です。

④前線霧 温暖前線に伴って発生する霧です。温暖前線は暖気が寒気の上にはい上がってできる前線です。温暖前線による降雨が長時間続き、相対湿度が高くなっている状態で、寒気の上にはい上がった暖かい空気中に発生した雨粒が、落下中に蒸発し、下側の**冷たい空気中で再び凝結**して発生します。

⑤上昇霧 湿った空気が山の斜面や温暖前線面をはい上がるときに、**断熱膨張によって空気の温度が下がって**発生する霧です。山霧が、典型的な上昇霧です。

プラスわん！ 霧は地上に発生した雲なので、山にかかる雲を平地から見た人にとっては雲、登山中に見た人にとっては霧となります。また、地表面付近の水平方向の視程が1km以上の場合は**もや**といいます。

第1章 一般知識 第1節 気象学の基礎

過去問チャレンジ　降水過程 [▶ L 7]

H 30 − 1 (50 回) 一般 問4

降水過程におけるエーロゾルの役割に関する次の文 (a) ～ (c) の下線部の正誤の組み合わせとして正しいものを，下記の①～⑤の中から一つ選べ。

(a) エーロゾルを含まない清浄な空気中では，相対湿度が 101% になっても水滴は形成されない。これは，小さな水滴が平衡状態として存在するために必要な過飽和度が 1% よりも高いからである。

(b) 水溶性のエーロゾルの働きによって大気中に発生した水滴は，溶解した物質の効果により相対湿度が 100%に達しなくとも水滴として存在できる。

(c) 大陸上の積雲は，一般に海洋上の積雲に比べて単位体積あたりの雲粒の数が多く，かつ雲粒の平均的な大きさは小さい。これは，凝結核として働く単位体積あたりのエーロゾルの数が，大陸上の方が海洋上に比べて多いことによる。

	(a)	(b)	(c)
①	正	正	正
②	正	誤	誤
③	誤	正	正
④	誤	正	誤
⑤	誤	誤	正

ここが大切！

凝結核となるちりやほこりがない清浄な空気中で小さな水滴が水滴として存在するために必要な条件や、凝結核が存在する場合における凝結核の特徴などを優先的に暗記しておきましょう。

(a) ちりやほこりが存在しない清浄な空気中では、水滴が小さいと表面張力が

強く働き、水滴に入り込む水分子よりも水滴から出ていく水分子の数の方が多くすぐに蒸発してしまうため、水滴として存在することができません。小さな水滴が平衡状態になって水滴として存在するためには、過飽和な（空気中により多くの水分子が存在している）状態にあることが必要で、水滴の半径が小さいほど、より過飽和な状態にある必要があります。例えば、水滴の半径が0.01μmの場合は、過飽和度が12％（相対湿度が112％）のときに平衡状態を保つことができます。このように、小さな水滴が平衡状態として存在するために必要な**過飽和度は１％よりも高い**ため、相対湿度が101％になっても水滴は形成されません。したがって、正しい記述です。

（b）純粋な水に対する飽和水蒸気圧と、化学物質が溶け込んだ水に対する飽和水蒸気圧を比較すると、化学物質が溶け込んだ水に対する飽和水蒸気圧の方が低くなります。水溶性のエーロゾルの働きによって大気中に発生した水滴は、溶け込んだ物質の効果で飽和水蒸気圧が低くなっているため、**相対湿度が100％未満であっても、水滴として存在することが可能**です。したがって、正しい記述です。

（c）空気中のエーロゾルの数は、場所などによって大きく異なりますが、単位体積（1 m^3）あたりの数は、次に示すように、**陸上や市街地（大陸上）の方が海上（海洋上）よりも多い**ため、積雲の雲粒の数も凝結核として働くエーロゾルの多い陸上の方が多くなります。また、一般的に雲粒の平均的な大きさは陸上の方が小さくなっています。したがって、正しい記述です。

海上：10^9個／m^3、陸上：10^{10}個／m^3、市街地：10^{11}個／m^3

わんステップアドバイス！

水溶性のエーロゾルの特徴は、飽和水蒸気圧を低くすることなので、実際の大気においては、相対湿度が100％未満でも雲粒が形成されます。それと、エーロゾルの数が多いほど形成される雲粒の数も多くなるので、海上＜陸上＜市街地の関係にあることを覚えておけば、凝結核の数が多い陸上ほど雲粒が多くなることも導けますね。

解答 ①

LESSON 11

学習優先度 C　頻出度 

太陽系の中の地球

太陽系には、水星、金星、地球、火星、木星といった惑星があり、これらの惑星は、硬い地殻がある地球型惑星と、気体でできている木星型惑星に分けられます。このレッスンでは、私たちが暮らす地球の大気組成や温室効果気体について学びます。

地球大気の起源

地球が誕生したのは約46億年前のことと考えられていて、この頃の地球を原始の地球と呼びます。原始の地球は、水素とヘリウムを主成分とした大気で覆われていましたが、その後、太陽風によって水素やヘリウムは吹き払われ、大気がなくなった地球上に火山の噴火などによって地球内部から火山ガスや高温の温泉ガスが噴き出します。噴出したガスの成分は約85%が水蒸気、約10%が二酸化炭素、残りの約5%が窒素・硫黄およびその酸化物・鉄・アルゴンなどで、**酸素がほとんど含まれていない**ことを除けば、現在の地球大気に含まれる成分とほぼ同じものだったと考えられています。

原始の地球では、大気組成が現在の大気とは異なっていたので、生物にとって有害な太陽光線の紫外線がほぼ減衰（げんすい）することなく地表に達していました。しかし紫外線が届かない海中の深い所で酸素を必要としないバクテリアが誕生し、さらには光合成をする植物（藍藻（らんそう）類）が生まれ、光合成によって酸素を発生させるようになって、大気中の酸素が少しずつ増え始めます。そして、酸素と紫外線の化学反応によって大気中にオゾン層が形成され、地表に達する紫外線量が減少したことで、生物は地表面でも活動できるようなりました。このことが光合成を活発化させ、大気中の酸素量は増加していき、極めて長い時間をかけて現在の酸素量に達したと考えられています。

現在の地球の大気組成

地球大気はさまざまな気体から成る混合気体です。現在の地球の大気組成は、表に示すように、窒素が約78%、酸素が約21%、アルゴンが約0.93%などとなっています。これらの大気組成はそれぞれ質量（分子量）が異なるので、大気が静止している状態であれば、下層ほど重い気体の占める割合が大きくなりますが、**地表面に近い対流圏から高度約 80km の中間圏界面付近までの大気**はよく混合されているので、この高度における大気組成（水蒸気を除く乾燥空気の組成）の割合は、ほぼ一定となっています。

■表　地表付近の大気組成

主な主成分	分子式	容積比(%)
窒素	N_2	約78
酸素	O_2	約21
水蒸気	H_2O	約1.0～2.8
アルゴン	Ar	約0.93
二酸化炭素	CO_2	約0.03～0.04
ネオン	Ne	約0.0018
ヘリウム	He	約0.000524
一酸化炭素	CO	約0.000012

温室効果気体

温室効果気体 ［▶ L 15］とは、太陽エネルギーを受けた地球表面が放出する赤外線 ［▶ L 14］が、宇宙空間に放出されるのを妨げる働きを持つ気体をいいます。地球大気には温室効果気体が含まれていて、これらの気体は、地球の表面から宇宙空間へ向かう赤外線の多くを熱として大気に蓄積させ、再び地球の表面に放出します。この地球の表面に向かって放出された赤外線が、地球の表面付近の大気を暖める効果を温室効果といいます。この温室効果によって、現在の世界の平均気温は約 14℃に保たれています。仮に、温室効果が全くないとした場合の地球の表面の温度は、氷点下 19℃と見積もられています。温室効果気体には、水蒸気、二酸化炭素、メタン、フロンなどのハロゲン化物、一酸化二窒素などがありますが、中でも温室効果に大きく寄与（きよ）（影響）しているのは、水蒸気と二酸化炭素です。水蒸気と二酸化炭素を比較した場合において、より温室効果に寄与しているのは、大気組成の容積比が、表に示すように約 1.0 ～ 2.8％である水蒸気です。二酸化炭素は、近年大気中の濃度が増加しているとはいっても約 0.03 ～ 0.04％と、水蒸気よりも量が少ないので、温室効果への寄与が最も大きい温室効果気体は水蒸気となります。メタン・フロンなどのハロゲン化物、一酸化二窒素などは、水蒸気や二酸化炭素と比べると極めて少量であることから、温室効果の大気全体への影響は小さいとされています。なお、地球温暖化に及ぼす影響が最も大きい温室効果ガスは二酸化炭素で、次いでメタンとなっています。

ここがポイント！

温室効果気体の水蒸気は、ガスではないから温室効果ガスの分類には入らないことに注意しよう！問題文に温室効果気体と記載されているか温室効果ガスと記載されているかを、しっかりと確認するようにしてね。

LESSON 12

学習優先度 A　頻出度

入射する太陽放射量

地球上の大気現象は、太陽から放射される莫大なエネルギーで、太陽放射エネルギーは、電磁波によって地球に伝達されています。このレッスンでは、入射する角度や季節によって、地球が受け取る量が異なる太陽放射エネルギーについて学びます。

地表における放射強度

太陽が放射し続けているエネルギーを太陽放射といい、地球は定常(ていじょう)的に太陽放射を受けています。地球が受ける太陽放射のエネルギー量は、実際の大気においては、大気や雲などに散乱・吸収されるので地球大気の上端と地表面では異なりますが[▶L 14・17]、このLESSONでは、大気や雲の影響を考慮しない場合の、地球に入射する太陽放射エネルギーについて説明します。

ある平面の単位面積に単位時間で入射する放射エネルギー量を放射強度といい、Iで表します。単位はW/m^2です。放射強度は、空間における散乱や吸収を考慮しない場合、**エネルギー源からの距離の2乗に反比例**します。つまり、距離が長くなるほど、放射強度は小さくなります。距離をdとすると、この関係は、次の式で表せます。

$I d^2 = 一定$　　式を変換すると　　$I = \frac{一定}{d^2}$

太陽の放射強度と太陽高度角

太陽光線が水平な地表面に対して差し込む場合の太陽の放射強度は、太陽光線の水平な地表面に対する角度に関係しています。図に示すように、太陽光線と水平な地表面からなる角度を、太陽高度角といい、太陽高度角がα(アルファ)の場合に、太陽光線に直角な方向にある面積をS_0、**S_0の面積に対する放射強度をI_0**とすると、面積S_0が受け取る放射量は、I_0S_0となります。水平な地表面の面積をS_eとすると、放射量I_0S_0は、水平な地表面S_eに広がります。つまり、面積S_0が受け取る放射量のI_0S_0と、水平な地表面の面積S_eが受け取る放射量は同じなので、水平な地表面の面積 S_e が受ける放射強度を I_e とすると、次の式で表されます。

$$I_0 S_0 = I_e S_e \quad \cdots\cdots\cdots ①式$$

①式を $I_e =$ の形に変形します。

$$I_e = I_0 \frac{S_0}{S_e} \quad \cdots\cdots\cdots ②式$$

■図　太陽高度角と放射強度

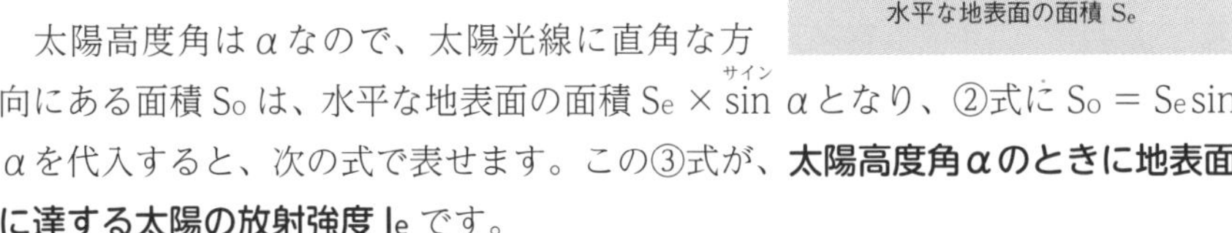

太陽高度角は α なので、太陽光線に直角な方向にある面積 S_0 は、水平な地表面の面積 $S_e \times \sin\alpha$（サイン）となり、②式に $S_0 = S_e \sin\alpha$ を代入すると、次の式で表せます。この③式が、**太陽高度角 α のときに地表面に達する太陽の放射強度 I_e** です。

$$I_e = I_0 \sin\alpha \quad \cdots\cdots\cdots ③式$$

太陽高度角は、緯度・季節・１日の時刻によって異なり、太陽放射のエネルギーを受け取る量は、太陽高度角が直角（90°）に近いほど多くなります。太陽高度角が０°の場合 I_e はゼロとなるため、太陽放射を受け取ることはできません。

緯度による太陽高度角の違い　地球の自転軸には傾きがありますが、入射する太陽光線は極地方より赤道地方の方が垂直になるので、基本的に、太陽高度角は赤道地方に近いほど大きくなります。そのため、地表面に対する放射強度は赤道地方に近いほど大きく、太陽高度角 90°の赤道上で放射強度は最大、緯度 30°上で赤道上に対して 87%、緯度 60°上で 50%、極で０%となります。赤道付近の気温が高いのは放射強度が大きいからです。

季節による太陽高度角の違い　地球は、自転軸が 23.5°傾いた状態で太陽の周りを公転しているので、地球から見た太陽の位置は、日本の春分に当たる３月 20 日ごろには赤道上に達し、夏至の６月 20 日ごろに北緯 23.5°線上、秋分の９月 23 日ごろに再び赤道上、冬至の 12 月 22 日ごろに南緯 23.5°線上に達します。そのため、中緯度地域や高緯度地域の太陽高度角は、夏至に最大、冬至に最小となります。

１日の時刻による太陽高度角の違い　太陽高度角が最も大きくなる時刻は正午で、このときの太陽高度角を太陽の南中高度角といいます。

地球が受け取る太陽放射のエネルギー量は、太陽高度角の要因のほか、地球の公転軌道が楕円軌であるために生じる太陽と地球の距離の差にもよります。

LESSON 13

学習優先度 A　頻出度

黒体の放射特性

地球や太陽を、黒体という実際には存在しない仮想的な物体であると仮定することで、複雑な放射における計算を簡易化することができます。このレッスンでは、黒体や黒体の放射特性に関する４つの物理法則について学びます。

黒体と黒体放射

物体はすべて、物体の温度が**絶対零度**でない限りは、常に**電磁波**を放射し、また入射してくる放射を吸収しています。物体の性質や温度によって、物体が放射するエネルギー量は異なりますが、一般に、放射量の多い物体ほど、入射してくる放射の吸収量も多くなる法則があります。そのため、どんな波長の電磁波でも入射してくる電磁波を完全に吸収する仮想的な物体は、与えられた温度で理論上最大のエネルギーを放射する物体で、このような仮想的な物体を黒体といいます。

人間の目に見える物体の色は、その物体が反射する可視光線（反射光）の色です。赤色の光（可視光線）のみを反射する物体は赤色に見え、物体がすべての色の可視光線を吸収し、反射光を全く発しない場合は、その物体は黒色に見えます。黒体は、可視光線のみではなく、入射してきたすべての波長の電磁波を反射することなくすべて吸収して、すべて放射する仮想的な物体です。この黒体による放射を、**黒体放射**といいます。地球が太陽から受ける**太陽放射**や、地球が宇宙空間に放射している**地球放射**［▶L 14］は、**黒体放射**に非常に近いことから、**地球を黒体と仮定**することができます。

黒体の放射特性に関する４つの法則

物体は電磁波を放射していますが、物質が同じであっても、異なる波長の放射に対しては異なる電磁波を放射していて、このことを放射特性といいます。黒体の放射特性に関する物理法則には、①プランクの法則、②ステファン・ボルツマ

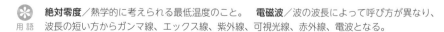

用語　**絶対零度**／熱学的に考えられる最低温度のこと。　**電磁波**／波の波長によって呼び方が異なり、波長の短い方からガンマ線、エックス線、紫外線、可視光線、赤外線、電波となる。

ンの法則、③ウィーンの変位則、④キルヒホッフの法則の４つの法則があります。

①プランクの法則　さまざまな温度における波長と、単位波長当たりの放射強度の関係を理論的に指数関数として表した法則です。図は、プランクの法則に基づいて、温度が 300 K、250 K、200 K の黒体からの放射強度を、それぞれ波長別に示したもので、縦軸はある波長における単位波長当たりの放射強度で、横軸は波長です。それぞれの黒体における曲線は、単位波長当たりの放射強度に波長を乗じた値を示すもので、曲線と横軸で囲まれた面積は、各温度の黒体における、単位面積から単位時間に放射される全エネルギー量（全放射強度）を表しています。

■図　黒体からの放射

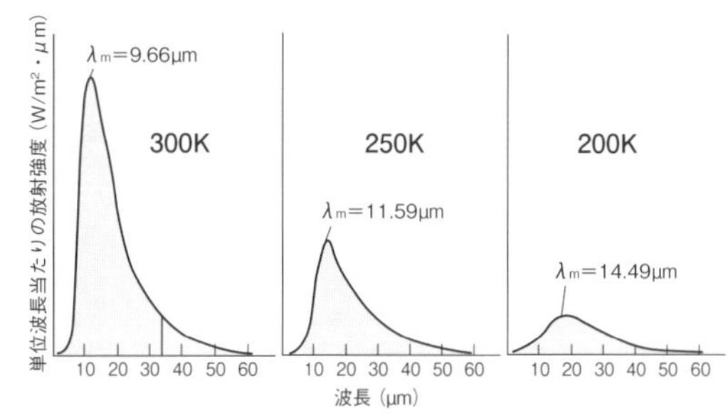

（S. D. Gedzeman, The Science and Wonders of the Atmosphere, John Wiley and Sons, 1980、一部改変）

②ステファン・ボルツマンの法則　放射強度は黒体の温度が低くなるにつれて減少する関係を表した法則です。図で、曲線と横軸で囲まれた面積（全放射強度）に着目すると、黒体の温度が低いほど面積が小さくなっていて、黒体の温度が低いほど放射強度が減少しているのが読み取れ、この関係は次の式で表されます。

$$I = \sigma T^4$$

σは、ステファン・ボルツマンの定数といい、**$\sigma = 5.67 \times 10^{-8}$（単位：W／$m^2$・$K^4$）**の値です。

③ウィーンの変位則　黒体の放射強度の最大波長は、その表面温度に反比例する関係を表した変位則です。図で、単位波長当たりの放射強度が最大となる波長（λm（単位：μm））に着目すると、温度が低くなるほどλmは大きくなっている反比例の関係にあるのが読み取れ、この関係は次の式で表されます。

$$\lambda m = 2{,}897 / T$$

④キルヒホッフの法則　前述の、「放射量の多い物体ほど、入射してくる放射の吸収量も多くなる」関係を表した法則です。黒体放射は、すべての波長の放射を完全に吸収すると定義されているので、すべての波長に対する吸収率はすべて１になります。このとき**吸収率＝放射率**の関係が成り立ちます。

反射と**放射**の違いを、しっかりと意識してね！反射は、光や電磁波をはね返すことで、放射は物体自体が光や電磁波を物体の内部から外に出すことを意味する言葉だよ。

LESSON

14 放射平衡温度と太陽放射・地球放射

学習優先度 A　頻出度 🐾🐾🐾

地球は絶えず太陽から熱を受け取っていますが、この熱を地球が絶えず放出しているので、地球の温度はある程度一定に保たれています。このレッスンでは、地球の温度が変化しないときの温度や地球放射と太陽放射の違いについて学びます。

地球の放射平衡温度

ここまで（L12 以降）は、大気や雲の影響を考慮していませんでしたが、地球大気の上端に達した太陽放射は、そのすべてが地球表面や大気に吸収される訳ではありません。太陽放射の一部は、大気や雲などによる反射によって宇宙空間に戻されます。この地球大気の上端に達した太陽放射量に対する、反射によって宇宙空間に戻される太陽放射量の比を、アルベド（反射能）といい、Aで表します。アルベドの値は、地球全体で平均すると 0.3 になり、地球大気の上端に達した太陽放射量の 30%が反射によって宇宙空間に戻されていることになります。なお、ここでは、地球大気と固体地球をまとめて地球と表現します。

地球は、大気や雲などによって反射されなかった残りの分の太陽放射を吸収して熱を得ていますが、地球自身も絶えず放射して熱を失っています。この吸収量と放射量がつり合って地球の温度が変化しないときの温度を、地球の放射平衡温度といい、この状態にあることを放射平衡の状態にあるといいます。このように、吸収量と放射量がつり合っている点において地球が黒体放射をしていると仮定し、地球の放射平衡温度を、黒体の放射特性に関する物理法則のステファン・ボルツマンの法則やアルベドを用いて、次のように求めます。

地球の半径を r_e とすると、地球の表面積は $4\pi r_e^2$ で、地球の放射強度を I_e（単位：W（ワット）／m²）とすると、地球は毎秒 $4\pi r_e^2 I_e$ の熱を放射しています。一方、地球は太陽放射を地球の断面積に当たる πr_e^2 の面積で受け取っているので［▶ L 17］、太陽定数をS（単位：W／m²）とすると、アルベドのAの分を除いた $S(1-A)\pi r_e^2$ の熱を吸収しています。これらは、次の式のようにつり合っています。

$$S(1-A)\pi r_e^2 = 4\pi r_e^2 I_e$$

両辺のπr_e^2消去

$$S(1-A) = 4I_e$$

太陽定数Sの値である1.37×10^3 W／m^2と、アルベドAの0.3を前の式に代入することで、地球の放射強度I_eは、約240 W／m^2と算出されます。ステファン・ボルツマンの法則における式の$I = \sigma T^4$を用いて、地球の放射平衡温度Tは、$240 = (5.67 \times 10^{-8})T^4$より、T＝255（単位：K）と算出されます。

太陽放射と地球放射の特徴

地球の放射平衡温度は、前述のとおり255 Kで、図は、この放射平衡温度における黒体放射（地球放射）を示しています。横軸は対数目盛で取った波長、縦軸は放射エネルギー（放射強度）です。太陽の表面温度である5,780 Kにおける黒体放射（太陽放射）と地球放射を比較すると、太陽放射では波長約0.5μmのところに放射強度の最大があるのに対し、地球放射の放射強度の最大は波長約11μmのところにあり、波長約4μmを境にして、太陽放射は波長の短い領域、地球放射は波長の長い領域と、波長領域をはっきりと異にしているのが読み取れます。このことから、太陽放射を短波放射、地球放射を長波放射ともいいます。

■図　太陽放射と地球放射

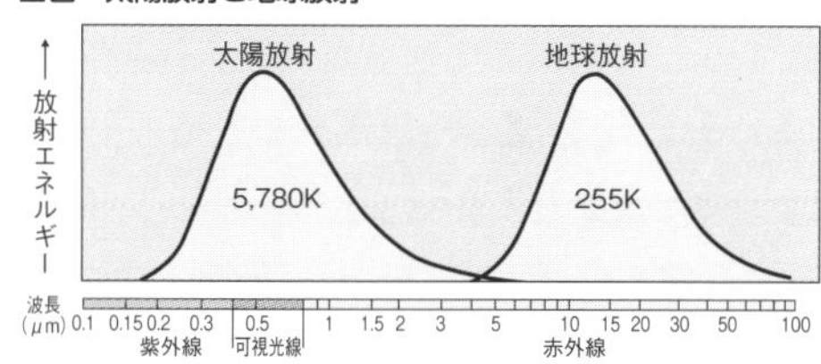

※縦軸において、太陽放射と地球放射を同じスケールで表現すると地球放射の図が表現できなくなるほど背の低い図になるため、両者の面積が同じになるスケールに調整して表示

前述の太陽放射と地球放射の放射強度の最大となる波長領域は、ウィーンの変位則の式$\lambda m = 2{,}897 / T$を用いて算出されます。太陽の表面温度は5,780 Kなので、$\lambda m = 2{,}897 / T$のTに5,780の値を代入すると、太陽放射における、単位波長当たりの放射強度が最大となる波長λmは約0.5μm（2,897 ÷ 5,780 ≒ 0.50）と算出されます。同様に、地球の放射平衡温度の255 KをTに代入すると、地球放射における、単位波長当たりの放射強度が最大となる波長λmは約11μm（2,897 ÷ 255 ≒ 11.36）と算出されます。

また、図からは、太陽放射は可視光線の領域に集中していて、地球放射は大部分が赤外線の領域に属しているのが読み取れます。このことから、地球放射を赤外放射ということもあります。人間の目で見ることができるのは可視光線の領域なので、地球放射は目に見えません。一方、可視光線の領域に集中している太陽放射は目に見えます。

LESSON 15

学習優先度 A　頻出度 ●●●

地球大気が太陽放射や地球放射に与える影響

さまざまな気体分子で構成される地球の大気中には、水蒸気や二酸化炭素も含まれています。このレッスンでは、水蒸気や二酸化炭素が、宇宙から入射する太陽放射や地球から放出される地球放射に与える影響などについて学びます。

地球大気による吸収

地球を取り巻く大気は、太陽放射や地球放射の一部を吸収・散乱しています。人工衛星によって地球の大気上端で観測された**スペクトル**✿（**太陽放射スペクトル**✿）は、絶対温度が約5,780 Kの**黒体放射スペクトル**✿と非常に近似しています。太陽放射は、全エネルギーの約半分（46.6%）が**可視光線域**（0.38 ~ 0.77μm）に含まれていて、残りの大部分（46.6%）は**赤外線域**（0.77μm より長い波長域）で、**紫外線域**は約7%にすぎません［▶L 14の図］。大気上端で観測された太陽放射スペクトルと、地表面で観測された太陽放射スペクトルを比較すると、地表面で観測された太陽放射スペクトルは全体的に弱くなります。このように、地表面で観測された太陽放射スペクトルの方が全体的に弱くなるのは、大気中に含まれている雲やエーロゾルによって吸収・散乱されたり、大気の気体分子によって散乱されたりするからです。

図は、太陽放射と地球放射が大気中のさまざまな気体分子によって吸収されている状況を示したもので、(a) は吸収に寄与している気体を、(b) は地表面**（つまりは、地球大気全体）**における吸収率を、(c) は高度11kmより上層の大気における吸収率を表しています。

■図　太陽放射と地球放射の吸収気体による波長別の吸収率

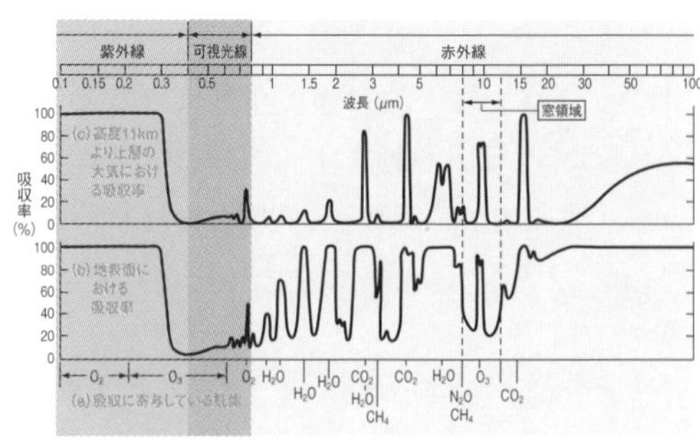

(R. M. Goody, Atmospheric Radiation I, Oxford Univ. Press, 1964)

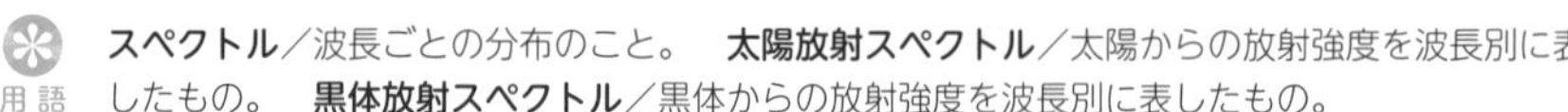

✿ 用語　**スペクトル**／波長ごとの分布のこと。　**太陽放射スペクトル**／太陽からの放射強度を波長別に表したもの。　**黒体放射スペクトル**／黒体からの放射強度を波長別に表したもの。

太陽放射の吸収

紫外線の波長領域の特徴 …図で、波長が約 0.3μm 以下の紫外線の吸収率に着目すると、(c) と (b) における吸収率がほぼ 100%になっていて、(a) の吸収に寄与している気体は、O_2（酸素）とO_3（オゾン）です。これは、上層から入射する太陽放射が、高度 11km より上層の大気中の酸素およびオゾンによって、ほぼ完全に吸収されていることを意味します。したがって、高度 11km より下層の地表面には紫外線は、ほとんど到達していません。

可視光線の波長領域の特徴 …可視光線の放射強度が最大である約 0.5μm の波長領域で、(b) も (c) も吸収率が極めて低くなっています。これは、大気が可視光線をほとんど吸収することなく、透過させていることを意味します。

赤外線の波長領域の特徴 …赤外線領域の (b) と (c) に着目すると、吸収率が高くなっている領域が複数存在していて、(a) の吸収に寄与している気体に着目すると、主としてH_2O（水蒸気）となっています。

地球放射の吸収 大部分が赤外線の波長領域に属している地球放射の (b) と (c) に着目すると、吸収率が高くなっている領域が複数存在していて、(a) の吸収に寄与している気体に着目すると、主にH_2O（水蒸気）とCO_2（二酸化炭素）となっています。特徴的なのは、波長 11μm を中心とする 8 ~ 12μm の領域で、O_3（オゾン）の波長帯を除くと、吸収率が低くなっていることです。この波長領域の地球放射は大気にあまり吸収されることなく、宇宙空間へ出ていくことを意味していて、この波長領域を窓領域（まどりょういき）（大気の窓）といいます。なお、水蒸気と二酸化炭素は特定の波長の赤外線を吸収していますが、水蒸気は赤外線の中でも比較的短い波長を吸収し、おおむね太陽放射の赤外線部分を吸収しているのに対して、二酸化炭素は赤外線の中でも比較的長い波長を吸収していて、地球放射と太陽放射の赤外線部分を吸収しています。

大気の温室効果

地球大気の気体分子のうち、二酸化炭素や水蒸気は、可視光線を中心とする短波放射（太陽放射）のほとんどを透過させますが、赤外線を中心とする長波放射（地球放射）は吸収します。対流圏では、大気中の二酸化炭素や水蒸気に吸収された赤外線が、再び地表面に向かって放射されることで地表面や大気下層の温度が上昇します。この効果を温室効果といい、大気中の二酸化炭素量などが増大して地球の温室効果が強まって生じる地球温暖化が懸念されています。地球の平均表面温度の実測値の 288 K（14.85℃）が、計算によって算出された地球の放射平衡温度の 255 K（− 18.15℃）より 33 K も高いのは、大気の温室効果によるものです。

LESSON 16

学習優先度 A　頻出度

大気による散乱

晴れた日の空が青く見えたり、夏の入道雲が白く見えたり、夕焼けが赤く見えるのは、ある特定の可視光線が、散乱によって私たちの目に届くからです。このレッスンでは、散乱の種類やそれぞれの散乱の特徴について学びます。

散乱

地球の大気中には、無数の気体分子や多くのエーロゾルが存在しています。これらの気体分子や粒子に電磁波がぶつかって、そこから2次的な電磁波が生じて周囲に広がることを散乱といいます。

大気に入射する太陽放射は、この散乱によってさまざまな方向へ向きを変えられるので、宇宙から地表面に向かう放射量が減少し、結果として地表面に到達する太陽放射のエネルギー量も減少します。散乱のされ方や度合いは、入射する電磁波の波長と電磁波を散乱させる粒子の半径の大きさによって異なり、主な散乱としてレイリー散乱やミー散乱があります。

レイリー散乱

入射する電磁波の波長が、散乱させる粒子の半径に比べて**非常に大きい**場合の散乱を、**レイリー散乱**といいます。レイリー散乱の特徴の1つは、散乱光の強度が、電磁波の波長の**4乗**に**反比例**することです。可視光線の波長は、気体分子の半径（0.001μm）よりもはるかに大きいので、波長の短い光線ほどより強く空気分子によって散乱されることになります。例えば、可視光線のうち、波長の長い赤の光線の波長は約0.71μm、波長の短い青の光線の波長は約0.45μmなので、赤の光線の波長は青の光線の波長の約2倍です。そのため、青の光線の散乱は赤の光線の散乱の約16倍（2×2×2×2＝16）も強くなります。

空の色は太陽からの直接の光の色ではなく、散乱光です。つまり、日中の晴れ

プラスわん！　可視光線の波長は、波長の短い方から、紫、藍、青、緑、黄、橙（だいだい）、赤となります。

た日の空が青く見えるのは、空気分子によるレイリー散乱で、波長が短い青の光線の散乱が強いからです。また、日の出の朝焼けや日没の夕焼けは、太陽光線が地球大気に対して斜めに通過してくることで、私たちの目に届くまでの間に波長の短い紫から黄の光線が散乱され、目に届くのは波長の長い橙や赤の光線の散乱光のみだからです。したがって、空気分子が希薄で散乱が起こらない宇宙空間では太陽が出ていても真っ暗に見えます。もう１つの特徴は、散乱による２次的な電磁波の強さが、入射する電磁波の方向との角度によって異なることです。２次的な電磁波の強さは、図 16 － 1 に示すように、入射する電磁波の方向とその正反対の２方向で最も強くなり、入射する電磁波の方向に直角の方向への２次的な電磁波の強さはその半分になります。前方散乱と後方散乱の強さは同じです。気象レーダーはこの性質を利用しています [▶ L 49]。

■図16－1　レイリー散乱

入射光

ミー散乱

入射する電磁波の波長と散乱させる粒子の半径の大きさがほぼ同じ場合の散乱を、ミー散乱といいます。ミー散乱の特徴の１つは、散乱の強さがあまり波長によらないことです。また、晴れた日の入道雲が白く見えるのは、太陽光線が大気中のエーロゾルや雲粒によってミー散乱され、入射した太陽光と同じ色の白色の散乱光が目に届くからです。ミー散乱のもう１つの特徴にも、散乱による２次的な電磁波の強さが、入射する電磁波の方向との角度によって異なることがありますが、その特徴はレイリー散乱とは異なります。ミー散乱では、図 16 － 2 に示すように、２次的な電磁波の強さは、入射する電磁波と正反対の方向で最も強く、全般的に、後方散乱より前方散乱の方が強くなります。

■図16－2　ミー散乱

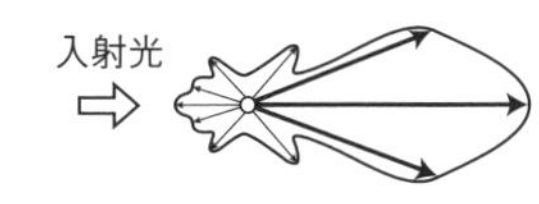

プラスわん！　可視光線の電磁波の波長と雨粒の半径（mm 程度）のように、電磁波の波長の方がずっと小さい場合は、幾何光学的に２回の屈折と１回の反射を行うものとして、虹の見える理由が説明されます。

ここがポイント！

入射する波長と散乱させる粒子の半径の大きさの関係がどういう場合に、レイリー散乱やミー散乱となるのかや、それぞれの散乱の強さの特徴がよく問われるから、しっかりと押さえておこう！

学習優先度 B　頻出度 

地球大気の熱収支

このレッスンでは、地球に出入りする放射エネルギーについての総合知識として、地球全体で見た場合、地球表面のみで見た場合、大気中や大気の上端で見た場合のそれぞれにおける熱の入射量と放出量について学びます。

地球のエネルギー収支

地球に出入りする放射エネルギー量を、地球のエネルギー収支といいます。大気圏を含む地球全体でのエネルギー収支はつり合っていて、地球表面、大気中、大気の上端のそれぞれ3つの部分においても、エネルギー収支はつり合っています。

地球は太陽放射を、図 17 － 1 に示すように、地球の断面積で受け取っています。地球の半径を r とすると、地球の断面積は πr^2 です。これを、地球の表面全体の表面積である $4\pi r^2$ で平均すると、断面積 πr^2 と表面積 $4\pi r^2$ の比は 1 ： 4 なので、地球大気の上端に入射する単位面積当たりの太陽放射のエネルギーは、太陽定数の 4 分の 1 になります。太陽定数の値は 1.37×10^3 W／ m^2 なので、この値の 4 分の 1 である約 342 W／ m^2 が大気上端に入射する太陽放射エネルギー量です。

■図17－1　地球の放射平衡

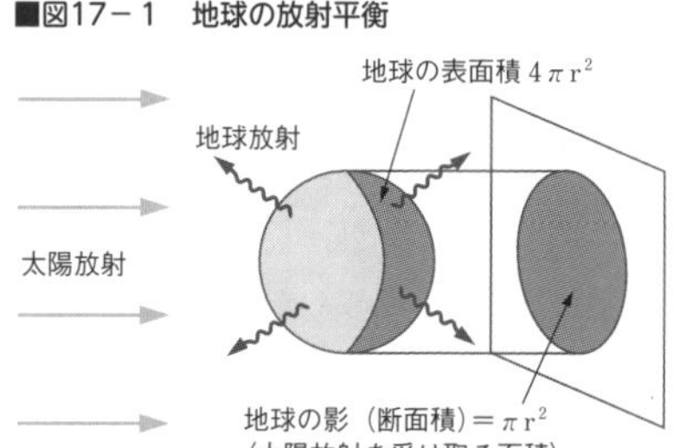

図 17 － 2 は、地球に出入りする放射エネルギーの収支を表した模式図です。大気上端に入射する太陽放射エネルギー量の 342 W／ m^2（100％）のうち、77 W／ m^2（約 22％）が雲・エーロゾル・大気による反射と散乱によって宇宙空間に戻ります。また、30 W／ m^2（約 9 ％）が地表面における反射によって宇宙空間に戻ります。この合計である約 31％が、直接的には地球の熱収支に関係なく宇宙空間に戻るので、この量が地球全体（地球大気と固体地球の和）としてのアルベド（反射能）です。残りの 235 W／ m^2（約 69％）のうち、地表面が吸収

プラスわん！　このLESSONで用いられている数値は、研究者や文献によって多少異なることに注意。

しているのは 168 W／ m² （約 49%） で太陽放射の約半分です。また、雲を含む大気が吸収しているのは 67 W／ m² （約 20%） です。

地球表面の熱収支 地表面からは地球放射（長波放射）として **390 W／ m²** の熱が出ていきますが、それと同時に **324 W／ m²** の長波放射を吸収しています。地表面の水面や陸面、草木の葉からは絶えず水が蒸発しているので、水の蒸発の際に生じる潜熱という形で **78 W／m²** の熱が、地表面から大気へと移っています。

■図17－2　地球のエネルギー収支の模式図

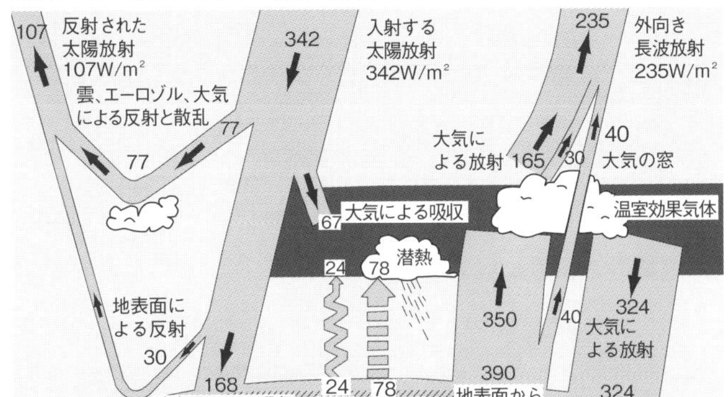

(IPCC,1995)

また、太陽放射によって暖まった地表面付近の空気の温度が地表面よりも低い場合は、地表面が空気を暖める熱（顕熱という）として **24 W／ m²** の熱が地表面から大気へと移っています。492 W／ m² （390 ＋ 78 ＋ 24 ＝ 492）が出ていき、324 W／ m² が入ってくるので、地表面全体としては、**168 W／ m²** の熱を失っています。地表面が吸収しているのは 168 W／ m² なので、地表面の熱収支はつり合っています。

大気圏内の熱収支 大気圏に入ってくる熱は、大気による太陽放射の吸収が **67 W／ m²**、地表面からの潜熱が **78 W／ m²**、顕熱が **24 W／ m²**、地表面からの長波放射が **350 W／ m²** なので、合計で **519 W／ m²** （67 ＋ 78 ＋ 24 ＋ 350 ＝ 519）となります。大気圏から出ていくのは、宇宙空間へ放出される **165 W／ m²** と **30 W／ m²** と、さらに、大気圏から地表面方向へ放出される **324 W／ m²** なので、合計で **519 W／ m²** （165 ＋ 30 ＋ 324 ＝ 519）となり、大気圏においても熱収支はつり合っています。

大気圏外の熱収支 大気圏外において入射する太陽放射は **342 W／ m²** です。一方出ていくのは反射された太陽放射の **107 W／ m²** と外向きの長波放射の **235 W／ m²** です。入射量が 342 に対して放射量が 342 （107 ＋ 235 ＝ 342）なので、大気圏外においても熱収支はつり合っています。

過去問チャレンジ

大気における放射 [▶ L 11・L 15]

H28－2（47回）一般 問6

放射について述べた次の文 (a) ～ (c) の下線部の正誤の組み合わせとして正しいものを，下記の①～⑤の中から一つ選べ。

(a) 地球大気の中で地球放射を多く吸収している気体は，二酸化炭素とアルゴンである。

(b) 二酸化炭素には，2.5 ～ 3μm，4 ～ 5μm および 15μm 付近の波長領域に強い吸収帯があり，この領域は窓領域と呼ばれている。窓領域は人工衛星による雲域等の観測に役立っている。

(c) 一般に，雲頂高度が高いほど，雲頂から上向きに放射される赤外放射は多くなる。

	(a)	(b)	(c)
①	正	正	誤
②	正	誤	正
③	誤	正	誤
④	誤	誤	正
⑤	誤	誤	誤

ここが大切！

温室効果が大きい気体は二酸化炭素と水蒸気、温室効果が大きいガスは二酸化炭素とメタンです。この２つの違いを意識しましょう。

解説と解答

（a）地球の表面から宇宙空間へ向かう地球放射（赤外放射）の多くを熱として大気に蓄積させ、再び地球の表面に放出することで、地球の表面付近の大気を暖める効果を持つ気体を温室効果気体といいます。問題文の「地球大気の中で地球放射を多く吸収している気体」とは、この温室効果気体を指しています。温室効果気体のうち、温室効果に大きく寄与しているのは、水蒸気と二酸化炭素です。したがって、誤った記述です。

（b）窓領域（大気の窓）は、波長11μmを中心とする8～12μmの領域で、オゾン（O_3）の波長帯を除くと、吸収率が低くなっている領域です。地球放射は大気にあまり吸収されないため宇宙空間へ出ていくという意味で、窓領域（大気の窓）といいます。したがって、誤った記述です。

（c）水蒸気（雲）から放射される赤外放射の強さは、雲の温度によって変化する特性を持ち、雲の温度が高いほど強く（多く）、雲の温度が低いほど弱く（少なく）なります。一般に、雲頂高度が高いほど、雲頂温度は低いので、雲頂から上向きに放射される赤外放射は少なくなります。したがって、誤った記述です。

わんステップアドバイス！

選択肢（a）には「吸収している気体は～」と記載されていますね。つまり、ここでは、温室効果ガスではなく、水蒸気を含む温室効果気体について問われていることに気付くことが大切なんです。選択肢（b）の窓領域については、本来は吸収率が低いのに、吸収率が高いとか、この領域以外ではほとんど吸収しないなど、混乱させるような表現を用いた問題が繰り返し出題されていますよ。

解答 ⑤

LESSON11 ～ 17のまとめ

太陽放射（表面温度 5,780 K）	地球放射（放射平衡温度 255 K）
黒体放射で近似	
短波放射（可視光線が中心）	長波放射（大部分が赤外放射）
放射強度の最大となる波長λm＝約0.5μm	放射強度の最大となる波長λm＝約11μm
<大気による太陽放射の吸収の特徴> ・波長0.3μm以下の紫外線をほぼ吸収する ・可視光線をほぼ透過させる	<大気による地球放射の吸収の特徴> ・水蒸気と二酸化炭素が吸収の主体 ・波長11μmを中心とする8～12μmの領域（オゾンの波長帯を除く）で吸収率が低い窓領域がある

「き」ほんの三角関数
直角三角形とサイン・コサイン・タンジェント

教えて！直角三角形の特徴

３つの角のうちの１つが、必ず 90°（直角）の三角形のことです。図①のように、三角形の３つの角の合計は必ず 180°になります。そのため、３つの角をA、B、Cとして、C＝90°の場合は、AとBのいずれかの角度が決まれば、残りの角度もおのずと決まります。試験では、この 90°、60°、30°の直角三角形に関する知識が最も重要です。

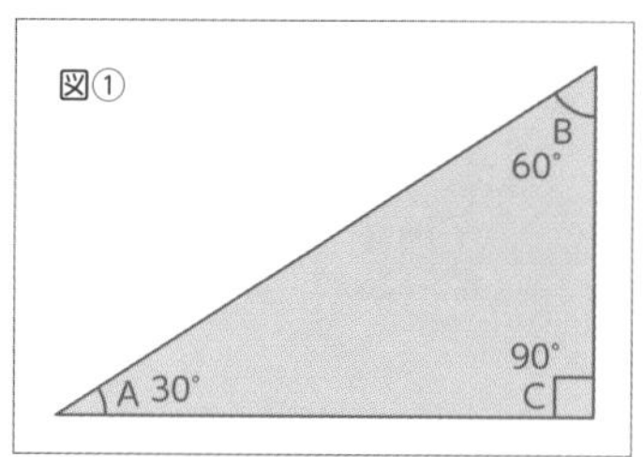

教えて！サイン(sin)・コサイン(cos)・タンジェント(tan)

三角形の辺の長さの比率を、三角比といいます。３つの角度が 90°、60°、30°の直角三角形であっても、図②のように、辺の長さが異なる三角形は大きさが異なります。ただし、どのような大きさの三角形であっても、３つの角度が同じ三角形は、各辺の長さの**比率**が同じになります。90°、60°、30°の直角三角形の場合は、a辺：b辺：c辺

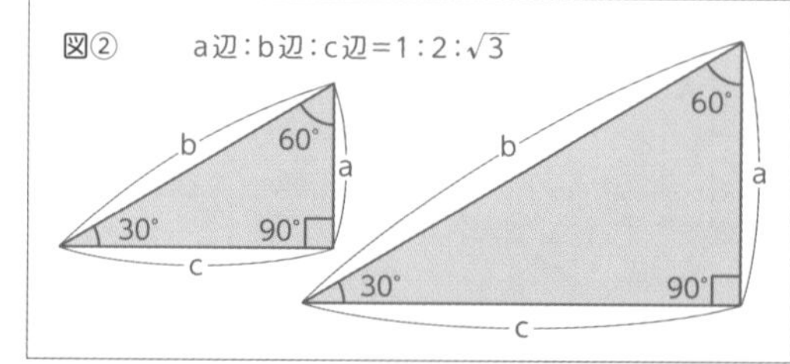

の長さの比率（三角比）がすべて、1：2：$\sqrt{3}$になります。サイン・コサイン・タンジェントは、この三角比を表す関数で、三角比を使って、三角形の辺の長さや角度を求めることができます。

教えて！超重要な直角三角形の三角比のルール

気象予報士試験対策として、直角三角形の三角比の次の**3つ**のルールを押さえましょう。

ルール①：図③のように、直角（90°）が右下の位置にくるように三角形を置くこと。

ルール②：θ（シータ）は30°、60°、90°といった角度を表す記号で、三角形の左側にくる角度がθに該当すること。

ルール③：sin θ・cos θ・tan θは次の式で求められること。

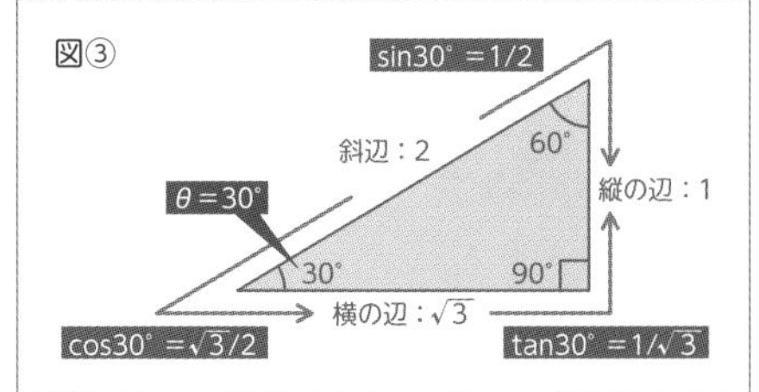

sin　θ＝縦の辺÷斜辺
cos θ＝横の辺÷斜辺
tan θ＝縦の辺÷横の辺

図③の場合は$\theta = 30°$となり、sin θ・cos θ・tan θのθには30°が入るので、sin30°・cos30°・tan30°となります。例えば、$\theta = 60°$の場合は、図④のように、左側にくる角度が60°になります。

教えて！必ず覚えるべき直角三角形の三角比

気象予報士試験では、次の値は覚えていることを前提として出題されるので、しっかりと暗記しておきましょう。

sin30° = cos60° = 1 ÷ 2 = 0.5
sin60° = cos30° = $\sqrt{3}$ ÷ 2 ≒ 0.87
sin90° = cos 0° = 1
sin 0° = cos90° = 0

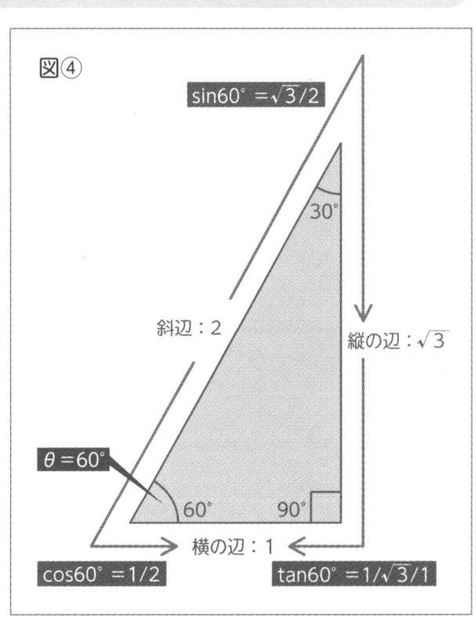

例えば、$\theta = 60°$の場合は、図④のように、三角形の左側にくる角度が60°になるので、「sin60°＝縦の辺÷斜辺」より$\sqrt{3}$÷2≒0.87となります。そして、この値は、cos30°の値と同じになります。

数学きほんの「き」❷

「き」ほんのベクトル

教えて！ベクトルの特徴

「大きさ」と「方向」を持つ物理量（物理学で扱う量）をベクトルといいます。風は、風向という方向と、風速という風の大きさのベクトル（ベクトル量）として、図①のように、矢印で表されます。矢印の方向を示す記号が無い方を始点、記号がある方を終点といいます。例えば、10ノットの北風の場合、ベクトルの北側の端が始点、南側の端が終点となり、5ノットの南風の場合、10ノットの北風の半分の長さの矢印で、南側の端が始点、北側の端が終点になります。

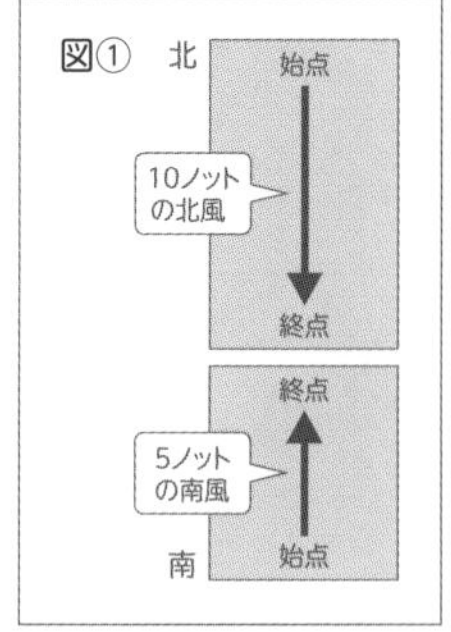

教えて！これだけは絶対押さえたいベクトルのルール

気象予報士試験で必要なベクトルのルールは、次の**3つ**です。

ルール①	ルール②	ルール③
始点が異なる場所にあっても「大きさ」と「方向」が同じ場合は、同じベクトルと考える。	ベクトルは足し算や引き算をすることができる。	ベクトルは分解することができる。

ルール① 図②のように、例えば5ノットの南西風のベクトルが異なる場所に3つ存在している場合、始点や終点の場所は違っても、この3つはすべて同じベクトルと考えます。

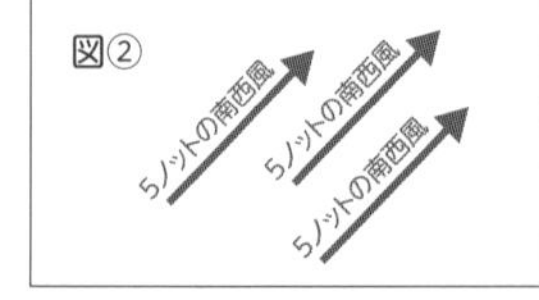

ルール② 図③のように、A点を始点、B点を終点とするベクトルを考える場合、A点から直線でB点へ移動することもできれば、任意のP点を経由してB点へ移動することもできます。始点と終点の位置は、P点を経由しても経由しなくても同じなので、ベクトルでは結果は同じと考えます。そのため、A点からP点のベクトル②と、P点からB点のベクトル③の合計は、A点からB点のベクトル①と同じになると考えるルールがあります。つまり、ベクトル①＝ベクトル②＋ベクトル③です。②のベクトルの長さと③のベクトルの長さの合計が、①のベクトルの長さになるわけではないので、少しもやっとするかもしれませんが、試験対策としてのベクトルのルールとして押さえておきましょう。この考えから、ベクトル③は、「ベクトル①－ベクトル②」、ベクトル②は「ベクトル①－ベクトル③」で求められます。

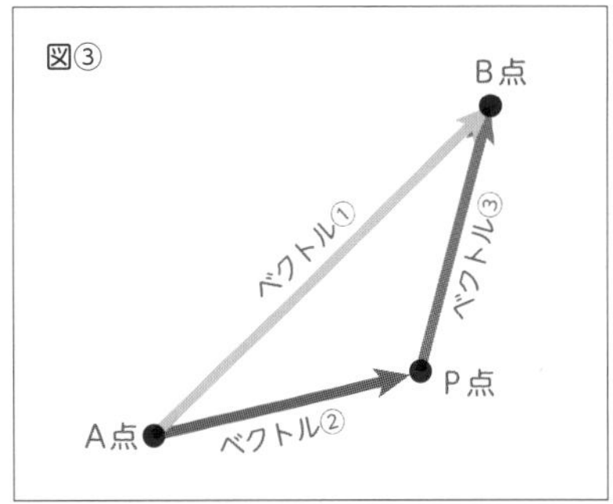

ルール③ ルール②の、ベクトル①＝ベクトル②＋ベクトル③というのは、ベクトル②とベクトル③はベクトル①を分解したものであると考えるのと同じです。そのため、例えば、図④に示すように、横方向の辺と縦方向の辺を持つ直角三角形の各辺をベクトルと考えた場合、ベクトル①は横方向のベクトル②と縦方向のベクトル③に分解できるということです。このような横方向への分解を水平成分への分解、縦方向への分解を鉛直成分への分解といいます。

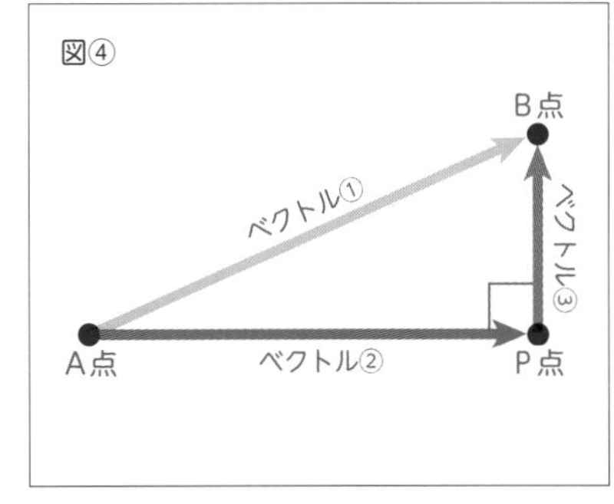

教えて！気象学でよく使われるパターン

ルール①の「始点の場所が違っても大きさと方向が同じ場合は同じベクトル」という考え方から、図④のP点を通るベクトル②やベクトル③を、図⑤に示すように、P′点を通るベクトル②′やベクトル③′の位置に移動することも可能です。この移動により、もとの三角形とは別の場所に、同じ三角形を形成することが可能となります。

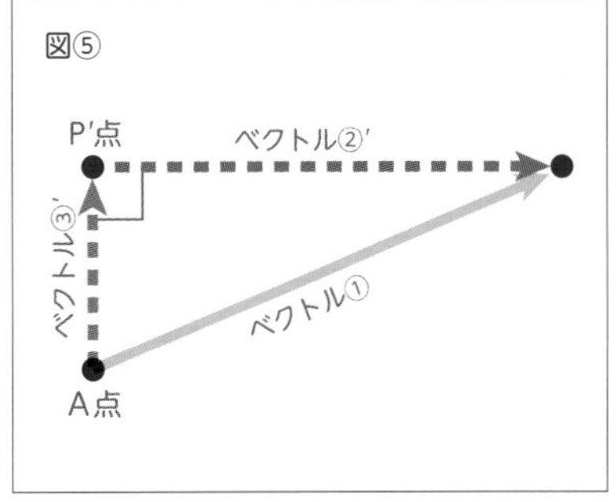

LESSON 18

学習優先度  頻出度 

ニュートンの力学法則と気圧傾度力

空気が動くことでさまざまな大気現象が生じます。空気が動くのは、空気に何らかの力が働いているからです。このレッスンでは、空気を動かす力（大気力学）を学習する上で重要な、地球上の物体の運動に関する法則や、気圧傾度力について学びます。

ニュートンの力学法則

地球上の物体の運動のほとんどは、あらゆる力学の基礎となっているニュートン力学で説明することができ、大気現象を引き起こす空気の動きも、**ニュートンの力学法則**にしたがっています。ここでは、大気力学の理解に必要な次の３つの法則について、簡単に説明します。

運動の第１法則（慣性の法則） 物体が静止している状態にあるときは、何らかの力を受けない限りはそのまま停止し続け、ある速度で運動しているときは、何らかの力を受けない限りは、その速度を保ったまま運動し続けるという法則です。

運動の第２法則（運動方程式） 物体に働いている力は、その物体の質量と運動の加速度の積に等しいという法則で、物体に働いている力をＦ、物体の質量をｍ、運動の加速度をａとすると、Ｆ＝ｍａの式で表されます。

運動の第３法則（作用・反作用の法則） 物体Ａが物体Ｂに力を及ぼす（作用する）ときには、力を受けた物体Ｂは必ず物体Ａに対して、同じ大きさで逆方向の力を及ぼす（反作用）という法則です。

気圧傾度

自然界において気圧は一様ではなく、高い所や低い所が存在します。この気圧差を**気圧傾度**といいます。気圧傾度は、気圧差を２地点間の距離で除して算出した単位距離当たりの気圧差で、気圧傾度をＧ（単位：hPa ／ km）、気圧差をΔ（デルタ）Ｐ（単位：hPa）、距離をΔｎ（単位：km）とすると、次の式で表せます。

気圧傾度の式

$$G = \frac{\Delta P}{\Delta n}$$

この式から、気圧差が同じ場合は、距離が近いほど気圧傾度が大きくなることが分かります。例えば、図のように、気圧が同じ領域を結ぶ２本の線（等圧線）があり、これらの等圧線の値が 980hPa と 1000hPa の等圧線の場合、気圧差は 20hPa です。また、２本の等圧線の間隔が 100km だとすると、気圧傾度Ｇは、前の式のΔＰに 20hPa を、Δｎに 100km を代入することで、0.2 hPa ／ km と算出されます。一方で、気圧差は同じ 20hPa なのに対して、２本の等圧線の間隔が 50km と短い場合は、0.4hPa ／ km（20 ÷ 50 ＝ 0.4）と、距離が 100km の場合より大きい値が算出されます。このように、２地点間の距離が短い（間隔が狭い）ほど、単位距離当たりの気圧傾度は大きくなります。

■図

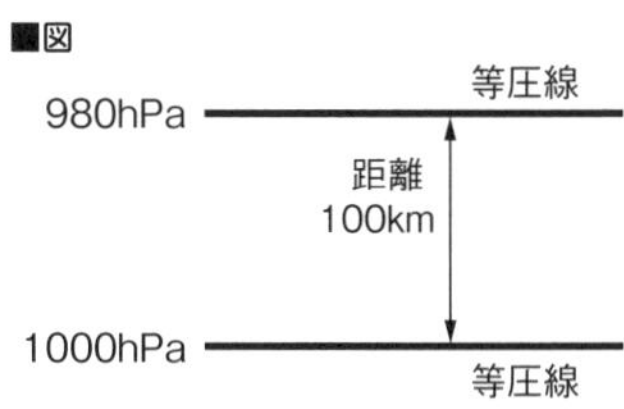

気圧傾度力

気圧差が生じている場に存在する空気塊には、空気塊を気圧の高い方から低い方に向かって押す力（圧力）が働きます。この空気塊に働く力を**気圧傾度力**といい、気圧傾度力を P_n、空気塊の質量をｍ、空気の密度を ρ とすると、次の式で表せます。

気圧傾度力の式①

$$P_n = -\frac{m}{\rho} \cdot \frac{\Delta P}{\Delta n}$$

この式の－（マイナス）符号は、気圧傾度と気圧傾度力の向きが反対であることを意味するものです。気圧傾度も気圧傾度力も、大きさと方向を持つベクトル量で、大きさは気圧傾度も気圧傾度力も同じ、２地点間の差です。しかし、気圧傾度と気圧傾度力の方向は異なります。傾度の向きは小さい方から大きい方なので、気圧傾度は気圧の低い方から高い方へ向くのに対して、気圧傾度力は力なので、気圧の高い方から低い方へ向きます。

この式から、質量ｍの空気塊に対して働く気圧傾度力 P_n は、気圧傾度Ｇ（ΔＰ／Δｎ）が大きいほど大きくなり、空気の密度 ρ が小さいほど大きくなる関係にあることが分かります。気象学では、空気の単位質量について考えるので、ｍ＝１として扱うのが一般的です。そのため、上の式の気圧傾度力 P_n は、次のように扱われます。

気圧傾度力の式②

$$P_n = -\frac{1}{\rho} \cdot \frac{\Delta P}{\Delta n}$$

LESSON 19

学習優先度  頻出度 

コリオリの力（コリオリ力・転向力）

回転している物の上で運動を観測する場合に現れる力にコリオリの力というものがあります。地球は自転しているので、この力が現れます。このレッスンでは、運動の速さを変えることなく向きだけを変えるコリオリの力について学びます。

コリオリの力

コリオリの力（コリオリ力）は、地球が自転しているために生じる見せかけの力で、向きを変えるという意味から転向力ともいいます。例えば、反時計回りに回転している回転盤を自転している地球とすると、図19－1（上）に示すように、回転盤上にいるＡさんが、回転盤上の端にいるＢさんや、Ｂさんの真後ろで回転盤にのっていないＣさんの方向に向かってボールを投げると、ボールは真っすぐに飛んでいくので、ボールは図19－1（下）に示すように回転盤に乗っていない（回転していない）Ｃさんの元に届きます。しかし、回転盤上にいて回転盤と一緒に回転しているＢさんには、「ボールに何らかの力が働いてボールの向きがボールの進行方向に向かって右側に曲げられた」ように見えます。このように、実際にはボールには何の力も働いていないのに、方向を変える力として働いているように見えるのが、コリオリの力です。コリオリの力は、回転している物の上で、運動を観測する場合に現れる見せかけの力なので、運動の向きを変えるように働きますが、運動の速さを変えることはありません。また、コリオリの力は力です。力は質量に加速度を乗じて算出されるので、力をＦ、質量をｍ、加速度をａとするとＦ＝ｍ×ａで表されます。この場合の加速度ａは、次のように算出します。回転盤上のＡさんから見ると、Ａさんが投げたボールは図19－1（下）のＢさんとＣさんの距離（ＢＣ間の距離）の分だけ右方向に向きを変えることから、ボールは進行方向に対して右方向の力を受けて加速したと考えることができます。加速度（速度の変化率（単位：m/s^2））をａ、

■図19－1

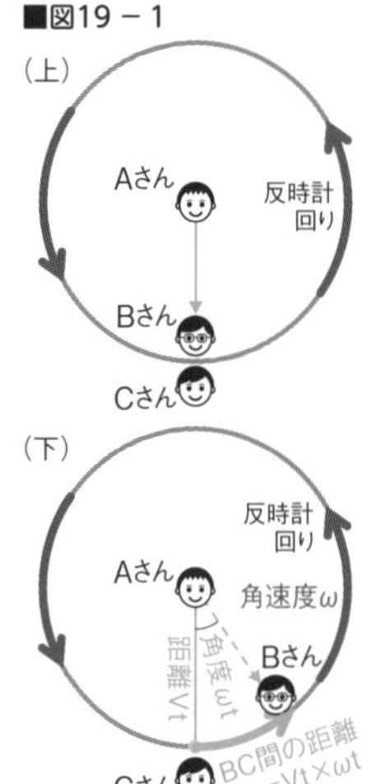

ボールが到達するまでの時間をｔ（単位：ｓ）とすると、ボールのｔ秒後の速度は、加速度に時間を乗じたatで表せます。また、平均速度は、ボールを投げる前の速度（初速度）が０、ｔ秒後の速度がatなので、０＋atを２で除したat／２となり、速度＝距離÷時間の公式から**ＢＣ間の距離**は、平均速度（at／２）×時間ｔより、at^2／２と算出されます。また、**ＢＣ間の距離**は直線ではなく、回転する回転盤の円の外周の一部に該当するので、回転盤の回転における角速度（回転した角度の大きさ）をω（オメガ）とするとｔ秒後に回転した角度はωｔと表せ、ボールの速度をＶとするとｔ秒間にボールが移動した距離はＶｔなので、**ＢＣ間の距離**はＶｔ×ωｔと表せます。したがって、at^2／２＝Ｖｔ×ωｔより、ａ＝２Ｖωと算出され、Ｆ＝ｍ×ａに代入して、コリオリの力は、Ｆ＝ｍ・２Ｖωと表せます。

地球上におけるコリオリの力の大きさ

地球の単位時間当たりの角速度を地球の自転角速度といい、Ω（オメガ）で表します。この地球の自転角速度は、図19－２に示すように地平面上の緯度線の方向（Ｘ方向）と経度線の方向（Ｙ方向）、地平面に対して鉛直方向（Ｚ方向）を軸とする３つの回転に分解することができます。緯度をφ（ファイ）とすると、地球上の緯度φの地点における自転角速度Ωは、ＸＹＺの３方向に分解され、地平面を回転させる力として関係するのは、Ｚ方向の回転のみであることが分かります。

この地平面を回転させる力として働くＺ方向の回転の角速度の大きさは、図19－３に示すように、地球の自転角速度Ωの大きさをＢＡとすると、Ｚ方向の回転の角速度の大きさはＢＣで表せ、ＢＡとＣＡから成る角度は緯度φと同じ角度なので、ＢＡ＝Ωより、BCはΩ sin（サイン） φとなります。したがって、コリオリの力の大きさをＣ、速度（風速）をＶとすると、地球上の緯度φにおけるコリオリの力の大きさは、**Ｆ＝ｍ・２Ｖω**よりＣ＝２ｍＶΩ sin φと表せます。なお、**２Ω sin φ**をｆの記号で表し、Ｃ＝ｆｍＶと表記することもあります。このｆを**コリオリパラメータ（コリオリ因子）**といいます。また、コリオリの力は北半球では風向きに対して直角右向きに働くのに対して、南半球では直角左向きに働き、絶対値では、コリオリの力Ｃは北極と南極で最大、赤道でゼロになります。

■図19－２　地球の自転角速度

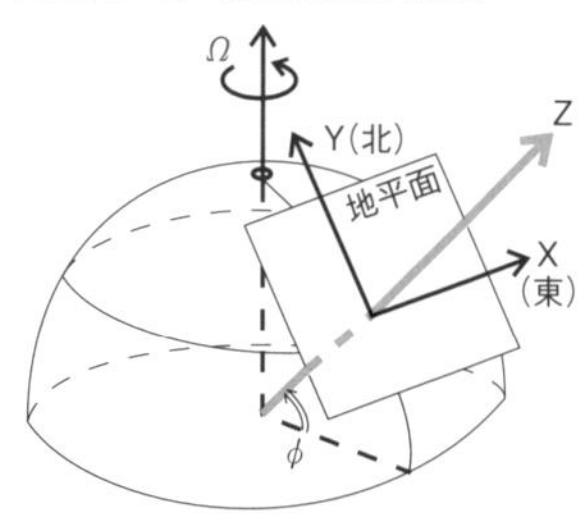

■図19－３　Ｚ方向の回転の角速度

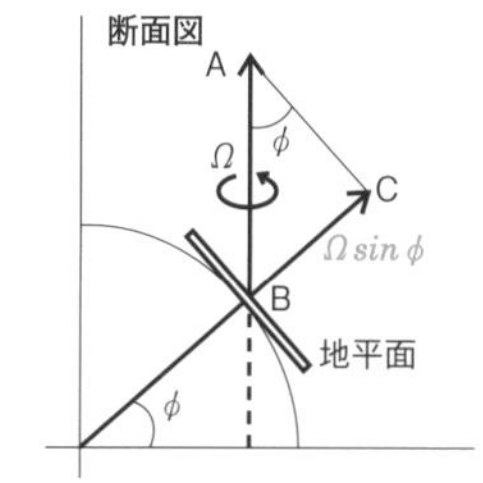

第1章　一般知識　第1節　気象学の基礎

LESSON 20

学習優先度 A　頻出度 

地衡風・傾度風・旋衡風

風は、大気に何らかの力が働くことで生じる大気の運動です。風は複数の力がつり合うことで吹き、つり合っている力の種類によって名称が異なります。このレッスンでは、地衡風、傾度風、旋衡風の3つの風について学びます。

地衡風（ちこうふう）

気圧傾度力P_n ［▶ L 18］と、コリオリの力C ［▶ L 19］がつり合って吹く風を、地衡風といいます。地衡風は大気上層における水平方向の運動で、加速度がゼロ（つまり速度が一定）のときに、図20－1に示すように、気圧傾度力とコリオリの力がつり合って、等圧線にほぼ平行に吹きます。北半球においては、気圧傾度力によって気圧の高い側から低い側へ向かう風の向きがコリオリの力によって進行方向に向かって直角右向きに向きを変えられるので、高圧部を右、低圧部を左に見るように吹きます。南半球においては、コリオリの力は向きを左向きに変えるように働くので、高圧部を左、低圧部を右に見るように吹きます。また、赤道ではコリオリの力はゼロなので、地衡風は吹きません。地衡風速の式は、気圧傾度力P_n＝コリオリの力Cより、次の式で表されます。

■図20－1　地衡風

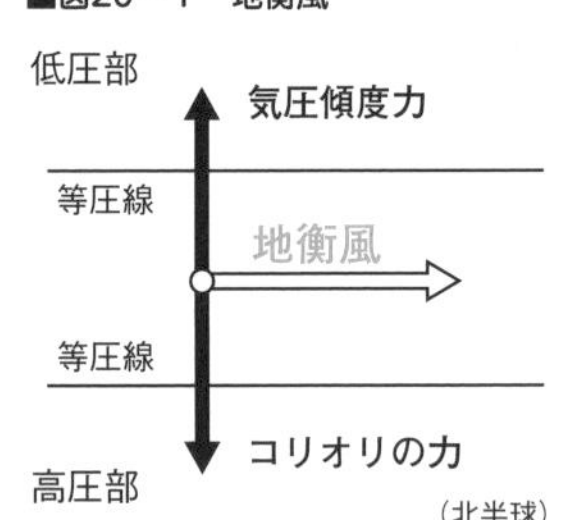

$$-\frac{m}{\rho}\cdot\frac{\Delta P}{\Delta n} = 2mV\Omega\sin\phi$$

この式のVが地衡風なので、地衡風速をV_gとすると、次の式になります。

地衡風速の式

$$V_g = -\frac{1}{2\rho\Omega\sin\phi}\cdot\frac{\Delta P}{\Delta n}$$

地衡風の特徴は、①気圧傾度（G＝ΔP／Δn）に比例するため、**等圧線の間隔が狭い場所ほど強く**吹く、②空気の密度ρに反比例するので、空気の密度が小さい上層ほど強く吹く、③距離Δnが同じ場合は、緯度ϕの正弦$\sin\phi$に反比例するので、低緯度地域ほど強く吹くことです。

傾度風（けいどふう）

気圧傾度力と、コリオリの力と、遠心力がつり合って吹く風を、傾度風といいます。大気上層において、水平規模が大きく、曲率と風速も大きい運動の場合にカーブを描いて吹きます。図 20 − 2 に示すように、中心気圧が高い場合は、①気圧の高い中心から外側に向かう気圧傾度力と中心から外側に向かう遠心力の合力と、②中心に向かうコリオリの力とがつり合って吹きます。北半球では、コリオリの力によって外側への向きを直角右向きに変えられるため、傾度風は時計回りの循環（高気圧性循環）になります。中心気圧が低い場合は、①中心に向かう気圧傾度力と、②外側に向かう遠心力とコリオリの力の合力とがつり合って吹きます。北半球では、コリオリの力によって中心への向きを直角右向きに変えられるため、反時計回りの循環（低気圧性循環）になります。半径を r とする円で回転している風の速度を V とすると、**遠心力は V^2 ／ r** なので、傾度風は次の式で表されます。

傾度風の式

高気圧性：$P_n + \frac{V^2}{r} = fV$　または　$P_n = fV - \frac{V^2}{r}$

低気圧性：$P_n = fV + \frac{V^2}{r}$　※ f V：単位質量（m＝1）にかかるコリオリの力 f mV

■図20－2　傾度風

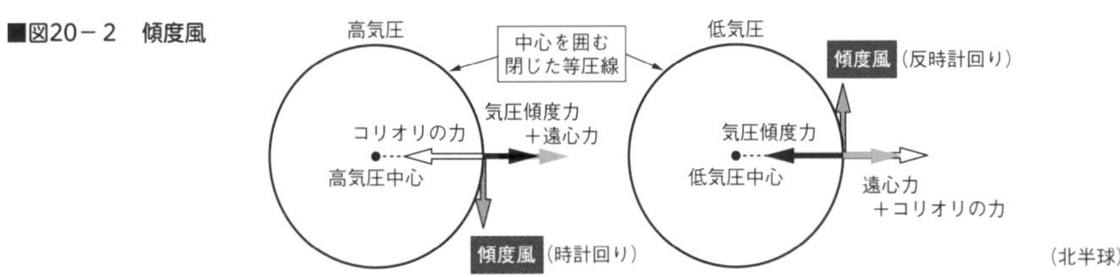

旋衡風（せんこうふう）

気圧傾度力と、遠心力がつり合って吹く風を、旋衡風といいます。旋衡風は、小規模なつむじ風や竜巻など、回転半径が小さく、風速が大きいために、遠心力がコリオリの力よりも非常に大きく、コリオリの力を無視することができる場合の風です。そのため、旋衡風は、気圧傾度力＝遠心力となり、次の式で表されます。なお、コリオリの力を無視できるので、理論上は反時計回りと時計回りのどちらの回転もあり得ますが、実際に観測される旋衡風のほとんどは、北半球では反時計回り、南半球では時計回りとなっています。

旋衡風の式

$$P_n = \frac{V^2}{r}$$

LESSON

21 層厚と温度風

学習優先度 A　頻出度

対流圏における南北方向の温度分布は、一般的に高緯度側で低く、低緯度側で高くなっています。この温度差による空気の密度の違いで気圧傾度が生じています。このレッスンでは、対流圏における層厚や温度風について学びます。

層厚（そうこう）

同じ気圧値の存在する高度を結ぶ水平面を等圧面といい、2つの等圧面の高度差を、層厚といいます。空気は、温度が高くなると体積が膨張して密度が小さくなるので、空気の質量が同じでも、体積は温度によって異なり、層厚の大きさは等圧面間の平均気温に比例します。図21－1に示すように、高度0m地点における気圧が1000hPaのA地点とB地点があり、A地点の300hPa面は高度9,600mにあるのに対して、B地点の300hPa面は高度9,000mにある場合、A地点とB地点における、1000hPaと300hPaの等圧面間における層厚は、A地点では9,600mなのに対してB地点では9,000mとB地点の層厚の方が小さくなっています。このような等圧面の高度差は、A地点とB地点の等圧面間の平均気温の差によって生じていて、B地点の平均気温がA地点より低いために、B地点の層厚が小さくなっています。対流圏内においては、低緯度側の気温が高く、高緯度側の気温が低いので、低緯度側ほど層厚が大きくなります。

■図21－1　層厚

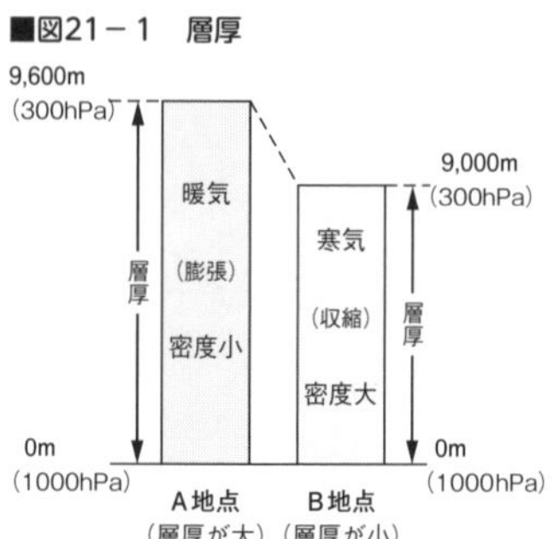

図21－2に示すように、1000hPaの等圧面が水平であると仮定すると、850hPaの等圧面は高緯度側に傾き、700hPa、500hPaと上層になるほど高緯度側への傾きは大きくなります。この等圧面に生じる高度差を、層厚の水平傾度といい、層厚の水平傾度が生じている状況では、どの高度においても低緯度側の気圧が高い状態です。その

■図21－2　層厚の水平傾度

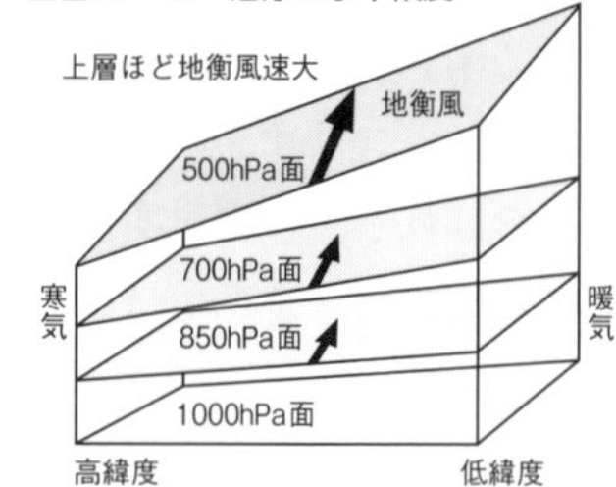

ため南北方向の気圧傾度が生じ、気圧傾度は上層ほど大きくなるので、北半球では気圧の高い側を右に見て吹く地衡風は、西風（偏西風）となり、上層ほど西風は強くなります。このように、中緯度の対流圏で南北の温度差によって上層ほど西風成分が強くなっている関係を、温度風の関係といいます。

温度風（おんどふう）

下層の地衡風と上層の地衡風の水平ベクトルの差を、温度風といいます。図 21 － 3に示すように、850hPa 面の実際に吹く風が北北西、500hPa 面の実際に吹く風が北西であった場合は、下層の北北西の風ベクトルの始点と上層の北西の風ベクトルの始点を合わせ、下層の北北西の風ベクトルの終点を始点、上層の北西の風ベクトルの終点を終点とするベクトルが温度風ベクトルとなります。温度風は、ベクトル差（概念）であり、実際に吹く風ではありません。

温度風の関係が成り立つ場合は、風向の鉛直方向の変化から温度移流を推定することが可能です。図 21 － 4に示すように、中緯度の対流圏では、上層ほど西風成分が強くなっています。寒気移流の場合は、下層において上層より弱い風が寒気側から暖気側に向かって吹いているので、下層から上層に向かう風向変化は反時計回りになります。一方、暖気移流の場合は、下層において上層より弱い風が暖気側から寒気側に向かって吹いているので、下層から上層に向かう風向変化は時計回りになります。また、温度風は、①２つの等圧面間の平均気温の等温線に対して平行になり、②北半球では高温域を右に見るような向き、南半球では高温域を左に見るような向きになり、③南北の温度傾度が大きいほど大きくなります。

■図21－3　温度風ベクトル

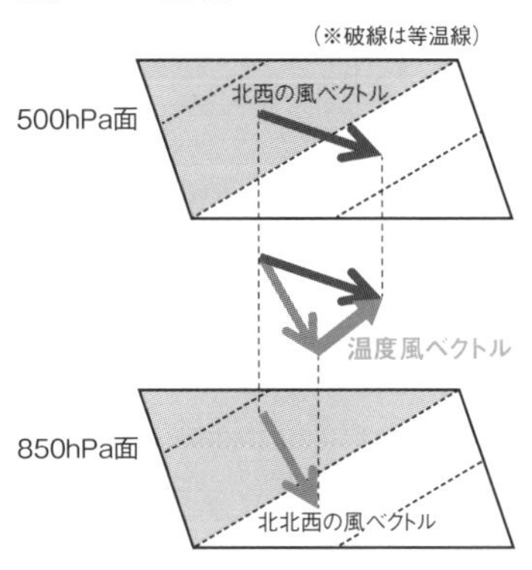

■図21－4

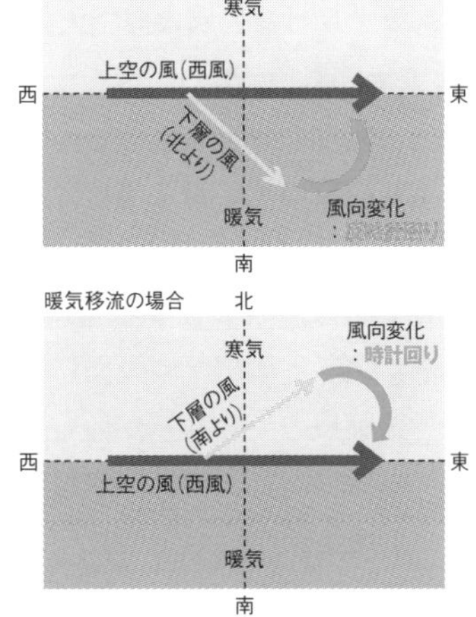

■表　温度移流の判断基準

下層から上層に向かう風向変化	
寒気移流の場	暖気移流の場
反時計回り	時計回り

LESSON 22

学習優先度 A　頻出度

地表面付近の風

地衡風、傾度風、旋衡風は地面や海面の摩擦の影響を受けない風ですが、地表面に近い大気下層では、摩擦の影響を受けて、上層とは異なる風が吹きます。このレッスンでは、地表面付近で摩擦の影響を受ける下層で吹く風について学びます。

大気境界層（摩擦層）

対流圏には、大気の質量の約80%と、降水や雲などに関係する水蒸気のほとんどが存在していて、地面や海面の摩擦や熱の影響を受ける層と受けない層に大別されます。図22－1に示すように、地面や海面の摩擦や熱の影響を直接的に受ける層を**大気境界層**もしくは**摩擦層**といいます。また、その上の摩擦の影響を受けない層は**自由大気**といいます。

■図22－1　大気境界層の層別化

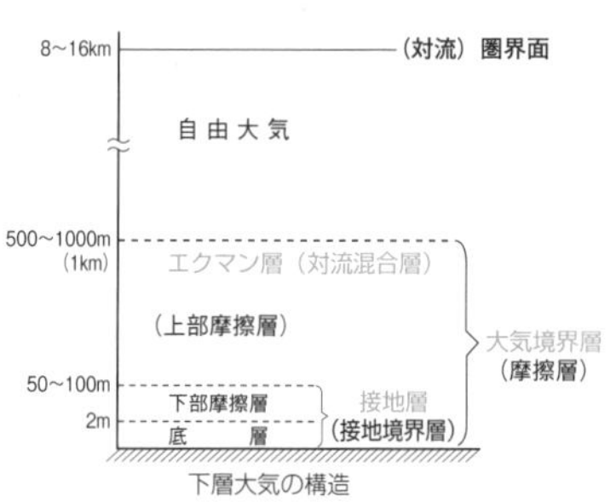

大気境界層 摩擦の影響を受けるこの層では、一般に建築物や樹木などによる凹凸（粗度）が大きい陸上より、表面が滑らかな海上の方が風が強くなります。また、摩擦の影響を受けて地衡風平衡が成り立たないので、風は等圧線を横切る成分を持ちます。大気境界層は、高度50～100mを境にして地表面に接している**接地層**（接地境界層）と**エクマン層（対流混合層）**に分けられます。

接地層 …大気が地表面に接する薄い層で、地表面と大気との間の熱や水蒸気、運動量のやりとりが最も盛んな層です。**温位**と**混合比**の値は上層ほど小さくなっていて、**風速**は摩擦の影響が上層ほど弱まるので上層ほど大きくなっています。

エクマン層 …エクマン層内の風は、気圧傾度力、コリオリの力、摩擦力の影響を受けて風向・風速が定まります。しかし、高さとともに摩擦力の影響が弱まるので高度が上がるにつれて風は地衡風に近づきます。また、日射によって地表面が暖められて対流が活発になると、気温の鉛直分布が**乾燥断熱減率**の温度勾配になり、**温位・風速・混合比**は鉛直方向に一様になります。

地上風

■図22－2　地上風（北半球）

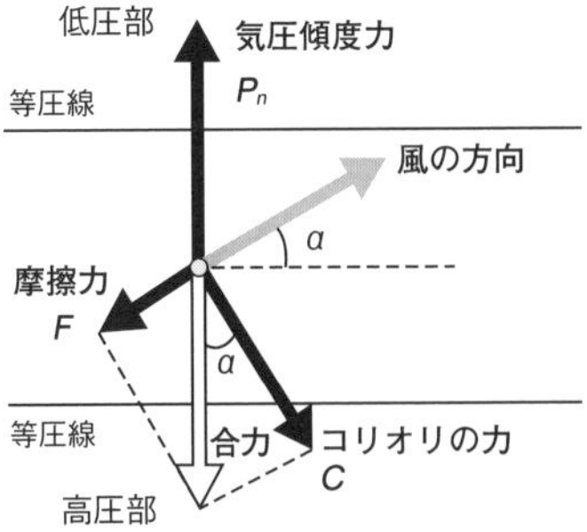

大気境界層における、地面や海面の摩擦の影響を受けて吹く風を**地上風**といいます。地上風は、図22－2に示すように、**気圧傾度力**P_nと、**コリオリの力**Cと、**摩擦力**がつり合って吹く風です。気圧傾度力とコリオリの力と摩擦力がつり合っているということは、摩擦力とコリオリの力の**合力**が気圧傾度力と等しい状態にあるということです（図22－2のように、ベクトルの大きさが同じで向きが逆であることが、その力がつり合っていることを示しています）。そのため、摩擦力をFとすると、次の関係が成り立ちます。

■図22－3

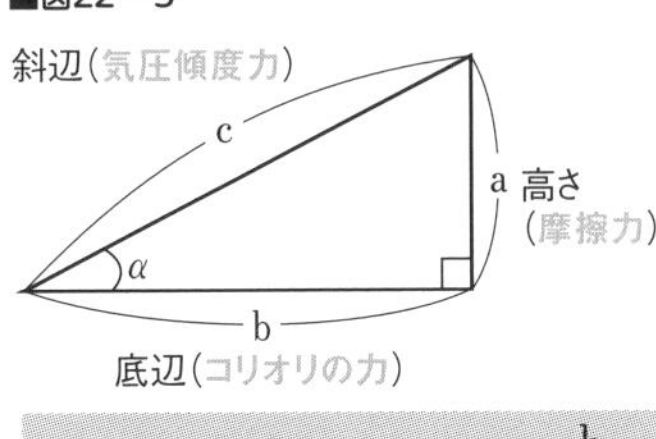

$$\sin\alpha = \frac{a}{c} \qquad \cos\alpha = \frac{b}{c}$$

図22－3に示すように、直角三角形の斜辺をc、底辺をb、高さをaとすると、$\sin\alpha$＝a／c、$\cos\alpha$＝b／cの関係にあります。図22－2において、風の方向を示すベクトルと、等圧線に平行な点線で成す角度をαとすると、コリオリの力のベクトルの向きは、風の進行方向に対して直角右向きなので、風の方向を示すベクトルとコリオリの力のベクトルで成す角度は90°です。また、合力のベクトルの向きと等圧線に平行な点線で成す角度も90°なので、コリオリの力のベクトルと合力のベクトルの成す角度もαです。気圧傾度力と、コリオリの力と、摩擦力の関係を直角三角形に置き換えると、斜辺cは気圧傾度力P_n、底辺bはコリオリの力C、高さaは摩擦力Fに該当するので、$\sin\alpha$＝a／c＝F／P_nとなり、$F = P_n \sin\alpha$が導かれます。また、単位質量当たり（m＝1）のコリオリの力CはfVなので、$\cos\alpha$＝b／c＝C／P_nとなり、$C = fV = P_n \cos\alpha$が導かれます。

これらの2つの関係式から、角度αと風速Vが決まります。気圧傾度力が同じであっても摩擦力が大きいと風向が等圧線と成す角度αは大きくなり、V＝$P_n \cos\alpha$／fの関係から、角度αが大きくなると風速は弱くなります。地上風は、①地表面による摩擦力の影響を受けるため**地衡風よりも風速が弱く**、②風向は**等圧線と平行にはなりません**。風向が等圧線と成す角度αの実際の大きさは、陸上では約30°～45°、海面上では陸上に比べて平坦で摩擦力の影響が小さいので約15°～30°となります。

LESSON

23 いろいろなスケールの気象現象

学習優先度 B　頻出度

晴れたり雨が降ったり、強い風が吹いたり、雲も風も存在しなかったりといった天気の変化は、さまざまな大きさの気象現象によってもたらされます。このレッスンでは、水平方向の広がりによって区分される大気の運動の分類について学びます。

大気の運動スケール

スケールとは規模のことです。大気中の運動は鉛直方向の広がりと水平方向の広がりを持ちますが、水平方向のスケール（水平スケール）によって大規模運動、中規模運動、小規模運動に区分されます。なお、大規模のことをマクロスケール、中規模のことをメソスケール、小規模のことをミクロスケールともいいます。また、大気現象が発生してから消滅するまでの寿命時間を時間スケールといい、大気現象の水平スケールと時間スケールには相関関係があります。

大規模運動・中規模運動・小規模運動の現象

■図　気象現象の時間スケールと水平スケール

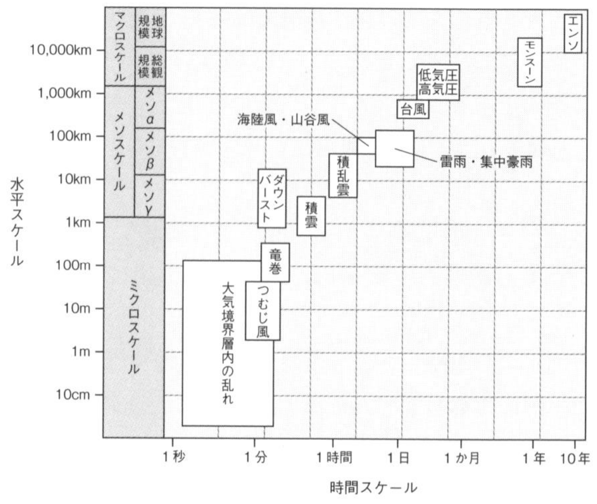

図は、縦軸に水平スケールを、横軸に時間スケールを取った大気の運動の分類表です。気象現象は、空間スケールが大きいほど時間スケール（寿命）は長くなります。そのため、水平（空間）スケールが数 km 程度の積雲の寿命は数 10 分～数時間であるのに対

して、水平スケールが数1,000～数100 km程度の台風や低気圧、高気圧の寿命は数日と長くなります。また、異なるスケールの気象現象は相互に作用し合っているため、現象の予想の際には、対象となる現象のスケールよりも大きなスケールの現象の把握が必要となります。

大規模運動 図に示すように、水平スケールが約2,000km以上の運動で、さらに地球（惑星）規模と総観規模に区分されます。**地球規模**の運動は地球全体あるいはその大部分にわたって地球をめぐる運動です。エンソ（ENSO）は、インドネシア付近と南太平洋東部で、海面気圧がシーソーのように連動して変化する現象で、数年周期の全地球的気候変動として重要視される地球規模の運動の1つです。**エルニーニョ現象**［▶L 38］と**南方振動**［▶L 38］（タヒチとオーストラリアのダーウィンの**地上気圧偏差**✻が2～7年程度の周期で逆の変動を示す現象）の両方を合わせた呼び方（両者の英文字の略語）で、両者には密接な関係があることから、合わせてエンソと呼ばれます。**総観規模**の運動は水平スケールが数1,000～約2,000kmにわたる運動です。低気圧や高気圧、気圧の谷などが代表的な現象です。中高緯度において、低気圧や高気圧のようなスケールの現象には、地球の自転の影響を受けてコリオリの力が働きます。

中規模運動 水平スケールが約2,000～2 kmの運動で、さらに水平スケールが約2,000～200kmのメソαスケール、水平スケールが約200～20kmのメソβ(ベータ)スケール、水平スケールが約20～2 kmのメソγ(ガンマ)スケールに区分されます。台風［▶L 34］はメソαの、局地風［▶L 35］はメソβの、ダウンバースト［▶L 31］はメソγの代表的な現象です。

小規模運動 水平スケールが約2 km以下の運動で、大気境界層内の乱れやつむじ風などが代表的な現象です。

ここがポイント！

大規模運動の詳細な内容については、LESSON38で、中規模運動についてはLESSON29～35で学習すれば大丈夫だよ！どういった現象がどのくらいのスケールなのかを大まかに把握したら学習を先へ進めよう！

✻用語 **地上気圧偏差**／偏差とは平均と比較した差をいう。つまり、地上気圧偏差とは、任意の期間における地上気圧を平均した値との差のこと。

LESSON 24

学習優先度 A　頻出度

大気の発散・収束と渦度

目に見える水の流れをイメージすると、見えない空気の流れもイメージしやすくなります。このレッスンでは、気象現象に大きな影響を及ぼす鉛直方向の空気の動き（上昇流や下降流）と密接に結びついている水平方向の空気の流れについて学びます。

大気の発散と収束

大気の発散や収束は、ある領域に出入りする空気量のバランスで生じます。空気が入る量より出ていく量の方が多ければ発散が、出ていく量より入る量の方が多ければ収束が生じます。水平方向の大気の発散や収束は上昇流や下降流といった鉛直流と密接に結びついているため、天気に大きな影響を与えます。水平方向の発散や収束は、風向の違いによって生じるものと、風速の違いによって生じるものがあります。

■図24－1　風向による発散・収束

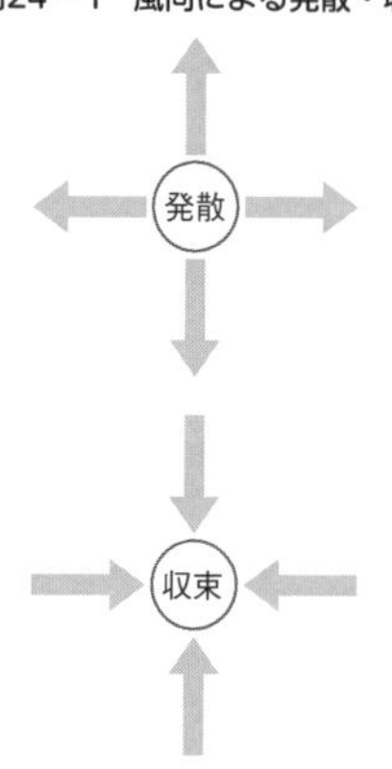

※矢印の向きと長さは、風の向きと強さ

風向の違いによって生じる発散・収束　水平方向に空気の流れが生じている場合において、図24－1に示すように、ある領域から周囲に向かって空気が出ていくような風向となっている場は発散の場となり、ある領域に向かって空気が集まってくるような風向となっている場は収束の場となります。

■図24－2　風速による発散・収束

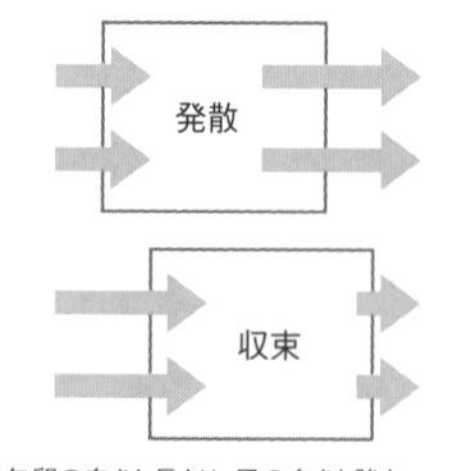

※矢印の向きと長さは、風の向きと強さ

風速の違いによって生じる発散・収束　水平方向に空気の流れが生じている場合において、図24－2に示すように、風向は同じであっても、ある領域から出ていく風速の方が大きくて入ってくる風速の方が小さい場合は、その場は発散の場となります。一方、出ていく風速の方が小さくて、入ってくる風速の方が大きい場合は、その場は収束の場となります。

発散・収束と、上昇流・下降流の関係　地表面付近で水平発散が生じている場合は、空気が補われるのは上空からとなるので、下降流が生じます。一方、上層で水平発散が生じている場合は、水平発散の下層からは上昇流によって空気が補われ、上層からは下降流によって空気が補われるので、水平発散の下で上昇流、上で下降流が生じます。一方、地表面付近で水平収束が生じている場合は、行き場をなくした空気は上空へ出ていくので上昇流が生じ、上層で水平収束が生じている場合は、水平収束の下層と上層へ空気が出ていくので、水平収束の下で下降流、上で上昇流が生じます。低気圧が移動してくると、地表面の空気が気圧の低い低気圧の中心に向かって収束することで上昇気流が生じ、雲を発達させて雨となります。

渦度（うずど）

流体の回転を渦といい、渦の回転の強さを**渦度**といいます。空気は、地球上における巨大な流体で、常に渦を伴って運動しています。地表面に対して水平方向に生じる渦度を、地表面に対して相対的な渦度という意味で相対渦度といい、ζ（ゼータ）で表します。相対渦度には、風速の違いによって生じるものと、空気の流れが湾曲していることによって生じるものがあります。

■図24－3　直線運動と渦度

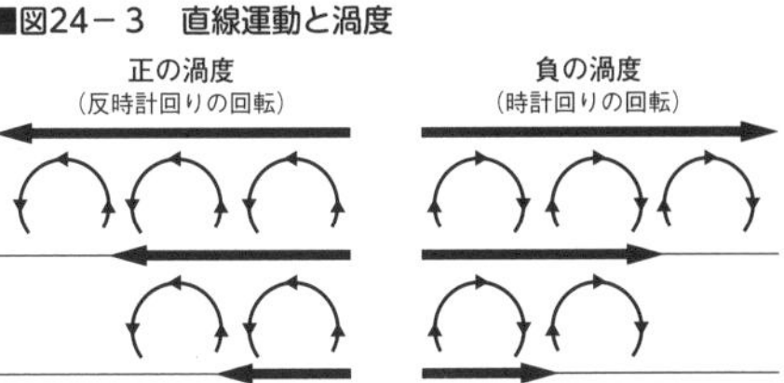

風速の違いによって生じる渦度　水平方向に空気の流れが生じている場合において、図24－3に示すように、風速に違いがあると、流れの速い方から遅い方へ向かう渦が生じます。

空気の流れが湾曲していることによって生じる渦度

■図24－4　曲率の効果による渦度

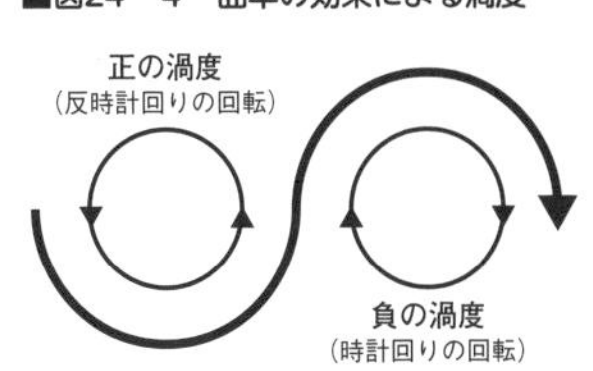

水平方向に空気の流れが生じている場合において、図24－4に示すように、空気の流れが湾曲している場では、湾曲の外側の流れの方が内側の流れより速くなるので、風速に違いが発生して渦が生じます。

渦度は、角速度の大きさで決まり、反時計回りの渦度を正の渦度、時計回りの渦度を負の渦度といいます。また、地球の自転によって生じる渦度を惑星渦度といい、コリオリパラメータの2Ω sin φ（オメガ サイン ファイ）と同じ物理量としてfで表します。この惑星渦度fと相対渦度ζの和を、絶対渦度といい、大規模な大気の運動において発散・収束がない場合は、絶対渦度は保存され、次の式で表されます。

$$f + \zeta = 一定$$

過去問チャレンジ

大気力学の基礎 [▶ L 21]

H 26 − 1 (42回) 一般 問6

上段の図に示すように，北半球中緯度にある正方形の領域の 300hPa 面では一様な南風が吹き，同じ領域の 700hPa 面では同じ風速の一様な西風が吹いている。自由大気中の風が地衡風とみなせるとき，これらの気圧面間の平均気温の分布として最も適切なものを，下段の図①～⑤の中から一つ選べ。ただし，図①～⑤は上段の図の領域を上から見た平面図で上方が北を向いており，細い実線は等温線であり，「C」は低温，「W」は高温を表す。

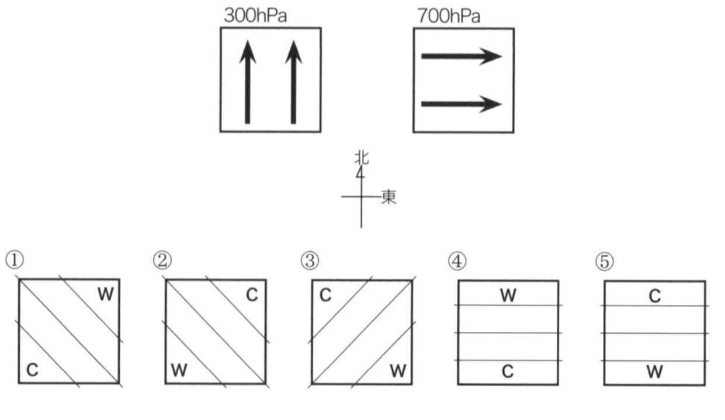

ここが大切！

温度風の、①等温線に対して平行になる、②北半球では高温域を右に見て吹くという特徴は、必ず押さえておきましょう。

解説と解答

温度風は、下層の地衡風と上層の地衡風の水平ベクトルの差です。下層の風ベクトルの始点と上層の風ベクトルの始点を合わせ、下層の風ベクトルの終点を始点、上層の風ベクトルの終点を終点とするベクトルが温度風ベクトルとなります。また、温度風は、実際に吹いている風ではなく、２つの等圧面間の平均温度の等温線に対して平行になり、北半球では高温域を右に見るような向きになります。

問題で提示されている図のように、北半球中緯度にある正方形の領域の 300hPa 面で一様な南風、同じ領域の 700hPa 面で同じ風速の一様な西風が吹いている場合の温度風ベクトルは、次の図に示すように、下層の 700hPa 面の西風ベクトルの始点と上層の300hPa面の南風ベクトルの始点を合わせ、下層の西風ベクトルの終点を始点、上層の南風ベクトルの終点を終点とする南東風ベクトルとなります。温度風は、２つの等圧面間の平均温度の等温線に対して平行になり、北半球では高温域を右に見るような向きになります。そのため、温度風が南東風の場合の２つの等圧面間の平均気温は、北東側が高温域「W」、南西側が低温域「C」の分布になります。したがって、図①が最も適切です。

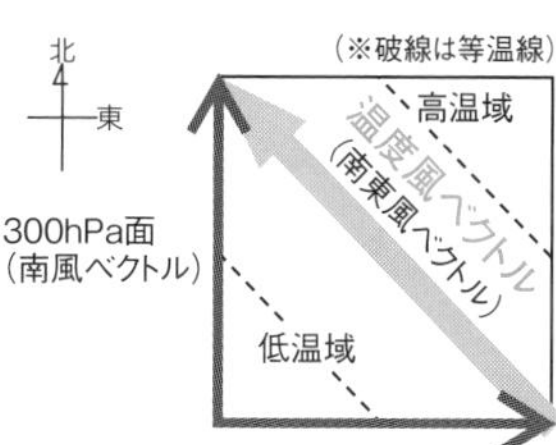

わんステップアドバイス！

温度風という用語は問題文のどこにも用いられていませんね。この問題は、温度風という用語をあえて用いず、地衡風、下層の風、上層の風、気圧面間の平均気温といった要素から、温度風の関係を用いることで気圧面間の平均気温の分布を判断することができることを理解しているかを問うものなんです。でも、問題文からそれさえ読み取れれば、温度風についての基礎的な知識で正解を導くことができるので、温度風に関する問題ではどのように問われるかを意識して、しっかりと問題の論点を読み取る力を養っておきましょう。

解答 ①

LESSON18〜24のまとめ

	式	つり合っている力	特徴
地衡風	$Vg = -\dfrac{1}{2\rho\Omega\sin\phi}\cdot\dfrac{\Delta P}{\Delta n}$	①気圧傾度力②コリオリの力	等圧線に平行に吹く
傾度風	高気圧性：$P_n = fV - \dfrac{V^2}{r}$ 低気圧性：$P_n = fV + \dfrac{V^2}{r}$	①気圧傾度力②コリオリの力③遠心力	等圧線に沿って カーブを描いて吹く
旋衡風	$P_n = \dfrac{V^2}{r}$	①気圧傾度力②遠心力	小さい回転半径で吹く
地上風	$fV = P_n\cos\alpha$	①気圧傾度力②コリオリの力③摩擦力	等圧線に角度を持って吹く

第1章
ざっくり解説

第2節

気象現象の実際

地球規模の現象から積雲など数 100 m規模の現象まで、幅広い規模の大気の運動に関する知識を学習する節です。規模が異なることで、考慮すべき要素が大きく異なるので、学習している現象がどの規模に該当するのかを意識して学習を進めることが理解のための大きなポイントとなります。

ん～?
どういうこと～?
例えば、地球1周の距離は40,075km だけど、気象現象は主に、高度約 11km までの対流圏で生じているから、地球規模だと横と縦の比率が全く違うでしょ。
横に対する縦の比率がとても小さいと、水平方向の大気の運動に対する、鉛直方向の大気の運動が及ぼす影響力は無視できるほど小さいから、考慮しないってことです。

ここを押さえよう！

この節の 学習ポイント

大規模な大気の運動　▶▶▶ L25～L28

地球大気の大循環のメカニズムや、大規模な大気の運動によってもたらされる梅雨前線による雨などの気象現象について学びます。温帯低気圧の構造については、他の節などの知識とも併せて複合的に理解を深めましょう。

中小規模の大気の運動　▶▶▶ L29～L35

台風や竜巻など、さまざまな要因によって発生発達する中小規模の大気の運動のメカニズムについて学びます。それぞれの特徴をしっかりと把握しましょう。

成層圏と中間圏の大規模運動　▶▶▶ L36～L37

成層圏と中間圏における大気の運動について学びます。中でも、緯度ごとの平均温度の高度分布や東西風緯度高度分布は、試験でもよく問われるところなので、重点的に学習しましょう。

気候の変動　▶▶▶ L38～L39

気候を変動させる、長期間にわたる気温や降水量などの変動について学びます。特定の領域で発生するエルニーニョ現象などは、領域名などにも留意が必要です。

CHECK!

鉛直方向の運動が及ぼす影響力は、**地球規模**の現象では無視できますが**台風**の大きさでは無視できません。

LESSON 25

学習優先度 B　頻出度

大気の大循環

高緯度地域と低緯度地域では受け取る太陽放射エネルギーに差があるので、気温差が生じます。この気温差を解消するために、大気が熱を輸送しています。このレッスンでは、地球規模で見る大気の大循環のメカニズムについて学びます。

地球の年間熱収支

■図25－1
太陽放射量と地球放射量の緯度分布

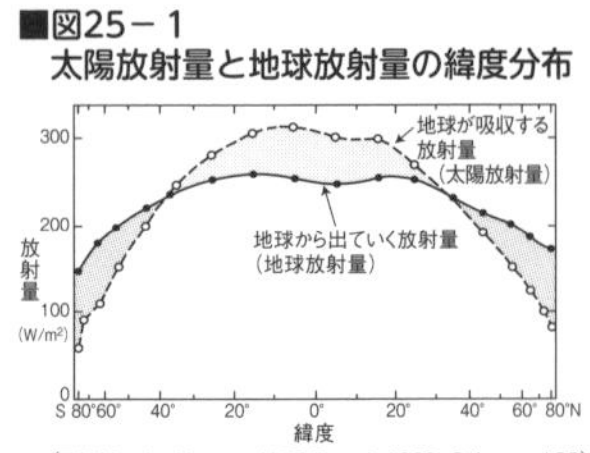

（T.H.Vonder Haar and V.E.Suomi, 1969 :Science, 163）

固体地球が吸収する太陽放射量と、地球から出ていく地球放射量は、地球全体としては等しく、熱収支はつり合っていますが、**緯度別**に見た場合には、異なる特徴があります。図25－1は、縦軸に放射量、横軸に緯度を取った図で、緯度ごとの地球から出ていく放射量（●）と地球が吸収する放射量（○）を示しています。地球が吸収する放射量の緯度による差と地球から出ていく放射量の緯度による差を比較すると、吸収する放射量（○）の緯度による差の方が大きく、低緯度地域の吸収する放射量（○）は高緯度地域に比べて非常に多くなっています。これは、赤道地方が極地方よりも太陽高度角が大きいことによります。したがって、1年を通じて見ると、緯度約40°より低緯度の地域では地球が吸収する熱量の方が出ていく熱量より多く、高緯度の地域では出ていく熱量の方が多くなります。しかし、大気の大循環によって熱が輸送されているために、吸収する熱量の方が多い低緯度地域で熱が過剰となって温度が一方的に高くなっていくこともなければ、出ていく熱量の方が多い高緯度地域で熱不足となって温度が一方的に低くなっていくこともなく、気温はある程度一定に保たれています。

大気の大循環

大気は、対流圏における南北方向の大循環、東西方向の大循環、モンスーン循環によって循環しています。このうち、対流圏における南北方向の大循環によって、低緯度で受け取る過剰な熱は高緯度に輸送されています。

対流圏における南北方向の大循環 南北方向の大循環を平均子午面(しごめん)循環といい、図25－2に示すように、ハドレー循環とフェレル循環と極循環の3つがあります。

■図25－2　南北方向の大循環

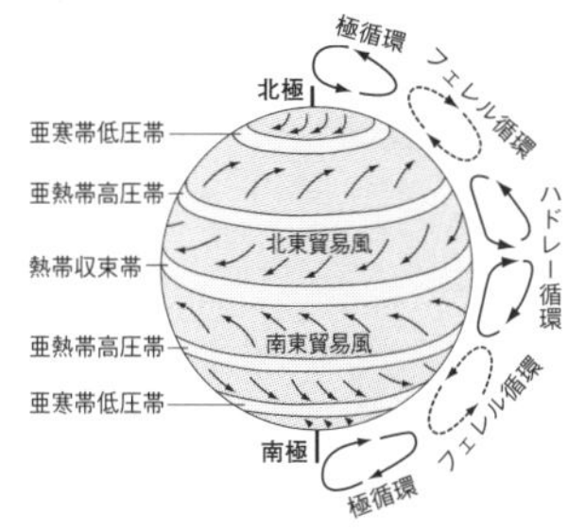

ハドレー循環…低緯度地域の循環で、赤道付近で暖められた空気が上昇して高緯度側へ移動する際、緯度20°～30°の中緯度上空の強い西風（亜熱帯ジェット気流［▶L 26］）によって暖かい空気が高緯度側へ移動できずに下降した後、地表面に沿って赤道側へ移動し、再び赤道付近で上昇する循環です。コリオリの力の影響で上空の風は南西風（南半球は北西風）となります。地表面の風は北東風（南半球で南東風）となり、これらの風を偏東風（貿易風）といいます。

フェレル循環…中緯度地域（緯度20°～30°と緯度50°～60°の間）の南北循環で、図25－2に示すように、平均気温が高い低緯度側で下降流、平均気温が低い高緯度側で上昇流となっています。このように、暖かい空気が下降し、冷たい空気が上昇する循環は、ハドレー循環や極循環を含む地球大気の南北方向の大循環の中で説明される見かけ上の循環です。実際には、中緯度地域における温帯低気圧や移動性高気圧の働きによって、暖かい空気が高緯度側で上昇し、冷たい空気が低緯度側で下降しています［▶L 27］。

極循環…緯度50°～60°で上昇した空気が極地方に移動して下降し、下降した空気が地表面に沿って緯度50°～60°へ向けて移動し、再び緯度50°～60°で上昇する循環です。地表面付近の風はやや西にそれて吹くことから、極偏東風といいます。

東西方向の大循環 赤道側より極側の方が、平均気温が低く等圧面高度が低いので、等高度で見ると極側ほど気圧が低くなっていることから、地衡風平衡が成り立つ対流圏上層では、西風が吹きます。この、対流圏中緯度で定常的に吹く西風が、東西方向の大循環です。この西風を偏西風といいます。

モンスーン循環 大陸と海洋の熱のコントラストで生じる大循環です。季節ごとに吹く季節風をモンスーンといい、夏のモンスーンはインド洋や西部太平洋から暖かいチベット高原に向かって吹く南西モンスーンとなって日本の梅雨に影響を、冬のモンスーンは寒冷なシベリア高気圧から暖かい太平洋に向かって吹く北西モンスーンとなって冬の日本海側の地域の大雪に影響を及ぼします。

プラスわん！ ハドレー循環の下降流によって形成される高圧帯を亜熱帯高圧帯（亜熱帯高気圧）といいます。下降流域で降雨量は蒸発量の約60%と多く、蒸発した水蒸気は熱帯や中緯度帯に輸送されます。

LESSON

26 中緯度における大気の循環

学習優先度 A　頻出度 🐾🐾🐾

中緯度上空には、地球を1周するようにして、偏西風が吹いていて、偏西風の吹き方が日本を含む中緯度地域の気象に大きな影響を及ぼしています。このレッスンでは、中緯度における東西方向の大気の循環であるジェット気流や、波動について学びます。

波動

大気の流れが南北に蛇行する現象を波動（波）といいます。地球規模の波動のうち、最も大きなスケールの波動を超長波（ちょうちょうは）といいます。超長波の水平波長は7,000 ～ 30,000km 程度、寿命は数10日です。超長波の水平波長は、地球の半径から地球の円周と同程度で鉛直スケールを無視できるほどの大きな水平スケールであるため、地衡風に近似しています。代表的な現象としては、中緯度の偏西風波動や成層圏の準二年周期振動［▶ L 37］などがあります。波数（波が蛇行（だこう）する回数）が1～3の超長波を、地球規模の波という意味でプラネタリー波（惑星波）といいます。プラネタリー波は、地形分布による力学的効果や熱的効果といった外力によって発生し、長期にわたって存在する停滞性の波です。また、水平波長が3,000 ～ 8,000km 程度で寿命が1週間前後の波動を長波といい、代表的な現象として温帯低気圧や移動性高気圧があります。

傾圧不安定波

水平方向に温度傾度が生じている状態を**傾圧不安定**といいます。太陽放射エネルギーを受け取る量は、緯度によって異なるので緯度ごとの加熱は不均一で、低緯度で高温、高緯度で低温となります。中緯度上空における低緯度と高緯度の南北間の温度傾度が限度を超えると、大気はその状態を解消しようとして波動が生じます。この波動を傾圧不安定波といいます。傾圧不安定波は、傾圧不安定な状態において暖気を極向きに、寒気を赤道向きに輸送して、南北の水平温度傾度を解消するように働きます。発達中の傾圧不安定波では、水平温度傾度に起因して有効位置エネルギーを運動エネルギーに変換する［▶ L 27］大気運動が起こり、波の運動エネルギーを増大させます。傾圧不安定波は、中緯度上空で波数が4～6、水平波長が数1,000kmのものが最も発達しやすく、地上では温帯低気圧や移動性高気圧を伴って東進します。傾圧不安定波の発生に外力は必要なく、温度の南北傾度のみで発生するのが特徴です。

偏西風波動とジェット気流

偏西風が南北方向に蛇行していることを偏西風波動といい、ハドレー循環によって亜熱帯高圧帯に運ばれてきた熱を、偏西風波動が高緯度地域に輸送しています。このように偏西風波動によって熱が低緯度から高緯度へ輸送される循環をロスビー循環といいます。また、偏西風は幅のある帯状で、偏西風帯の中で特に風速が大きい幅の狭い流れをジェット気流といいます。緯度30°付近に位置するジェット気流を亜熱帯ジェット気流といい、位置の変化が小さく安定して吹いているのが特徴です。一方、寒帯前線（寒帯気団と熱帯気団の境界にできる前線）付近に位置するジェット気流を寒帯前線ジェット気流といい、蛇行や分流、時間的・空間的変動が大きいのが特徴です。

気圧の谷（トラフ）と気圧の尾根（リッジ）

低気圧や低圧部から細長く伸びる気圧の低い領域を気圧の谷（トラフ）といい、高気圧や高圧部から細長く伸びる気圧の高い領域を気圧の尾根（リッジ）といいます。また、地上の気圧の谷と上層の気圧の谷を結ぶ線を気圧の谷の軸といい、発達中の低気圧の場合、気圧の谷の軸は上層ほど西に傾いています。発達中の低気圧の気圧の谷の軸が上層ほど西に傾くのは、低気圧の発達エネルギーが水平温度傾度に起因する有効位置エネルギーから変換された運動エネルギーで、図に示すように、低気圧の後面に空気の密度が大きい寒気が流入することで層厚が小さくなって500hPa付近の等圧面が下に垂れ下がる形となるからです。なお、低気圧の前面では空気の密度が小さい暖気が流入することで層厚が大きくなるので、500hPa付近の等圧面は上に盛り上がります。

■図　発達過程にある偏西風波動の東西鉛直断面模式図

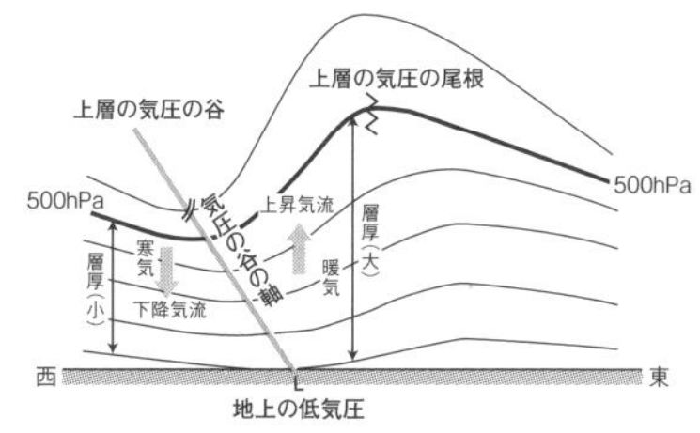

プラスわん！　気団は、湿度によって大陸性と海洋性に、温度によって熱帯気団、寒帯気団、極気団の3つに分類されます。例えば、シベリア気団は大陸性寒帯気団、小笠原気団は海洋性熱帯気団となります。

LESSON 27

学習優先度 A 頻出度

温帯低気圧と前線の形成・移動性高気圧

温帯低気圧は一般に前線を伴いますが、台風は前線を伴いません。これは、温帯低気圧の形成過程が前線の形成に密接に関わっているからです。このレッスンでは、温帯低気圧や前線が形成される過程、移動性高気圧について学びます。

温帯低気圧のエネルギー源

温帯低気圧のエネルギー源は、**有効位置エネルギーが変換された**運動エネルギーです。有効位置エネルギーとは、位置エネルギーのうち、実際に運動エネルギーに変換できるものをいい、位置エネルギーとは、物体が高い位置にあるために持つエネルギーです。物体が高い位置から低い位置へ移動すると、位置エネルギーが減少し、その減少した分が運動エネルギーに変換されます。温帯低気圧は、地球大気の位置エネルギーが変換した運動エネルギーをエネルギー源として発達します。

■図27－1
水平温度傾度と運動エネルギーへの変換

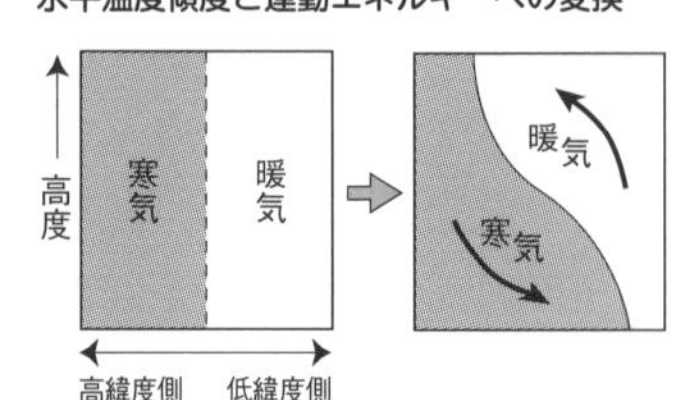

地球が受け取る太陽放射エネルギーは緯度によって異なるので、図27－1に示すように、一般的に低緯度側に暖気が、高緯度側に寒気が位置しています。暖気は軽く、寒気は重いので、大気の最も安定した状態は、暖気が上に、寒気が下に位置する状態です。そのため、大気は最も安定した状態になろうとして、上空にある寒気が暖気の下にもぐり込むような大気運動が起こり、このとき、位置エネルギーの運動エネルギーへの変換が起こります。温帯低気圧は、この水平温度傾度に起因する有効位置エネルギーが変換されたエネルギーによって発達します。また、北半球の中緯度においては、温帯低気圧が低緯度側の暖気を前方（東側）から取り入れて高緯度側へ運び、高緯度側の寒気を後方（西側）から取り入れて低緯度側へ運ぶと同時に、低緯度側から取り入れた暖気は渦を巻いて上昇し、高緯度側から取り入れた寒気は渦を巻いて下降するため、中緯度地域において熱を南北に輸送する役割を果たしています。つまり、**温帯低気圧**には、南北の温度傾度を弱める働きがあります。

前線

性質の異なる２つの気団の境界面が、地表面と接する線を前線、上空の境界面を前線面といいます。前線面は、異なる気団による異なる温度や密度の空気が徐々に変化する層（転移層）となっています［▶ L 73］。

温帯低気圧と前線のライフサイクル

■図27－2
温帯低気圧と前線のライフサイクル

発生期

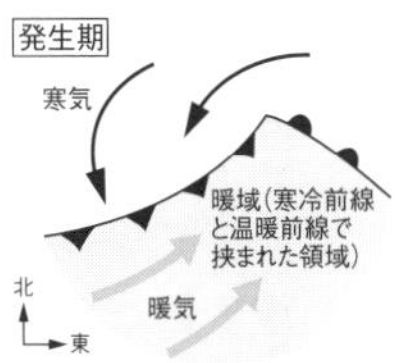

発達期

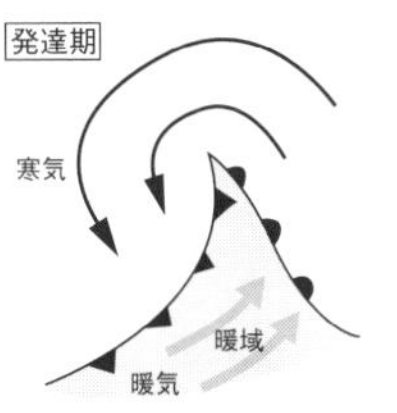

最盛期～衰弱期

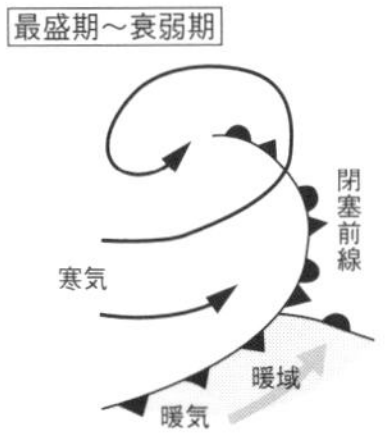

発生期 温帯低気圧は、傾圧不安定波に伴って発生・発達します。寒気の南下、暖気の北上に伴って地上では低気圧性の渦が生じます。反時計回りの渦は、北西側からの寒気が暖気側へ張り出すことで寒冷前線を、南西側からの暖気が寒気の上へ流れ込むことで温暖前線を形成します。また、渦によって上昇気流が生じて温帯低気圧が発生します。

発達期 温帯低気圧の後面に寒気、前面に暖気の位置関係となることで、有効位置エネルギーの運動エネルギーへの変換が起こり、温帯低気圧にエネルギーが供給される構造となるので温帯低気圧は発達していきます。温帯低気圧の後面では、寒気によって層厚が小さくなるため、**気圧の谷の軸は上層ほど西に傾き**ます。寒冷前線では寒気が暖気の下にもぐり込んで南東方向に進み、温暖前線では暖気が寒気の上を滑昇（かっしょう）して北上し、反時計回りの渦である低気圧の上昇気流が強まって寒冷前線と温暖前線が長く伸びていきます。

最盛期～衰弱期 寒冷前線は温暖前線よりも移動速度が速いので、温暖前線に追いついて閉塞前線を形成します。この頃が温帯低気圧の最盛期です。閉塞前線が長くなるとともに、前線による反時計回りの渦が弱まり、上昇気流も弱まることで、温帯低気圧の勢力は次第に衰弱し、やがては消滅します。この頃の**気圧の谷の軸はほぼ垂直**となります。

移動性高気圧

温帯低気圧の前後を、低気圧とともに移動していく高気圧を、移動性高気圧［▶ L 64］といいます。移動性高気圧も、温帯低気圧と同様に傾圧不安定波で、中緯度地域における熱を南北に輸送し、温度傾度を弱める働きをしています。

LESSON
28 大気中の熱輸送と水蒸気の循環

学習優先度 B　頻出度

熱や水蒸気が過剰な地域・不足している地域があっても均衡が保たれているのは、過剰な地域から不足している地域への輸送が行われているからです。このレッスンでは、緯度の違いによる南北方向の熱輸送や水蒸気の循環のメカニズムについて学びます。

大気中の熱輸送量の緯度分布

これまで説明してきたように、低緯度地域と高緯度地域の気温が年々増加したり、減少したりしないのは、余分な熱が高緯度地域（極側）に向けて輸送されているからですが、熱の南北方向の輸送量と輸送の要因は緯度ごとに異なります。図28－1は、実際に大気中の極向きの熱輸送量を各緯度圏について計算した結果を示しています。横軸に緯度を、縦軸に熱の北向きの輸送量を取った図で、正の値は北向き、負の値は南向きの熱輸送を表しています。また、点線は平均子午面循環（ハドレー循環・フェレル循環・極循環）による輸送量、実線は擾乱（大気の運動）による輸送量、1点鎖線は全輸送量を示しています。図28－1によると、赤道付近から北半球と南半球の両半球における緯度30°くらいまでは、点線の平均子午面循環により熱が両極側（高緯度地域）に向けて輸送されています。これは、ハドレー循環による熱の輸送です。また、緯度30°くらいから高緯度側では、実線の擾乱により熱が両極側（高緯度地域）に向けて輸送されています。これは、傾圧不安定波による熱の輸送です。このように、傾圧不安定波が生じて熱が低緯度地域から高緯度地域に輸送されるこ

■図28－1　大気の南北熱輸送量

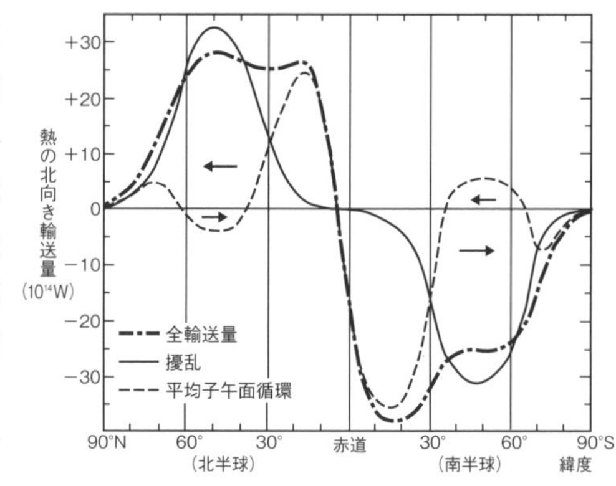

(C. W. Newton, ed., 1972 : Meteor. Monogr., 13 , American Meteorological Society)

高緯度側の寒気を低緯度側へ輸送するのは、高緯度側の寒気があった場所に暖気が移動してくることを意味するから熱を高緯度側に輸送するのと同じ意味だよ。しっかり理解しておこう！

とで、大気全体の熱的な平衡は保たれています。また、図 28 － 1 の矢印は、右向きが南向き、左向きが北向きを表していて、長さは量を表しています。この矢印に着目すると、北半球では北向きの熱輸送が大きく、南半球では南向きの熱輸送が大きくなっています。つまり、両半球において低緯度側から高緯度側への熱輸送が大きくなっています。

水蒸気の循環

地球上の降水量と蒸発量の収支は、地球全体としてはつり合っていますが、**緯度別**に見ると、大きく異なります。熱の南北輸送と同様に、大気中の水蒸気も南北に輸送されていて、この輸送には高圧帯や低圧帯が大きく関わっています。図 28 － 2 は、年平均で見た降水量と海面・地表面からの蒸発量とその両者の差の緯度分布図です。左側の縦軸に 1 日当たりの降水量を、右側の縦軸に蒸発量を、横軸に緯度を取った図です。図 28 － 2 によると、赤道付近の熱帯収束帯（赤道付近で南北両半球の亜熱帯高圧帯から吹いてくる貿易風によって大気が収束する上昇流域）では、降水量が蒸発量を大幅に上回っていますが、緯度 20° ～ 30° の亜熱帯高圧帯では、蒸発量の方が降水量よりも上回っています。しかし、亜熱帯高圧帯から熱帯収束帯へ吹いている貿易風が水蒸気を輸送しているので、降水量の方が蒸発量よりも多い熱帯収束帯で大気中の水蒸気が不足し続けたり、蒸発量の方が降水量よりも多い亜熱帯高圧帯で水蒸気が過剰になり続けたりすることはありません。また、**北半球**における北緯 40° より北で、降水量が蒸発量を上回っていますが、不足した水蒸気は、そのすぐ南の蒸発量が降水量を上回る（大気中の水蒸気が過剰な）地域から、大気の循環に伴う輸送で補われています。同様に、赤道地域の水蒸気の不足は、北緯 20° くらいまでの亜熱帯高圧帯から吹いてくる風に伴う輸送で補われています。

■図28－2　降水量と蒸発量の緯度別分布図（年平均値）

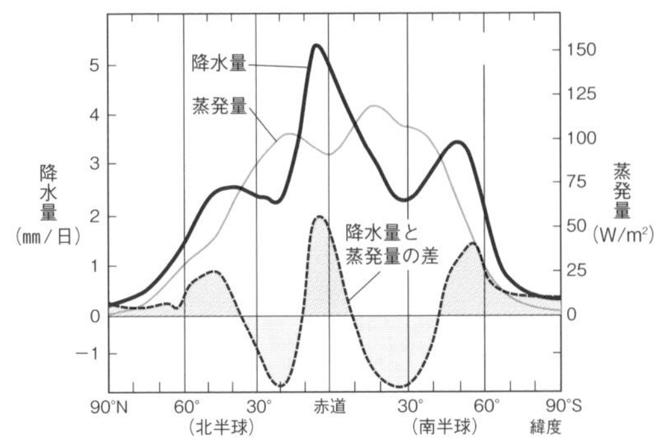

(C. W. Newton, ed., 1972 : Meteor. Monogr., 13 , American Meteorological Society)

プラスわん！　極付近で低温な空気が滞留することで生じる極高圧帯から中緯度への流れと、亜熱帯高圧帯から高緯度への流れが衝突する緯度 50° ～ 60° で形成される低圧帯を、亜寒帯低圧帯といいます。

過去問チャレンジ

大規模な大気の運動 [▶L 25・L 26・L 28]

H 30 − 1（50 回）一般 問 8

大規模な大気の運動におけるエネルギーの変換と熱輸送，水蒸気輸送について述べた次の文 (a) ~ (d) の下線部の正誤について，下記の①~⑤の中から正しいものを一つ選べ。

(a) 発達中の傾圧不安定波では，基本場の水平温度傾度に起因する有効位置エネルギーが減少し，波の運動エネルギーが増大するエネルギーの変換が起きている。

(b) 発達中の傾圧不安定波は暖気を極向きに，寒気を赤道向きに輸送しており，いずれも極向きに熱を輸送している。

(c) ハドレー循環は，中緯度帯で極向き熱輸送に主要な役割を果たしている。

(d) 亜熱帯高圧帯では蒸発量が降雨量よりも多く，亜熱帯高圧帯で蒸発した水蒸気が熱帯と中緯度帯に向かって輸送されている。

① (a) のみ誤り
② (b) のみ誤り
③ (c) のみ誤り
④ (d) のみ誤り
⑤ すべて正しい

ここが大切！

熱や水蒸気の輸送が、低緯度、中緯度、高緯度の各緯度帯において、どういった循環によってどの方向に輸送されているかを整理しておくことが大切です。

解説と解答

(a) 傾圧不安定波は、水平温度傾度を解消しようとして生じる波動で、発達中の傾圧不安定波では、水平温度傾度に起因する**有効位置エネルギーを運動エネル**

ギーに変換する大気運動が起こることで、有効位置エネルギーが減少し、その減少した分が運動エネルギーに変換されて、波の運動エネルギーを増大させます。したがって、正しい記述です。

(b) 傾圧不安定波は、**暖気を極向き、寒気を赤道向きに輸送**して、南北の水平温度傾度を解消するように働きます。また、寒気を赤道向き（低緯度側）に輸送することは、高緯度側の寒気のあった場所に、低緯度側から暖気が移動してくることを意味するので、極向き（高緯度側）に**熱**を輸送するのと同じ意味です。そのため、「暖気を極向き」に輸送と、「寒気を赤道向き」に輸送は、いずれも極向きに熱を輸送していることになります。したがって、正しい記述です。

(c) ハドレー循環は、低緯度地域の循環で、赤道付近で暖められた空気が上昇して高緯度側へ移動する際、緯度 20° ~ 30° の亜熱帯ジェット気流によって暖かい空気が高緯度側へ移動することができず下降した後、地表面に沿って赤道側へ移動し、再び赤道付近で上昇する循環で、低緯度帯で極向きの熱輸送に主要な役割を果たしています。したがって、ハドレー循環の熱輸送に主要な役割を果たしている領域を「中緯度帯」とする記述は誤りです。

(d) 亜熱帯高圧帯は、ハドレー循環の下降域に当たる緯度 20° ~ 30° の領域において下降流によって形成される高圧帯（高気圧）です。亜熱帯高圧帯では降雨量は蒸発量の 60%ほどで、蒸発量の方が多く、蒸発した水蒸気の余剰分は、熱帯や中緯度帯に向かって輸送されています。したがって、正しい記述です。

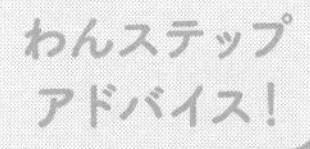

選択肢（b）のように、うっかり読み落としそうなところでひっかける問題もあるので、問題文をしっかりと読む習慣を普段の学習時からつけておきましょう。
ハドレー循環は低緯度、フェレル循環は中緯度、極循環は高緯度における循環のことですよ。

解答 ③

学習優先度 C　頻出度

LESSON 29 中小規模の大気の運動の特徴

大規模な大気の運動では無視することができた鉛直方向の運動ですが、中小規模の大気の運動では考慮する必要があります。このレッスンでは、中小規模の大気の運動の分類や、運動のエネルギー源などについて学びます。

中小規模の大気の運動（擾乱）の区分

水平スケールが約2,000km以下の大気の運動（擾乱）を、中小規模の大気の運動といいます。中小規模の大気の運動(擾乱)は、表のように区分されています。

■表　中小規模の大気の運動の区分

	水平スケール	寿命	代表的な現象
メソα	2,000～200km	数日	台風、前線、梅雨前線上の低気圧、ポーラーロー
メソβ	200～20km	数時間～半日	海陸風（かいりくふう）、スコールライン、山岳波
メソγ	20～2km	数時間	積乱雲、ガストフロント、オープンセル、クローズドセル
ミクロα	2km～200m	1時間程度	竜巻、積雲
ミクロβ	200～20m	数10分	つむじ風、乱気流
ミクロγ	20～2m	数分	ごく小さなつむじ風

中小規模の大気の運動は、より大きな規模の大気の運動に含まれて出現するので、内部構造やライフサイクルも大きな規模の大気の運動に影響されます。また、メソβやメソγの運動がまとまって、メソαの運動になるなど、中小規模の大気の相互間で影響し合うこともあるので、中小規模の大気の運動を考える場合は、個別のメカニズムのみではなく、さまざまなスケールの運動の相互のつながりも考慮する必要があります。温帯低気圧に伴う温暖前線や寒冷前線の移動方向や、発達・衰弱が、より大きな大気の流れに左右されるのは、中小規模の大気の運動がより大きな規模の大気の運動に多大な影響を受ける事例の1つです。また、積乱雲が集まることでより大きな積乱雲群を形成するのは、メソβやメソγの運動がまとまってより大きなスケールの運動になる事例の1つです。中小規模の大気

の運動の中で、特に重要な現象は、メソスケールの運動です。

メソスケールの運動のエネルギー源

大気の運動のエネルギー源に有効位置エネルギーがありますが、この有効位置エネルギーには、水平温度傾度に起因するものと、鉛直温度傾度に起因するものがあります。

さまざまな気象現象がもたらされるのは対流圏である高度約11kmまでの層で、大規模な大気の運動（温帯低気圧や移動性高気圧など）は水平スケールが約2,000km以上の運動なので、鉛直方向の運動は無視することができるほど小さいものです。そのため、水平温度傾度に起因する有効位置エネルギーに関する傾圧不安定のみを考慮することで十分です。

しかし、水平スケールが小さくなる中小規模の大気の運動の場合は、鉛直方向の運動についても考慮する必要があるので、メソスケールの運動の場合には、鉛直温度傾度に起因する有効位置エネルギーも考慮する必要があります。ここで考慮する必要がある鉛直温度傾度に起因する有効位置エネルギーとは、静力学不安定のことで、静力学不安定を解消するために働く大気の運動は**対流**［▶ L 30］です。以上のことから、メソスケールの運動においては、傾圧不安定と静力学不安定を有効位置エネルギーとして考慮します。

自由擾乱と強制擾乱

大気の擾乱は、大気の内部に擾乱の要因を持つものと、大気の外部に擾乱の要因を持つものに大別され、大気の内部に擾乱の要因を持つものを自由擾乱、大気の外部に擾乱の要因を持つものを強制擾乱といいます。自由擾乱は、大気の力学的不安定によって生じる大気の擾乱であり、潜熱は、大気内部の擾乱の要因の1つです。自由擾乱のスケールは、大気自身が持つ要因によって決定されます。強制擾乱は、地形分布などによる力学的強制力や、海陸風［▶ L 35］の要因となっている海陸分布などによる熱的強制力によって大気の運動が引き起こされる擾乱で、強制擾乱のスケールは強制力によって決定されます。具体的な現象としては、地形によって流れに乱れが生じて発生する山岳波［▶ L 54］があります。

表に記載した代表的な現象の**寿命**と**空間スケール**については、試験で問われる可能性があるので、暗記することを意識して学習しておこう！

LESSON 30

学習優先度 A 頻出度

対流

熱は、放射、伝導、対流といった形で伝達されますが、雨を降らせるような雲は対流による上昇流の存在する場に発生します。このレッスンでは、鉛直方向の空気の運動である対流の種類や、それぞれの対流によって生じる雲の特徴について学びます。

対流

鉛直方向の熱輸送には、触媒となる物質自体が移動して高温域から低温域、あるいは低温域から高温域へ熱を伝える**対流**と呼ばれる大気の運動と、触媒となる物質自体が移動することなく媒介となる物質を介して熱が伝わる**熱伝導**があります。例えば、熱いお茶を注いだ湯飲みを持つ手のひらが熱いと感じるのは、お茶の熱が湯飲みを通して手のひらに伝達されているからです。この熱の伝達（熱伝導）には媒介となる物質が必要です。一方、対流は物質自体が移動する熱の伝達で、物質自体が移動するため、熱に加えて水蒸気や運動量なども輸送されます。温度差が小さい場合は熱伝導による熱輸送が行われますが、一定値を超えると、より効率よく熱輸送が行える対流が生じます。対流の、最もシンプルな形の１つにベナール型対流と呼ばれるものがあります。

ベナール型対流によって生じるセル状の雲

寒冷な季節風が相対的に暖かい海上を**吹走**(すいそう)する際にゆっくりと加熱され、対流が生じます。その際に、暖められた空気が一斉に入れ替わるのではなく、部分的に上昇することで、上昇する部分と下降する部分ができ、大気の上昇運動と下降運動が規則正しい**多角形のセル状の配列**となる対流を、ベナール型対流といいます。実際の大気では、温度や密度などが一様ではないので、多角形の形状の雲の他にもさまざまな形状の雲が生じます。また、ベナール型対流に伴って生じる雲パターンには、オープン・セルと、クローズド・セルがあります。

用語

吹走／風が吹き渡るという意味。　**セル状**／細胞（cell）のように小さく分かれた形状のこと。

オープン・セル 寒冷な季節風が海上を吹走する際に鉛直不安定が生じて対流雲が発生しますが、このときの空気の温度と海面水温との差が比較的大きい場合に形成される、穴の開いた蜂の巣のような形状の雲パターン（図30－1のA）を、オープン・セルといいます。対流性の雲から成るオープン・セルは、雲のない領域で下降し、取り囲む雲壁で上昇する鉛直循環を持ちます。

■図30－1
オープン・セル(A)とクローズド・セル(B)

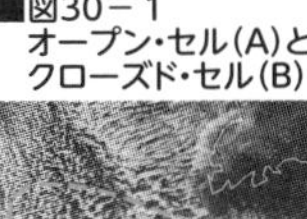

（気象庁提供）

クローズド・セル オープン・セルの場合に比べて、空気の温度と海面水温との差が小さい場合に形成されます。蜂の巣状が不明瞭で、蜂の巣が閉じたような形状の雲パターン（図30－1のB）を、クローズド・セルといいます。中心部の雲を形成する上昇流が周辺部の晴天域で下降する鉛直循環を持ちます。

ロール状対流によって生じる筋状の雲

静力学的に不安定な成層状態にあり、かつ風速の鉛直シア✻が大きくて風向の鉛直シアが小さい場合において生じる、**流れに対して平行なロール状の対流**をロール状対流といいます。鉛直方向の風速シアが大きい場合は、水平方向の風と鉛直方向の風の大きさを比較すると、ある程度の高さまでは鉛直流（上昇流）が卓越していますが、上層ほど強い風が吹いているため、ある高度より上では水平方向の風の方が卓越しています。上昇流が卓越する高度までは、空気は上昇することができますが、水平方向の風が卓越するようになると、水平方向の風が天井の役割を果たすので、それ以上は上昇できなくなります。上昇できなくなった空気は水平方向に移動します。図30－2に示すように、ロール状対流の下降流域では雲は発生せず、**上昇流域でのみ雲が発生**し、さらに雲の上層部で強い水平風に流されて上層の雲ほど風下側に位置することで、筋状（すじじょう）の雲が形成されます。冬型の気圧配置のときに日本海に筋状の雲が発生しますが、この雲は、シベリア大陸からの冷たい空気が、暖かい日本海の海水面によって下層が暖められてできたロール状対流によるものです。

■図30－2
ロール状対流の模式図

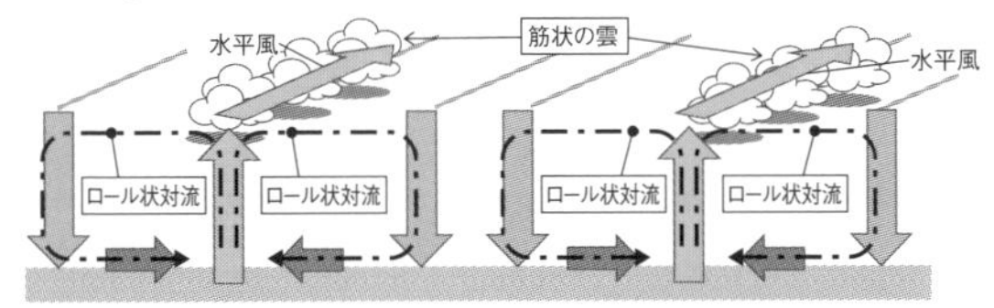

✻ 用語 **鉛直シア**／シアとは**差**のことで、風速の鉛直シアは鉛直方向の風速差、風向の鉛直シアは鉛直方向の風向差の意味。この他にも、風速や風向の水平シアといった表現もする。

LESSON 31

学習優先度 A　頻出度

降水セル（個々の積乱雲）

空に浮かぶ雲には、個々の雲で構成されているものもあれば、複数の雲が集まって大きな1つの雲となっているものもあります。このレッスンでは、大きな雲を構成する個々の雲におけるライフサイクルや、それに伴う現象について学びます。

積雲対流

水蒸気の凝結と降水を伴う対流を、積雲対流といいます。地表付近の水蒸気を含む空気塊が上空に持ち上がると、空気塊の温度は空気塊が飽和していない状態においては乾燥断熱減率で低くなりますが、持ち上げ凝結高度で飽和に達した後は、水蒸気が凝結する際に放出する潜熱によって空気塊は暖められるので、湿潤断熱減率で空気塊の温度は低下します。空気塊が地形の影響などの持続的な上昇気流によって持続的に持ち上げられて周囲の大気と同じ温度になる自由対流高度［▶ L 73］を超えると、空気塊の温度は周囲の大気よりも高くなるので、浮力によって上昇し続け、安定な成層に達してしばらく上昇したところで上昇は止まります。一方で、上昇気流を補う形としての空気の下降が起こります。上層では水蒸気量が少なく、成層は安定なので、下降気流の大部分は、広範囲にわたって弱いものとなりますが、積雲の直下では雨粒が蒸発する際に周囲の空気から熱を奪うことで空気が冷やされて重くなり、強い下降気流が作られることもあります。

降水セル

１つの大きな雲の塊に見える雷雲は、複数の積乱雲によって構成されていて、個々の積乱雲を降水セルといいます。降水セルは、積雲対流によって発生・発達します。

降水セルのライフサイクル 降水セルの一生は、成長期・成熟期・減衰期の３段階に区分されます。寿命は一般的に数10分から1時間程度で、短い時間で急速に発達するのが特徴です。図に示すように、成長期は雲が上方へ伸びていく段階で、雲の温度は周囲よりも高く、雲の中はすべて上昇気流となっています。この段階で少量の雨粒ができていますが、強い上昇気流によって上方へ運ばれるので地上へは落下しません。雲が上方へ伸びていくことで、やがて雲頂が対流圏上部に達し、この段階までには、雨粒や、温度が0℃の高度を越えていることによる大きな氷の粒子（雪やあられ）が形成されています。大きな水滴や氷の粒子は、上昇気流に勝って落下を始め、この落下によって周囲の空気を一緒に引きずり下ろすことで、中層から下降気流が生じます。この下降気流の出現が成熟期の始まりです。この段階において、雲の上部にはまだ上昇気流が存在するので、成熟期には上昇気流と下降気流が共存しています。落下する氷の粒子が0℃の高度を通過して融解する際に周囲の空気から潜熱を奪うことで空気を冷やすため、下降気流が強まります。また、雨粒も雲底下の飽和していない空気中で蒸発することで周囲の空気から潜熱を奪って空気を冷やすので、下降気流はどんどん強まります。下降気流は上昇気流の源となる暖かく湿った空気の流入を断つので、降水セルは急激に減衰して一生を終えます。減衰期の雲の中はすべて下降気流となっています。降水セルの水平スケールは10km程度です。

■図　降水セルのライフサイクル

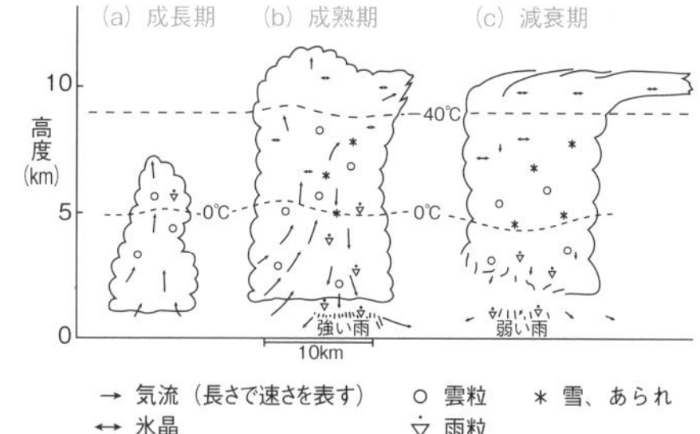

(H.R.Byers and R.R. Braham Jr.,1949:The Thunderstorm,U.S Weather Bureau.)

対流性の雲に伴う強い下降気流は、地表面付近における強風や突風などを引き起こし、大きな被害を及ぼすことがあります。このような対流性の雲から雷雨を伴って吹く強い下降気流をダウンバーストといい、離着陸中の航空機にとって非常に危険なものとなります。ダウンバーストは地面に衝突した後、水平方向に円状（楕円状）に広がり、水平スケールは1kmに満たないものから数10kmのものまであります。

ガストフロント（突風前線） 降水セルの成熟期においては、氷の粒子の融解や、雨粒の蒸発によって、熱を奪われた冷たい空気が雲底下にたまります。この雲底下にたまった冷気を冷気プール（冷気ドーム）といいます。雲底下にたまった冷気部分は、周囲よりも気温が低いので気圧が高くなり、雲底下に局地的な高気圧が形成されます。この高気圧を雷雨性高気圧、もしくはメソ高気圧といいます。雷雨性高気圧から地表に沿って、放射状に吹き出す冷気の先端が、周囲の暖かい空気と衝突したときにできる境界線をガストフロント（突風前線）といいます。ガストフロントは規模の小さい寒冷前線のように進行し、通過する少し前から**気圧**が上昇し、通過時には地表で突風が吹いて**気温**が急降下します。

LESSON

学習優先度 A　頻出度

32 降水セルの世代交代

雲がたくさん集まってできた大きな雲の場合は、個々の雲の寿命は短くても、個々の雲の発生と消滅のタイミングが異なるので1つの塊としての雲の寿命は長くなります。このレッスンでは、積乱雲の集合体の寿命や移動の特性などについて学びます。

降水セルの世代交代

降水セルの寿命は数10分から1時間程度ですが、複数の降水セルが集まって構成された降水系全体の寿命は、風の**鉛直シアが強いとき**には長くなります。一般的に降水セルは、対流圏中層の風によって流されます。図32－1の（a）に示すように、**一般風**が西風で風向シアはなく地表面における風速がゼロ、風速は上層ほど大きくなっていると仮定した場合、中層の一般風に流されている降水セルの視点で考えると、上層ほど風が強いので、図32－1の（b）に示すように、上層では自身を追い越していく西風が吹いていますが、下層の風は弱いため、下層では自身が下層の風を追い越す結果、東風が吹いていることになります。つまり、上層では西風が、下層では東風が降水セルに吹き込むように吹いています。この下層の東風は、図32－2に示すように、降水セルから吹き出す地表面付近の冷気外出流と衝突し、ガストフロントの所で**上昇気流**となります。このとき、大気が条件付不安定でガストフロントで強制的に発生した上昇気流が十分に強い場合は、下層の空気は

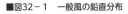

■図32－1　一般風の鉛直分布

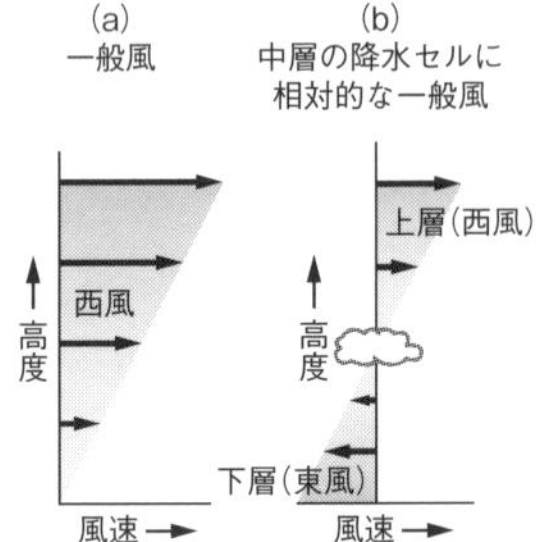

■図32－2

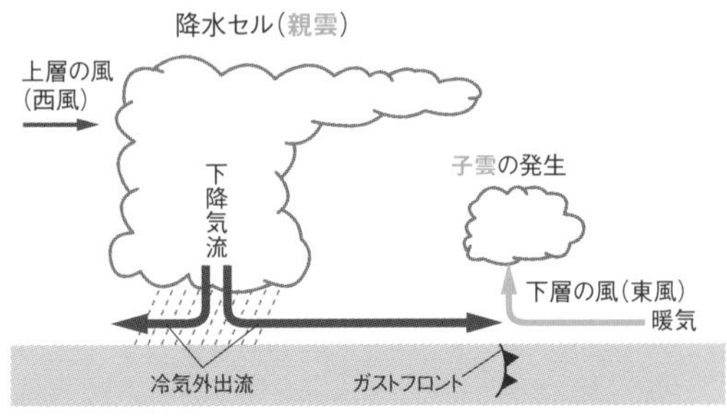

用語

一般風／メソスケール現象に伴う風を除いた、より大きなスケールの風。

自由対流高度まで上昇するので、その高度で新しく降水セルが生じます。最初の降水セルを**親雲**とすると、新しい降水セルは親雲から発生した**子雲**です。子雲ができると、水蒸気をたくさん含んだ下層の一般風の空気は、親雲の方にはいかず、子雲の方に吸い込まれるので、親雲は次第に衰弱してやがて消滅する一方で、子雲はどんどん成長していきます。このようなサイクルを、降水セルの**世代交代**（自己増殖）といいます。降水セルの世代交代が繰り返し起こることで、降水系全体の寿命は、個々の降水セルとしての寿命よりも長くなります。

多重降水セルの移動の特徴

世代交代（自己増殖）する積乱雲（降水セル）は、複数の降水セルが集まった積乱雲群となります。このような複数の降水セルによって組織された積乱雲群を**多重セル型積乱雲群**といいます。多重セル型積乱雲群は、降水セルが世代交代することで、積乱雲群が移動する方向と、個々の降水セルの移動方向は異なるものになります。個々の降水セルは、対流圏中層の一般風によって移動しますが、積乱雲群を構成する個々の降水セルは世代交代していて、水蒸気を多く含む下層の一般風が流入してくる方向（つまり風上側）に新しい降水セル（子雲）が発生し、風下側で消滅していくために、積乱雲群としての移動方向は、下層の一般風の風上側にずれます。例えば、図32－3に示すように、対流圏中層の一般風が西風で、個々の降水セルが西から東へ移動している場合において、下層の一般風が南風で、南から暖かく湿った空気が流れ込む場合は、下層の一般風の風上側である南側に新しい降水セルが発生し、風下側に当たる北側の降水セルは消滅していくので、個々の降水セルは東へ移動していても、積乱雲群としては南東方向への移動になります。

■図32－3　積乱雲群の移動方向の模式図

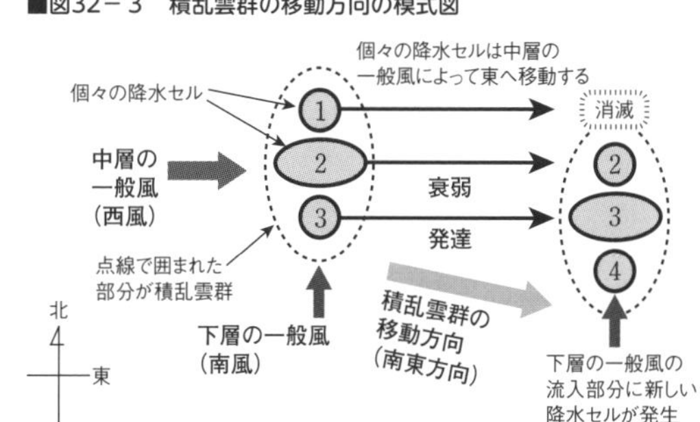

ここがポイント！

試験では、図32－3に似た図を提示して、個々の降水セルが対流圏中層の風に流されて移動することや、新しい降水セルが発生するのが下層の風の風上側であることを理解しているかを問う問題が出題されているよ！

LESSON 33

学習優先度 B　頻出度

メソ対流系・メソ対流複合体

複数の雲の集合体としての雲は、その形状が団子のように比較的丸い形をしているのか、それとも細長い形をしているのかで大別されます。このレッスンでは、複数の雲の集合体がメソスケールの雲の場合について学びます。

メソ対流系

降水セルのほとんどは、単独ではなく複数が同時に存在しています。この複数の降水セルで構成されたメソスケールの対流系を、**メソ対流系**と総称します。メソ対流系は、１か所に固まるように集まって構成された水平スケールが10～数10kmの**団塊状**（だんかいじょう）**メソ対流系**と、活発な降水セルが線状に並んで構成された長さ数10～100km以上に及ぶこともある**線状メソ対流系**に区分されます。

団塊状メソ対流系 気象レーダーで観測した形態ごとに、**気団性雷雨**、**マルチ（多重）セル型ストーム**、**スーパーセル型ストーム**の３つに分類されます。

気団性雷雨 …成長期や減衰期といった発達段階の異なる複数個の降水セルが雑然と集合したもので、**組織化されていない積乱雲群**です。寿命は１時間程度で、一般風の**鉛直シアが弱い状況**で発生しやすいのが特徴です。太平洋高気圧に覆われた夏季の日本で、晴天の日に発生する雷雨の多くは気団性雷雨です。

マルチ（多重）セル型ストーム …複数の降水セルが成長期、成熟期、減衰期の順に規則正しく並ぶ**組織化された積乱雲群**です。進行方向の前面のガストフロント部分で新しい降水セルが次々に作られ、後面で古い降水セルが次々に消滅していく世代交代を繰り返すので、マルチ（多重）セル型ストームとしての寿命は、数時間程度と長く、一般風の**鉛直シアが強い状況**で発生しやすいのが特徴です。

スーパーセル型ストーム …降水セルごとに単一の上昇気流や下降気流を持つのではなく、図33－1に示すように、塊全体としての単一な上昇気流と下降気流を持つ水平スケールが数10kmの巨大な雲の塊です。個々の降水セルの寿命は１時間以内ですが、スーパーセル型ストームとしては、上昇気流と下降気流の場所が異なることで上昇気流が長時間にわたって維持されるため、数時間と長く、一般風の鉛直シアが大きく、大気の不安定度が強い状況で発達するのが特徴です。

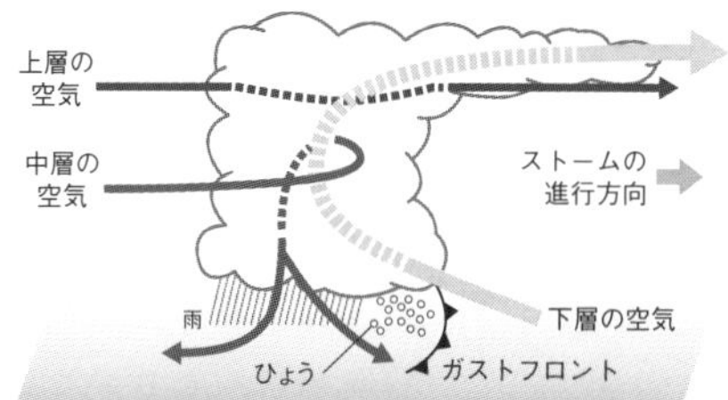

■図33－1　成熟期におけるスーパーセル型ストームの模式図

線状メソ対流系　活発な降水セルが線状に並んだもので、線に直角の方向に比較的速いスピードで移動するものをスコールライン、移動速度が比較的遅いものを降水バンドと呼びます。移動しているスコールラインの進行方向前面（先端部）には強い対流性の降雨域があり、下層に線状のガストフロントが形成されているため、通過時には突風とともに気温や気圧などの急激な変化を伴います。進行方向後面には､長さ数 10 ～ 100km 以上にも及ぶ層状性の雲が広がっていて、弱いシトシト雨が降る領域となっているのが特徴です。降水バンドは移動速度が比較的遅いので、集中豪雨をもたらし、大きな被害を与える要因になります。なお、スコールラインと降水バンドを明確に区分する移動速度の基準などは存在しません。

メソ対流複合体

メソ対流複合体は、メソ対流系が集まってできたものです。積乱雲が集合して形成された巨大な塊で、気象衛星画像で認識できるスケールの大きな対流系システムをクラウドクラスターといいます。クラウドクラスターは図 33 － 2 の A の雲域のように、気象衛星画像では 1 つの大きな雲の塊のように見えます。朝鮮半島南部から九州の西方海上にかけて広がる白くてはっきりとした縁を持つ雲域が、クラウドクラスターです。熱帯地方や夏の大陸上で見られることが多いのが特徴です。クラウドクラスターは、さまざまなサイズ、発達段階の対流雲で構成されていて、水平スケールは数 10 ～数 100km で、寿命は長いものだと 6 時間以上のものもあります。

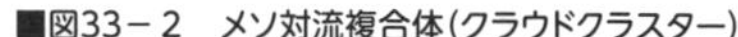
■図33－2　メソ対流複合体（クラウドクラスター）

（気象庁提供）

梅雨前線に向かって南から暖湿気が吹き込むと、梅雨前線に沿ってクラウドクラスターが発生して集中豪雨をもたらすことがあるんだ。クラウドクラスターは、台風の発生にも関連してるよ！

LESSON 34

学習優先度 A　頻出度

台風

台風は、毎年のように、日本に甚大(じんだい)な災害を及ぼす激しい気象現象の代表ともいえます。このレッスンでは、台風の発生・発達の仕方や構造、ライフサイクルについて学びます。温帯低気圧との違いがよく問われるので、違いをしっかりと押さえましょう。

台風

熱帯の海上で発生する低気圧を熱帯低気圧といい、熱帯低気圧のうち、北西太平洋（赤道より北で東経 180°より西の領域）または南シナ海に存在し、なおかつ低気圧域内の最大風速（10 分間平均）がおよそ 17m ／ s（34 ノット、風力８）以上のものを台風といいます。

台風の発生 台風は、一般的に海面水温が 26 ～ 27℃以上の熱帯の海域で発生するといわれています。また、台風の発生域は、海面からの水蒸気の供給が活発で、寿命が数時間から１日程度の積乱雲が絶えず発生と消滅を繰り返している**熱帯収束帯**にほぼ限定されています。熱帯収束帯で積乱雲が組織化されてクラウドクラスターが形成されると、コリオリの力が働いて、渦運動が生じます。これが、台風のもとになります。赤道を挟んだ南北の緯度５°くらいまでの領域では、コリオリの力が弱いので、空気の渦である熱帯低気圧はほぼ発生しません。

台風のエネルギー源 台風は、暖かい海面から供給された水蒸気が凝結して雲粒になるときに放出される熱（潜熱）をエネルギーとして発達します。台風と台風を構成する積乱雲群の発生・発達過程は、図 34 － 1 に示すように、上昇流で水蒸気が凝結して積雲対流を生じさせるときに放出される潜熱による加熱が、上昇流を加速させ、より大きなスケールの低気圧性循環を形成し、これが水蒸気を補給してさらに上昇流を加速させるという相互作用によって互いに発達促進し合う第二種条件付不安定（CISK(シスク)）というものです。

■図34－1
第二種条件付不安定（CISK）

中層の空気が湿潤な場合は潜熱によってさらに上昇していく

潜熱によって暖められた空気はさらに上昇する

上昇して気温が下がると水蒸気の一部が凝結して潜熱を放出する

台風の構造の特徴 台風の特徴は①台風の眼、②アイウォール（壁雲）とスパイラルバンド、③中・上層の暖気核の存在です。発達した台風の中心部では、下降流域になっていて風も弱く空気も乾燥しているので、雲が無く青空が見えることもあります。この領域を台風の眼（図 34 － 3のA）といいます。図 34 － 2に示すように、台風の眼の外側にある強い上昇流によって上層まで達した空気塊は、凝結によって水蒸気を放出して未飽和な状態（乾燥空気）となり、湿潤空気よりも重い乾燥空気が下降することで下降流が生じます [▶ L 73]。この下降流によって台風の眼が形成されます。台風の眼の周りには 40 m／ s にも達する非常に強い上昇流があり、発達した積乱雲群が形成されます。この積乱雲群をアイウォール（図 34 － 3のB）といい、高さは 12 ～ 16km にも達します。アイウォール内では激しい雨や風が観測されます。また、アイウォールを取り囲んで、スパイラルバンド（図 34 － 3のC）と呼ばれる積乱雲で構成されるらせん状の降雨帯が複数存在します。一般的にはアイウォールよりも低い壁雲から成り、北半球では反時計回りに回転しています。スパイラルバンドの風上の端で新しい積乱雲が次々と発生し、積乱雲は台風周辺の風に流されて風下へと移動するので、スパイラルバンドの速度は台風周辺の風速よりもかなり遅いのが特徴です。また、台風の中心に向かう風によって、水蒸気が輸送され、そこで収束・上昇して中・上層で水蒸気の凝結による潜熱が放出されて空気が暖められることで、台風中心部の中・上層に暖気核が形成されます。この暖気核の存在が確認される場合、その擾乱は**台風としての勢力を維持している**と判断されます。

■図34－２　台風の鉛直断面模式図

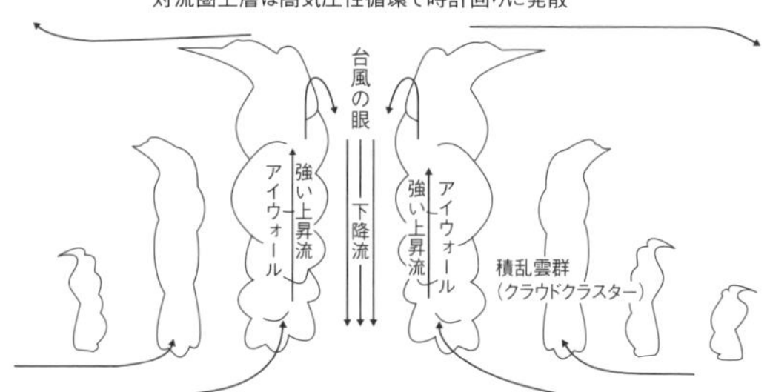

■図34－３　台風の眼、アイウォール、スパイラルバンド

（気象庁提供）

台風は、温帯低気圧と違って前線を伴わないから、成熟期の台風に伴う雲、風速、降雨の分布は中心に対してほぼ軸対称で、等圧線の形状もほぼ円形なんだ。それに、低気圧性の回転の軸は、地上から上空にほぼ鉛直なのが特徴だよ！

台風のライフサイクル

発生期 海面水温が高く、上昇流が発生しやすい赤道付近の海上で、図 34 − 4 のように、積乱雲が一つにまとまって、クラウドクラスター（積乱雲群）となります。渦を形成して熱帯低気圧と呼ばれるようになり、さらに渦の中心気圧が低下して中心付近の最大風速が 17 m／ s を超えたものを台風と呼びます。

■図34 − 4

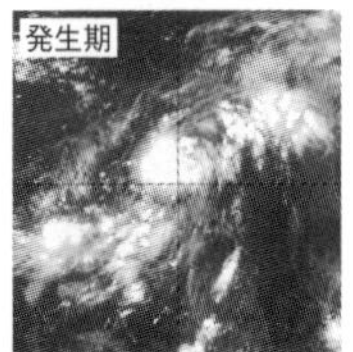

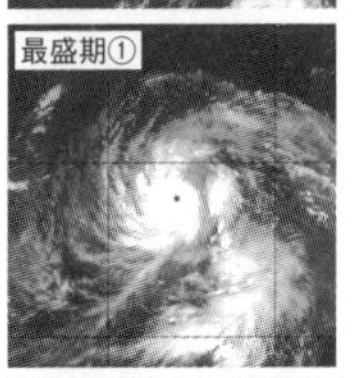

（気象庁提供）

発達期 台風と呼ばれるようになってから、中心気圧がさらに低下して勢力が最も強くなるまでの期間で、暖かい海面から供給される水蒸気による潜熱をエネルギー源として発達し、台風の眼が明瞭になり、眼の外側の風速も急激に強くなります。

最盛期 中心気圧が最も低く、最大風速が最も強い期間のことで、図 34 − 4 のように、明瞭な眼とアイウォール、そしてそれを取り囲む複数のらせん状のスパイラルバンドも明瞭になります。

衰弱期 台風が海面水温の低い日本付近まで北上すると、海面から供給される水蒸気量が減少し、高緯度側から台風の中心付近に向かって寒気が流入してくるので、台風の眼が不明瞭になります。中心に暖気核の構造を維持したまま中心付近の最大風速が 17 m／ s 未満になると台風と呼ばれなくなります。これを台風の熱帯低気圧化といいます。一方で、高緯度側からの寒気の流入がさらに顕著になり、中心部の暖気核の構造が消滅し、流入する寒気と台風が持ち込む暖気の境で前線が形成されるようになると、台風は温帯低気圧に変わります。これを台風の温帯低気圧化といいます。台風が温帯低気圧に変わりつつある場合は、温暖前線や寒冷前線が形成され始めるので、前線に伴う強風域（風速 15 m／ s 以上）が発生します。特に寒冷前線に伴う強風域は総観規模（数 1,000km）なので、強風域の範囲は**台風の強風域（数 100km）よりも広くなる**ことが多くなります。また、多くの台風は温帯低気圧に変わりながら弱まっていきますが、温帯低気圧に変わりながら再び発達**して中心気圧が低くなる**低気圧もあります。なお、台風は海面や陸地面との摩擦によって、絶えずエネルギーを失っていて、海面よりも陸地面の方が摩擦が強いために、**陸地の摩擦によりエネルギーが失われる**ことも、台風が上陸後に勢力を弱める主な原因の 1 つです。

台風に伴う風の特徴

台風の風は、気圧傾度力、コリオリの力、遠心力がつり合った**傾度風で近似**できますが、**地表付近では摩擦力**が加わるので、中心に向かう流れが生じます。台風の循環は、低気圧性（北半球では反時計回り）ですが、**対流圏上層**では空気が中心から外側に向かって吹き出す**高気圧性**（北半球では時計回り）の循環になっています。また、台風周辺の**地上**での風速分布は、図 34 − 5 に示すように、台風の**進行方向に向かって右側半円で強く**なる傾向があります。これは、日本付近の台風は一般的に、偏西風に流されて北や北東方向へ進むため、進行方向に向かって右側半円では台風の中心に向かって吹き込む台風自身の風と台風を移動させる周囲の風の向きが同じ方向になるからです。左側半円では、台風の中心に向かって吹き込む風が、台風を移動させる周囲の風の向きと逆になるため、右側半円に比べると風は弱くなります。なお、図 34 − 5 において、台風の中心付近は台風の眼の領域であるため、比較的風が弱い領域になっています。

■図34－5　台風周辺の地上での風速分布

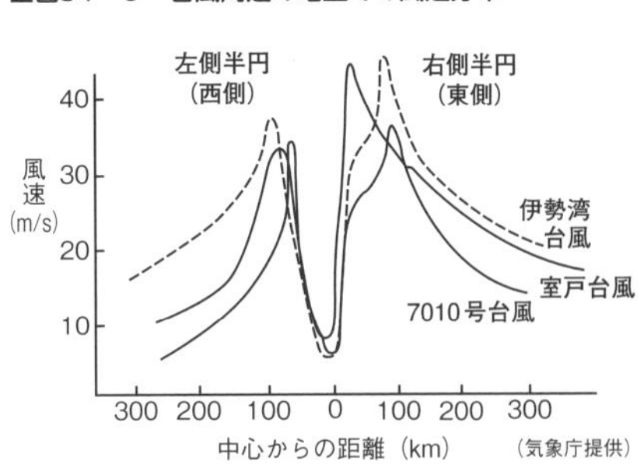

台風の発生時期と発生数、進路の特徴

発生時期と発生数　気象庁の監視領域における台風の年間平均発生数は、約 26 個で、そのうちの約 11 個が日本から 300km 以内に接近し、約 3 個が日本に上陸しています。台風の**接近**とは、日本列島から 300km 以内に近づく場合に用いる表現で、**上陸**とは、台風の中心が北海道、本州、四国、九州の海岸線に達した場合に用いる表現です。また、台風の中心が小さい島や小さい半島を横切って、短時間で再び海上に出る場合は**通過**という表現を用います。上陸の定義に、**沖縄**は含まれないため、沖縄の上空を台風が移動した場合は、上陸ではなく通過となります。台風の発生は 8 月を中心に 7 ～ 10 月にかけて多くなりますが、その他の月に発生する台風も観測されていて、台風は年間を通じて発生しています。

進路の特徴　台風の進路に大きな影響を及ぼすものとしては、**偏西風**、**太平洋高気圧**、**偏東風**があります。これらは季節とともに変化するので、台風の移動経路も季節によって変化します。

LESSON 35

学習優先度 B　頻出度

局地的な風

例えば、六甲(ろっこう)おろしやだし風など、地域固有の名前が付いている局地的な範囲に限定して吹く特有の風や、山岳地帯や海の近くで吹く局地的な風があります。このレッスンでは、局地的な風のメカニズムや、代表的な海陸風・山谷風について学びます。

局地的な風のメカニズム

地域の地形に起因する力学的作用や熱的効果によってメソスケールの範囲に限定して（局地的に）吹く風を局地的な風といいます。**力学的作用**とは、地形の凹凸によって空気の流れが強制的に生じる作用で、**熱的効果**とは、温度分布が異なることで空気の流れが強制的に生じる作用です。このような、力学的作用や熱的効果によって生じる強制擾乱として代表的な局地風には、海陸風や山谷風があります。

海陸風（かいりくふう）

海陸風は、海面と陸面における日射（放射）による加熱の違いによって生じる風で、晴天の日の日中に海岸近くで海から陸に向かって**海風**が吹き、夜間に陸から海に向かって**陸風**が吹く現象のことをいいます。単位質量の物質の温度を単位温度だけ上昇させるのに必要な熱量を**比熱**といい、比熱が大きい物質ほど暖まりにくく冷えにくくなります。水は比熱が大きいので、海は陸地よりも暖まりにくく冷えにくく、日中に同量の日射による熱を吸収しても、比熱が小さくて暖まりやすい陸面の方が温度が高くなって、陸面に接する大気下層の気温も高くなり陸面の大気が膨張します。陸面の大気は水平方向にも鉛直方向にも膨張しますが、海陸風に関与する**加熱される大気の層の厚さ**は、1km 程度であるのに対して、**陸地の水平スケール**は 10 ~ 100km 程度と大きく、水平方向の膨張は陸面全体の規模からすると無視できるほど小さいため、ここでは、鉛直方向への膨張についてのみ考えます。陸面が加熱される前の状態は、海面と陸面の等圧面が水平であったとすると、図 35 − 1 の（昼）のように、陸面付近の温度は海面付近の温度よりも高くなりますが、ある高度より上では、空気が暖められて断熱的に上昇することで冷却される効果の方が、陸面からの加熱の効果よりも強くなり、同一高度における温度は海上よりも陸上の方が低くなります。この高度では、静水圧平衡の関係により気圧が増大して海上よりも気圧が高くなります（図 35 － 1 の（昼）の陸面の H）。これにより、上層で陸から海に向かう流れ（反流）ができ、この流れの先端で空気の収束による下降流ができ、流れの根本では空気が別の場所に移動したことによって空気が減少したために地表面の気圧が下がり、気圧の高い海面から気圧の低い陸面に向かう気圧傾度ができるので、海から陸に向かう風が生じます。夜は、放射冷却により陸面温度は海面温度よりも低くなり、陸面の気圧が海面の気圧よりも高くなるため、日没から数時間後に陸から海に向かう風が吹くようになります。海と陸の温度差は、昼の方が夜より大きいので、一般に海風の方が陸風よりも風速が大きくなります。そのため、海風は海岸から数 10km 内陸まで吹き込むのに対して、陸風は海岸から 10km 以下にしか及びません。また、風が吹く高度も海風の方がより高い高度にまで及びます。

■図35－1

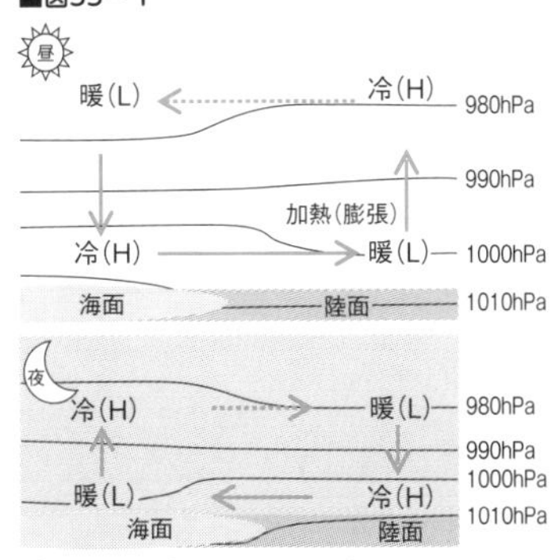

(↑)上昇流　(↓)下降流　(←…)反流
(H)気圧が高い状態　(L)気圧が低い状態

山谷風（やまたにかぜ）

山の斜面が日中の日射によって加熱され、山の斜面に沿って谷（山麓（さんろく））から山頂に向かって吹く風を狭い意味での**谷風**といいます。一方で、図 35 － 2 に示すように、斜面の A 点も山麓の B 点もほぼ同じ量の熱を受け取ります（比熱は同じ）が、B 点の上空で斜面の A 点と同じ高度にある C 点の空気は地面から離れているので、斜面の A 点ほどは温度が上昇しません。同じ高度面で考えると、斜面の A 点の空気の方が C 点の空気よりも温度が高い関係になります。この関係により、海風の場合と同じ原理で斜面の A 点で空気が上昇して鉛直面内で循環が生じ、この循環の一部として斜面に沿って吹く風を広い意味での**谷風**といいます。また、夜間に山の斜面が放射冷却などによって冷やされ、重くなった空気が山の斜面を下降流となって吹き降りる風を**山風**といい、山風と谷風をまとめて山谷風といいます。

■図35－2　広い意味での谷風の模式図

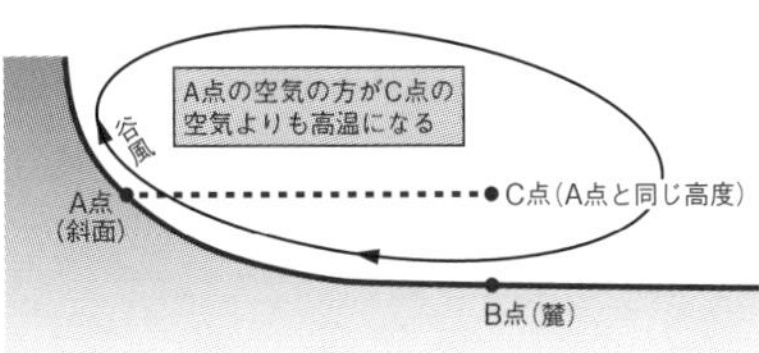

過去問チャレンジ

中小規模の大気の運動 [▶L 31・L 33]

H 28 − 2（47 回）一般 問9

メソ対流系について述べた次の文章の下線部 (a) ～ (d) の正誤の組み合わせとして正しいものを，下記の①～⑤の中から一つ選べ。

複数の積乱雲が組織化した，マルチセル型のメソ対流系は，(a) 一般風に強い鉛直シアーがあるときに発生することが多い。
孤立した積乱雲は，(b) 降水の落下に伴って発生した下降流が下層からの上昇流を抑制することにより減衰する。(c) その寿命はふつう 10 分から 20 分程度である。
一方，マルチセル型のメソ対流系を構成する積乱雲は，(d) 下降流が上昇流を遮らない構造になっているため，個々の積乱雲の寿命が大幅に伸びる。

	(a)	(b)	(c)	(d)
①	正	正	正	正
②	正	正	誤	誤
③	正	誤	正	誤
④	誤	正	誤	誤
⑤	誤	誤	誤	正

ここが大切！

気団性雷雨、マルチセル型ストーム、スーパーセル型ストームの３つに区分される団塊状メソ対流系と、線状メソ対流系の特徴を整理しておくことが大切です。

解説と解答

(a) マルチ（多重）セル型ストームは、複数の積乱雲（降水セル）が成長期、成熟期、減衰期の順に規則正しく並ぶ組織化された積乱雲群です。積乱雲群の形成には、風速や風向の鉛直シアー（鉛直シア）の存在が好都合であり、マルチセル型のメソ対流系は、一般風に強い鉛直シアー（特に風速の鉛直シアー）があるときに発生することが多くなります。したがって、正しい記述です。

(b) 孤立した積乱雲（個々の積乱雲）を、降水セルといいます。降水セルは、積雲対流によって発生・発達します。降水セルの中の上昇流によって大きな雨粒や、気温の低い上空に運ばれて大きな氷の粒（雪やあられなど）が形成されると、これらは落下を始め、この落下によって周囲の空気を一緒に引きずり下ろすことで、中層から下降流が生じます。また、氷の粒が落下しながらとけて雨粒となる際の融解や雨粒の蒸発の際に、周囲の空気から潜熱を奪うため、空気が冷やされて重い空気が下降して下降流が強化されます。これらの降水の落下に伴って発生した**下降流は、上昇流の源となる暖かく湿った空気の流入を絶つ**ので、**下層からの上昇流を抑制**して積乱雲が**減衰**します。したがって、正しい記述です。

(c) 一般に、孤立した積乱雲（個々の降水セル）の空間スケールは 10km 程度で、その寿命は、短いもので数 10 分、長いもので**1 時間程度**です。したがって、孤立した積乱雲の寿命を「ふつう 10 分から 20 分程度」とする記述は誤りです。

(d) マルチセル型のメソ対流系は、複数の異なる発達段階（成長期、成熟期、減衰期など）にある降水セルが、**規則正しく並ぶ積乱雲群**で、進行方向の前面のガストフロント部分で新しい降水セルが次々に作られ、後面で古い降水セルが次々に消滅していく**世代交代**を繰り返すため、マルチセル型ストームとしての寿命は、**数時間程度と長く**、一般風の鉛直シアーが強い状況で発生しやすいのが特徴です。なお、問題文のように、「下降流が上昇流を遮らない構造になっている」のは、塊全体としての単一な上昇流と下降流を持つ**スーパーセル型ストーム**です。したがって、マルチセル型のメソ対流系を構成する積乱雲の寿命について「下降流が上昇流を遮らない構造になっている」や、「個々の積乱雲の寿命が大幅に伸びる」とする記述は誤りです。

わんステップアドバイス！

問題文の「マルチセル型のメソ対流系」とは、複数の降水セルで構成されたメソスケールの対流系のことです。表現が違っていても意味が読み取れるようにしておきましょう。また、選択肢（d）のような、積乱雲群の特徴を入れ替えるパターンのひっかけ問題に対応するためにも、各積乱雲群の特徴（寿命、水平スケール、組織化の有無、鉛直シア（シアー）の強弱、関連用語など）を、比較して整理しておきましょう！

解答 ②

LESSON 36

学習優先度 A　頻出度

中層大気の大循環

成層圏や中間圏には水蒸気がほとんど存在しないので、雲ができたり、雨が降ったりすることはほぼありませんが、オゾンの輸送に深く関わっているため、大気の流れを考慮する必要があります。このレッスンでは、成層圏と中間圏の大循環について学びます。

中層大気の鉛直温度分布

成層圏と中間圏の大気の運動は、まとまった1つの風の流れをしていることから、高度約10～110kmの層を**中層大気**と呼びます。中層大気における年平均気温の鉛直分布は、オゾンによる太陽放射の紫外線吸収に伴う加熱と、大気の赤外放射による冷却によって決まります。図36－1は、地表から高度約110kmまでの1月における温度の緯度高度分布図で、緯度ごとに、経度における360°平均（経度平均）をさらに1か月平均した図です。縦軸に高度（単位：km)、横軸に緯度を取り、実線は等温線（単位：K）です。中層大気における緯度ごとの温度の高度分布は、南・北半球としての違いではなく、夏と冬の違いとして現れます。夏の季節にある半球を**夏半球**、冬の季節にある半球を**冬半球**といい､例えば､日本がある北半球では8月は夏半球､12月は冬半球ですが、オーストラリアがある南半球では季節が逆になるので8月は冬半球、12月は夏半球となります。図36－1は、1月における図なので、北半球が冬半球となっています。等温線が水平に近いと同じ高度における夏半球と冬半球の温度差が小さく、傾きが大きいほど温度差が大きいことを意味します。また、等温線の鉛直方向の間隔が狭いほど鉛直方向の温度差が大きいことを意味します。図36－1から読み取れる、中層大気における高度ごとの特徴は、次のように分類されます。

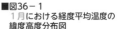

■図36－1
1月における経度平均温度の緯度高度分布図

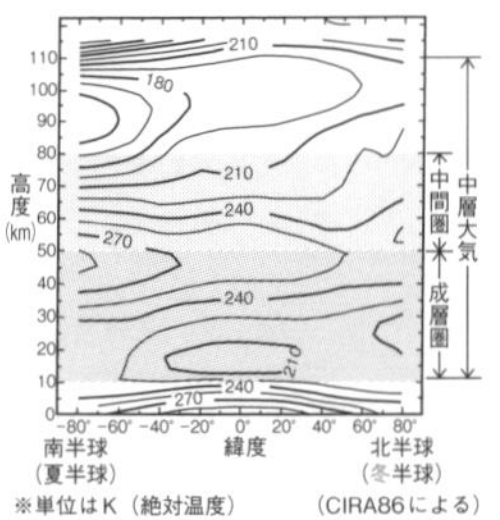

※単位はK（絶対温度）　（CIRA86による）

高度約10～20km　赤道を中心とした低緯度上空に温度の低い領域があり、高緯度に向けて温度が上昇しています。赤道域はハドレー循環の上昇流域の上部に当たるため、対流圏の気温減率（約6.5℃／km）が影響して、気温が最も低くなっています。赤道上空の気温が最も低くなるのは、対流圏界面の高度が低緯度では約 15 ~ 17 km であるのに対して中緯度から高緯度では約 8 ~ 12km しかないため、高度が高い低緯度ほどより気温が低下することと、中緯度から高緯度では対流圏界面が低いため高度約 10 ~ 20km ですでに成層圏になっていて、成層圏下層は鉛直方向の温度がほぼ一定であることによるものです。

高度約 20 ~ 60km 夏極（夏半球の極）が最高気温で冬極（冬半球の極）が最低気温となっていて、その差は約 50 K です。これは夏極に近いほど入射する太陽放射エネルギー量が大きく、オゾンの紫外線吸収に伴う加熱量が大きくなるためです。

高度約 70 ~ 100km 夏極で最低気温、冬極で最高気温となっていて、高度約 20 ~ 60km の層とは反対になっています。これは、高度約 30km より上の夏極に上昇流があり、この上昇流による断熱冷却によって夏極の気温が低下するためです。

中層大気の風

図 36 － 2 は、1 月における東西風を帯状に平均した緯度高度分布図で、縦軸に高度（単位：km）、横軸に緯度を取り、実線は等風速線です。また、陰影部分は東風、陰影のない部分は西風を表します。中層大気の風は、高度約 90km までは、夏半球で東風、冬半球で西風という単純な分布で、高度約 90km で東西風速はほぼゼロになり、それより上層では逆転して夏半球で西風、冬半球で東風となります。これは、北半球では高温域を右に見て吹くという温度風の関係によるものです。

■図36－2 1月における帯状平均東西風の緯度高度分布図

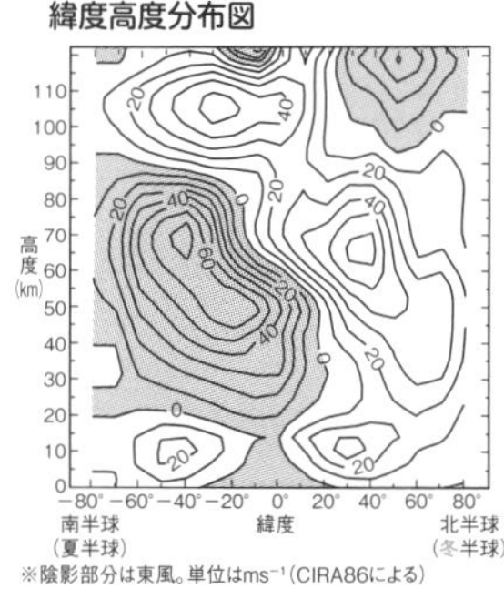

※陰影部分は東風。単位はms⁻¹（CIRA86による）

成層圏と中間圏における大循環

図 36 － 3 は、中層大気の子午面循環の模式図で、縦軸に高度（単位：km）、横軸に緯度を取ったものです。成層圏下層の低緯度から高緯度の循環を、ブリューワー・ドブソン循環といいます。また、成層圏中・上層から中間圏にかけて、夏半球から冬半球への大規模な循環があり、この循環は、低緯度上空の成層圏下層で多く生成されるオゾンを、高緯度上空に輸送する役割を果たしています。

■図36－3 成層圏・中間圏の大循環

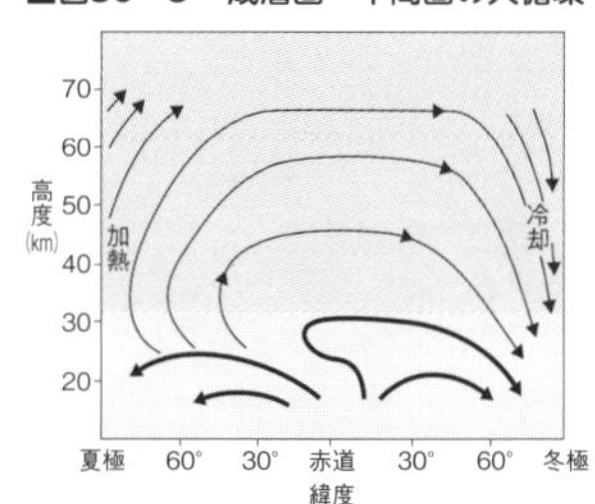

※ ← はブリューワー・ドブソン循環

（T.Dunkerton,1978: *J.Atmos.Sci.*,35,2325-2333.）

LESSON 37

学習優先度 C　頻出度

成層圏の突然昇温・準二年周期振動（変動）

成層圏は下層の温度がほぼ一様で、それより上では高度とともに温度が上昇しているため安定層です。しかし、この成層圏で対流圏にも見られないような激しい温度変化が観測されています。このレッスンでは、成層圏の突然昇温などについて学びます。

成層圏の突然昇温

高緯度の成層圏の気温は、冬半球のときは低く、夏半球のときは高くなるという規則的な変化をします。しかし、冬の北半球では、春先にかけての時期に、この規則的な変化に対して、10日程度で変化する短い変動が重なり、成層圏下層の気温が突然大きく（20 ～ 40℃）上昇することがあります。これを**成層圏の突然昇温**といいます。冬の北半球の高緯度成層圏では、通常、極を取り巻いて流れる西風が渦を形成していますが、冬から春先にかけて、対流圏内の**超長波（プラネタリー波）**の活動を受けて渦が崩壊することがあります。その際、極側に下降流が発生して断熱昇温が起こることで、大きな昇温が生じます。この突然昇温が、長期にわたって続くときは対流圏の天気に影響を及ぼします。例えば、突然昇温が1か月ほど持続すると、北米の低気圧は、その期間通常よりも北で発生する傾向があるとされています。

図 37 － 1 は、突然昇温のメカニズムを説明する模式図です。成層圏を２枚の鉛直な壁で区切った空間における上層Ａの水平面と下層Ｂの水平面で考えると、対流圏からプラネタリー波が伝播（でんぱ）してきたことで波が発生しますが、上層Ａの水平面は波の影響を受けずに水平面を保持しているため、西風が吹いています。成層圏の西風は、形状抵抗という西向きの力Ｆを受けることで、対流圏とは逆に上層ほど弱まります。西風が弱まる前は地

■図37－1　突然昇温の模式図

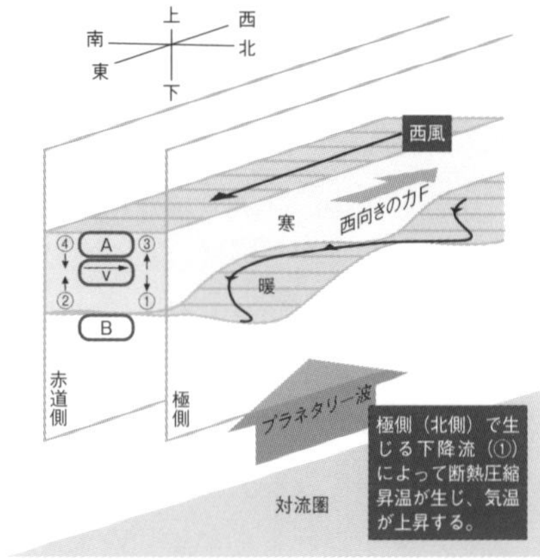

衡風平衡が成り立っていますが、西風が弱まるとコリオリの力が弱まり、コリオリの力を補うように、図 37 − 1 に v で示す北（極）へ向かう流れが生じます。すると、この北へ向かう流れを補う形で赤道側では、図 37 − 1 の②や④で示す収束する鉛直流が発生し、極側では①や③で示す発散する鉛直流が発生します。そのため、成層圏下層の極側では、①で示す下降流が生じて、断熱圧縮により気温が上昇します。つまり、突然昇温の発生には、成層圏で**西風**が吹いている必要があり、成層圏で西風が吹くのは冬半球であることから、**北半球の冬から春先にかけて**突然昇温が発生します。

成層圏の突然昇温のメカニズムは難しいから、試験対策として**北半球中・高緯度の成層圏**、**冬季**、**対流圏からのプラネタリー波の伝播**、**北極周辺**、**西風**という用語をキーワードとして暗記しておくといいよ。

準二年周期振動（変動）

赤道付近の上空の成層圏下層では、東風と西風がほぼ 1 年ごとに交代する現象が観測されていて、東風（西風）から次の東風（西風）までの周期は、年によって違いがあり、平均すると約 26 か月となります。東風と西風の変動の周期が約 2 年であることから、赤道付近の上空の成層圏で吹く東西風の変動を、**準二年周期振動（変動）**といいます。図 37 − 2 は、赤道に近いカントン島で測定された風の観測結果をグラフにしたもので、縦軸に高度（単位：km）、横軸に年月を取り、実線は等風速線（単位：m ／ s）、Wは西風、E は東風を表しています。変動は、東風も西風も成層圏上層で始まり、下層へ移動します。1 つの風系（例えば、東風なら東風）が、約 18km まで下がった頃には、すでに次の風系（東風）が成層圏上層で始まっていて、東風の最大時における風速は 30 m ／ s 、西風の最大時における風速は 20m ／ s に達しています。

■図37 − 2　カントン島における月平均東西風の時間と高度による変化

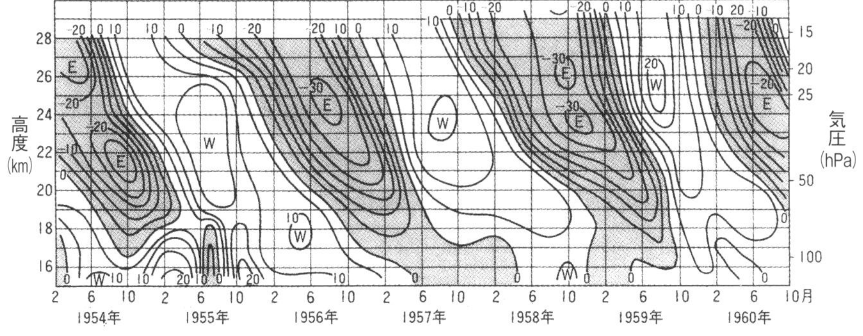

※風速の単位は m/s、Wは西風、E は東風

（R. J. Reed and D. G. Rogers,1962: *J. Atmos. Sci.* , 36, 127-135）

過去問チャレンジ

中層大気の大循環 [▶ L 36]

R 1 − 2（53 回）一般 問3

東西風の高度−緯度断面図について述べた次の文章の空欄 (a) ～ (c) に入る適切な語句の組み合わせを，下記の①～⑤の中から 1 つ選べ。

図は，経度平均した (a) における東西風の高度−緯度断面図である。この図に対応する温度風の関係から，南半球中緯度の高度 20 ～ 60km では南極側ほど (b) であると推測される。この高度で南極側ほど (b) であるのは，(c) が大きいためである。

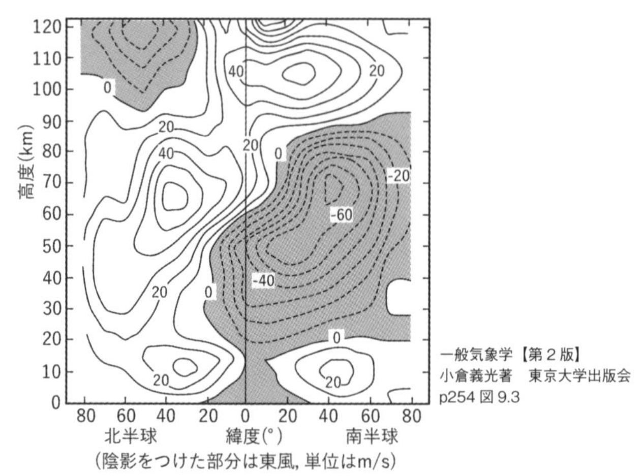

(陰影をつけた部分は東風, 単位はm/s)

一般気象学【第 2 版】
小倉義光著　東京大学出版会
p254 図 9.3

	(a)	(b)	(c)
①	1 月	高温	オゾンの紫外線吸収に伴う加熱
②	1 月	高温	下降流による断熱昇温
③	1 月	低温	上昇流による断熱冷却
④	7 月	低温	上昇流による断熱冷却
⑤	7 月	高温	オゾンの紫外線吸収に伴う加熱

ここが大切！

中層大気における気温や風の特徴は、問題で提示されている図を用いてよく問われるので、高度ごとの分布についてしっかりと押さえておく必要があります。

(a) 中層大気における高度約90kmまでは、夏半球で東風が卓越し、冬半球で西風が卓越します。問題で提示されている図で、中層大気の高度約90kmまでの東西風に着目すると、北半球では陰影がついていないことから西風が卓越しているのが読み取れるので、冬半球と判断されます。南半球では陰影がついていて東風が卓越しているのが読み取れるので、夏半球と判断されます。北半球が冬半球であることから、問題で提示されている図の月として最も適切な選択肢は1月です。したがって、「1月」が入ります。

(b)(c) 高度20～60kmの1月における経度平均温度の緯度高度分布は、夏極（夏半球の極）が最高気温で冬極（冬半球の極）が最低気温となっているので、夏半球から冬半球に向けて温度が低くなります。これは夏極に近いほど入射する太陽放射エネルギー量が大きく、オゾンの紫外線吸収に伴う加熱量が大きくなるためです。（a）で北半球が冬半球であることを考察したので、問題で提示されている図の南半球は夏半球です。そのため、夏半球の極である南極で最も高温、冬半球の極である北極で最も低温となります。以上のことから、南半球の中緯度の高度20～60kmでは南極側ほど高温であると推測されます。したがって、（b）には「高温」が、（c）には「オゾンの紫外線吸収に伴う加熱」が入ります。

夏半球・冬半球・北半球・南半球は、普段の学習時からかなり意識しておかないと本試験で混乱してしまいます。まずは、日本を基本にして、**北半球は8月が夏半球で1月が冬半球**ってことをしっかりと押さえ、南半球は季節が反対と覚えるとよいでしょう。その上で、表にまとめておいた高度ごとの温度と風の分布の特徴を確実に覚えましょう。

解答 ①

LESSON36のまとめ

	高度約10～20km	高度約20～60km	高度約70～100km
温度分布	低緯度上空で最低気温	夏極が最高気温で冬極が最低気温	冬極が最高気温で夏極が最低気温
風分布	高度約90kmまで：夏半球で東風・冬半球で西風 高度約90kmより上層：夏半球で西風・冬半球で東風		

LESSON 38

学習優先度 A　頻出度 

エルニーニョ現象・ラニーニャ現象

「エルニーニョ」は季節的な変動を指す言葉ですが、ここでは平年と異なる現象によって異常気象を引き起こす可能性のある状態をエルニーニョ現象と表現しています。このレッスンでは、エルニーニョ現象やラニーニャ現象について学びます。

エルニーニョ現象とラニーニャ現象

特定の領域で海面水温が平年より高くなり、その状態が1年程度続く現象をエルニーニョ現象、低い状態が続く現象をラニーニャ現象といい、いずれも数年おきに発生します。エルニーニョ現象やラニーニャ現象は、世界各地の**異常気象**✻の要因になり得ると考えられています。

■図38－1　年平均海面水温の気候値

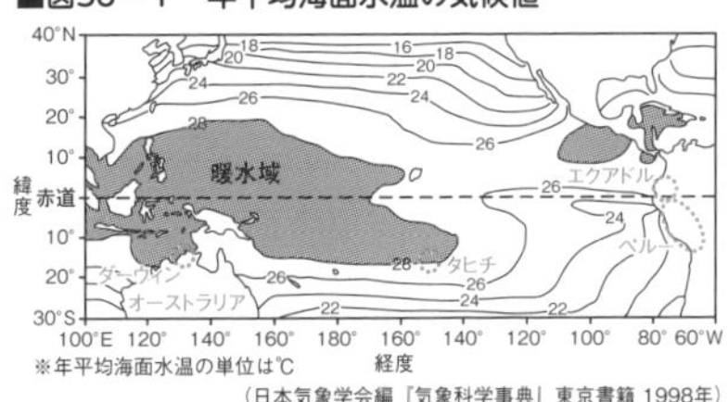

※年平均海面水温の単位は℃

（日本気象学会編『気象科学事典』東京書籍 1998年）

エルニーニョ現象　太平洋赤道域の南米沿岸から日付変更線付近にかけての海面水温が、平年より高くなり、その状態が1年程度続く現象です。エルニーニョ現象が発生していない通常の年の太平洋赤道域の年平均海面水温は、図38－1に示すように、西側半分に28℃を超えるような暖水域が広がっていて、東側半分は水温が低く特に南米のエクアドルやペルーの沿岸では、図38－2に示すように、ペルー沖で深海から湧昇（ゆうしょう）（深い場所から表層面に上昇してくる流れ）する冷たい海水のために、22℃以下の低温域となっています。12月ごろになると、ペルー沖の深海からの冷たい海水の湧昇が衰えると同時に、北から暖流が流れ込んでくるため、沿岸近くの海面水温が高くなり、12月～翌年1月のピーク時には最大2～5℃も上昇し、3月ごろになると元に戻るという季節的な変化を、通常の年は繰り返しています。しかし、数年に一度の間隔で、エルニーニョ現象の発生により、この季節的な変化が崩れ、3月になっても暖

■図38－2　太平洋赤道域の大気と海洋（通常の年）

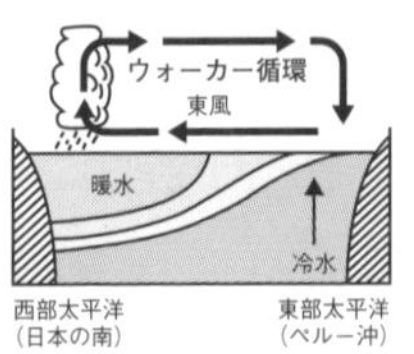

※太い矢印の線はウォーカー循環

✻用語　**異常気象**／気象庁では、原則として「ある場所（地域）・ある時期（週、月、季節等）において30年間に1回以下の出現率で発生する現象」と定義している。

水が消滅せずに水温が高いままの状態が1年程度続くことがあります。エルニーニョ現象の発生時には、図38－3に示すように、貿易風である東風が通常の年よりも弱く、西部太平洋にたまっていた暖かい海水が東へ広がるとともに、東部太平洋では冷たい水の湧昇が弱まるため、対流活動が活発で積乱雲が盛んに発生する海域が通常よりも東へ移動します。そのため、西部太平洋赤道域では、通常よりも対流活動が弱まります。エルニーニョ現象の発生によってフィリピン付近での積乱雲の発生が平年より弱くなる影響を受けて、西日本では、夏（6～8月）の平均気温が平年に比べて低くなる傾向があるとされています。また、赤道上の東西循環をウォーカー循環といい、図38－2のように、通常は、海面水温が相対的に高い西部太平洋で上昇気流が、海面水温が低い東部太平洋で下降気流が起こるので、対流圏上層では西風、下層では東風が吹きます。しかしエルニーニョ現象が発生することで、図38－3のように上昇気流の位置が変わり、西部太平洋と東部太平洋で逆の循環となり、東風（貿易風）は全体として弱まります。

■図38－3　太平洋赤道域の大気と海洋（エルニーニョ現象の発生年）

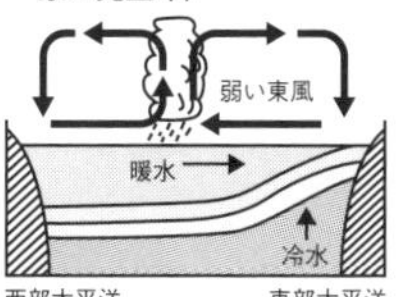

西部太平洋（日本の南）　東部太平洋（ペルー沖）

※太い矢印の線はウォーカー循環

ラニーニャ現象　図38－4に示すように、貿易風（東風）が強まることで、移動していく海水を補う形でペルー沖の深海からの冷たい海水の湧昇が強まり、中部太平洋から東部太平洋の低緯度の海面水温が低下してペルー沖の水温が異常に低くなる現象です。

■図38－4　太平洋赤道域の大気と海洋（ラニーニャ現象の発生年）

強い東風
暖水
冷水

西部太平洋（日本の南）　東部太平洋（ペルー沖）

※太い矢印の線はウォーカー循環

南方振動（なんぽうしんどう）

西部南太平洋と東部南太平洋の間の海面気圧が、数年ごとに変動する現象を南方振動といい、貿易風の強弱に関わることから、エルニーニョ現象と連動して変動します。西部南太平洋における代表的な地点としてのオーストラリア北部のダーウィン周辺と東部南太平洋の代表的な地点としてのタヒチ周辺の年平均海面気圧偏差の相関関係は、ダーウィン周辺の海面気圧が通常より高いときは、タヒチ周辺の海面気圧が通常より低い傾向にあるといったように、逆の変動を示します。エルニーニョ現象の発生時には、東風が通常よりも弱く、西部にたまっていた暖かい海水が東へ広がるとともに、東部では冷たい水の湧昇が弱まるので、太平洋赤道域の中部から東部では海面水温が通常よりも高くなり、上昇気流が発生して低圧部となるのでタヒチ周辺の海面気圧は平年に比べて低くなります。ダーウィン周辺では、これとは逆の変動を示すため海面気圧は平年に比べて高くなります。

学習優先度 C　頻出度

人間活動と地球温暖化

人間のさまざまな活動が、地球の気温に大きな影響を与えています。このレッスンでは、人為(じんい)起源の要因による二酸化炭素の増加や、人間活動に伴う地表面の変化によってもたらされる地球の気温の変化などについて学びます。

人為起源の要因による二酸化炭素

地球の気温に変化を与える**人為起源**の要因としては、大気中に放出されるエーロゾル、人工熱などが考えられますが、最も注目すべきは**温室効果気体**（主に二酸化炭素）の増加です。温室効果気体の増加は、地球放射を吸収して再び地表面に対して放射を行う際の熱で地表面の温度上昇を増大させるため、地球温暖化に大きな影響を及ぼします。人為起源の二酸化炭素の主たる増加要因は、化石燃料（石油・石炭・天然ガス）の大量消費に伴って排出される二酸化炭素量の増大ですが、森林の減少で植物の**炭酸同化作用**が弱まるなど、大気中の二酸化炭素を減少させる要因が減っていることも大きな理由となっています。

場所によって異なる二酸化炭素濃度　地球全体の空気が均一に混ざるまでには時間がかかるため、二酸化炭素濃度は場所によって異なります。都市域などで人間活動によって二酸化炭素が放出されると、その付近や風下で濃度が高くなり、森林地帯などで光合成により二酸化炭素が吸収されるとその付近や風下で濃度が低くなります。また、北半球と南半球でも二酸化炭素濃度に違いがあり、二酸化炭素の放出源が多く存在する北半球（中・高緯度）で濃度が高く、南半球で低くなっています。

季節によって異なる二酸化炭素濃度　北半球では、植物の光合成が春から秋にかけて活発になり、秋から春にかけては不活発になるため、植物による二酸化炭素の大気からの吸収量は夏季に大きく、冬季に小さくなります。一方、二酸化炭素の大気への放出量はおおむね年間を通じて一定なので、二酸化炭素の吸収量と放出量のバランスから、夏と冬の濃度を比較すると、吸収量が大きい夏の

用語　**炭酸同化作用**／植物が吸収した二酸化炭素と水から炭水化物を合成し、酸素を吐き出す作用、いわゆる光合成のこと。

ほうが冬より濃度は低くなります。また、大気中に放出された二酸化炭素は、一部が海洋や陸上の植物などにより吸収され、残りが大気中にとどまります。気象庁発表の資料によると、1750年から2011年までの人為起源の累積二酸化炭素排出量のうち、約40%が大気中に蓄積（残留）し、約30%が海洋に吸収され、残り約30%が陸上の生態系に蓄積しています。

海洋による二酸化炭素の吸収 海洋による大気中の二酸化炭素の吸収については、①大気中の二酸化炭素濃度の増加を反映して、海洋による二酸化炭素吸収量が増加傾向にあること、②海洋による二酸化炭素の吸収量の増加に伴って、海洋の酸性化（海洋表層のpH値の低下）が進行していること、③海洋による二酸化炭素の吸収量は水温が低くなるほど増加し、水温が高くなるほど減少する影響によって、亜熱帯域の海洋では冬季に二酸化炭素の吸収量が多くなり、夏季には吸収量が少なくなること、④海洋による二酸化炭素の吸収量はエルニーニョ現象などの海況の影響を受けていること、⑤海洋表層から深層に向かって二酸化炭素の輸送が行われていること、などの特徴があります。

地表面の変化

過剰な牧畜が引き起こす植物の減少による砂漠化の進行は**アルベド**を増大させ、焼き畑農業や森林伐採などによる森林減少は大気と地表面とのエネルギーや水蒸気の交換に影響を及ぼすため、人間活動が直接関わっている砂漠化や森林減少などの地表面の変化は、地球の温度に影響を及ぼしていると考えられています。

大気汚染

自然または人工的に作り出された有害物質によって大気が汚染されることを大気汚染といい、光化学スモッグや酸性雨などが挙げられます。

光化学スモッグ 工場や自動車から排出された窒素酸化物などが、太陽からの紫外線に反応して化学変化を起こし、有害な光化学オキシダントが作られることによって発生します。夏の日中（日差しが強く、風の弱い日）に発生しやすく、眼や喉に刺激を与えます。

酸性雨 化石燃料を燃焼させた場合に発生する硫黄酸化物や窒素酸化物などが、雲粒や雨粒に溶け込み、通常より強い酸性（気象庁の基準ではpH5.6以下が1つの目安）となって降る雨です。湖沼（こしょう）や湿原、森林や田畑の土壌を酸性化させ、酸性化の進行により樹木が枯死（こし）して農作物の不作などをもたらします。

過去問チャレンジ

気候の変動 [▶ L 38]

H 29 − 2（49 回）一般 問 11

エルニーニョ現象発生時の海面水温や大気の特徴について述べた次の文 (a) ～ (d) の正誤の組み合わせとして正しいものを，下記の①～⑤の中から一つ選べ。

(a) 南米沿岸から日付変更線付近にかけての太平洋赤道域で，海面水温が平年に比べて上昇する。

(b) ダーウィン（オーストラリア北部）の海面気圧が平年に比べて低く，タヒチ（東部南太平洋）の海面気圧が平年に比べて高くなる。

(c) インドネシアなどの西部太平洋赤道域では対流活動が強まり，降水量が平年に比べて多くなる。

(d) 西日本では, 夏（6 ～ 8 月）の平均気温は平年に比べて低い傾向がある。

	(a)	(b)	(c)	(d)
①	正	正	正	誤
②	正	誤	正	誤
③	正	誤	誤	正
④	誤	正	正	正
⑤	誤	誤	誤	正

ここが大切！

特定の地名や領域名が頻出する項目なので、関連の地名や地域名を抜き出し、どの領域でどういった現象が生じるかを意識して暗記しておくことが大切です。

(a) エルニーニョ現象は、太平洋赤道域の南米沿岸から日付変更線付近にかけての海面水温が、平年より高くなり、その状態が 1 年程度続く現象です。したがっ

て、正しい記述です。

(b) エルニーニョ現象発生時には、東風が通常よりも弱く、西部（南）太平洋にたまっていた暖かい海水が東へ広がるとともに、東部（南）太平洋では冷たい水の湧昇が弱まるので、太平洋赤道域の中部から東部では海面水温が通常よりも高くなります。東部南太平洋のタヒチ（周辺）の海面水温が通常よりも高くなるため、上昇気流が発生して低圧部となり海面気圧は平年に比べて低くなります。また、南方振動により、これとは逆の変動を示すオーストラリア北部のダーウィン(周辺)の海面気圧は平年に比べて高くなります。したがって、「ダーウィン(オーストラリア北部）の海面気圧が平年に比べて低く」や「タヒチ（東部南太平洋）の海面気圧が平年に比べて高く」という記述は誤りです。

(c) エルニーニョ現象発生時には、東風が通常よりも弱く、西部にたまっていた暖かい海水が東へ広がるとともに、東部では冷たい水の湧昇が弱まるため、対流活動が活発で積乱雲が盛んに発生する海域が通常よりも東へ移ります。そのため、インドネシアなどの西部太平洋赤道域では、通常よりも対流活動が弱まり、降水量が平年に比べて少なくなります。したがって、「対流活動が強まり、降水量が平年に比べて多くなる」という記述は誤りです。

(d) エルニーニョ現象の発生によってフィリピン付近で積乱雲の発生が平年より弱くなった影響を受け、西日本では冷夏となったことや、同夏の西日本の夏の平均気温は、前線や台風、南からの湿った気流の影響を受けやすかったために低かったことなどが、気象庁により発表されています。したがって、正しい記述です。

わんステップアドバイス！

大もとの問題文に、エルニーニョ現象発生時を論点とする問題であることが提示されているところから、選択肢（b）の正誤判断の際にエルニーニョ現象と連動して変動する南方振動を導き出せるようにしておきましょう。なお、エルニーニョ現象発生時に、西日本で平均気温が低くなる傾向があるように、ラニーニャ現象発生時には日本は猛暑になりやすい傾向があることも併せて押さえておくとよいでしょう。

解答 ③

第1章
ざっくり解説

第3節

気象業務関連法

気象予報士の制度についても定められている気象業務法や、その関連法令について学習する節です。この節で学ぶ法令に関する知識は、例年、学科一般知識の試験問題全 15 問のうち約 4 問の出題となっているので、一般知識の合否への影響力が非常に大きいところです。

条文を全部丸暗記とか
気が遠くなりそう
ある程度の暗記は必要だけど、条文を丸暗記する必要はないよ!
よく問われる論点があるので、過去問などで確認して、そこから優先的に学習を進めていくとよいでしょう。

ここを押さえよう！

この節の 学習ポイント

気象業務関連法 ▶▶▶ L40～L44

法令で定められている「気象」「観測」「予報」といった各用語の定義、気象庁が行う業務、気象庁以外の者が予報業務を行う場合の義務、気象予報士制度、罰則などについて学びます。気象予報士の設置基準や罰則の規定は、頻出項目です。

災害対策基本法・水防法・消防法 ▶▶▶ L45

気象業務法と密接に関わっている法令について学びます。まずは、各法令の目的を把握しましょう。また、各法令において、誰がどのような警報を出すことができるのか、どのような義務が課せられていて、どういった権限を有しているのかを意識することが大切です。

一般知識は、正解肢を選択するタイプの試験なので、キーポイントとなる数字や用語を中心に暗記していくのがおすすめですよ。

LESSON 40

学習優先度 A　頻出度

気象業務法

天気予報は、防災に関する事項とも深く関係していることから、業務としての天気予報にはルールがあります。そのルールを定めているのが気象業務法です。このレッスンでは、気象業務法に定められている事項について学びます。

気象業務法

気象業務全般にわたる基本的な制度は、気象業務法という法律によって定められていて、日本における気象業務に関して、誰が、何についての業務を行ってよいか（あるいは、行わなければならないか）を規定し、気象業務に携わる者の義務を定めるとともに、違反した者に対する罰則規定を定めています。予報業務は国民生活や企業活動などと深く関連していて、技術的な裏付けのない予報が社会に発表されることは混乱をもたらすことにつながるため、気象庁以外の民間の事業者が行う予報業務は許可制となっています。

気象業務法の目的 気象業務法第１条で、「気象業務に関する基本的制度を定めることによって、気象業務の健全な発達を図り、もって災害の予防、交通の安全の確保、産業の興隆等公共の福祉の増進に寄与するとともに、気象業務に関する国際的協力を行うことを目的とする」ことが定められています。

気象業務法における用語の定義 各用語の定義は、気象業務法第２条で、次のように定められています。

気象とは、大気（電離層を除く。）の諸現象をいう。

地象（ちしょう）とは、地震及び火山現象並びに気象に密接に関連する地面及び地中の諸現象をいう。

水象（すいしょう）とは、気象又は地震に密接に関連する降水及び海洋の諸現象をいう。

気象業務とは、次に掲げる業務をいう。

- **気象、地象、地動及び水象の観測並びにその成果の収集及び発表**
- **気象、地象及び水象の予報及び警報**

（※地震にあっては、発生した断層運動による地震動に限る。）

・気象、地象及び水象に関する情報の収集及び発表
・地球磁気及び地球電気の常時観測並びにその成果の収集及び発表
・前事項に関する統計の作成及び調査並びに統計及び調査の成果の発表
・前事項の業務を行うに必要な研究や附帯業務

観測とは、自然科学的方法による現象の観察及び測定をいう。
予報とは、観測の成果に基づく現象の予想の発表をいう。
警報とは、重大な災害の起こるおそれのある旨を警告して行う予報をいう。
気象測器とは、気象、地象及び水象の観測に用いる器具、器械及び装置をいう。

予報業務

気象業務法第17条で、「気象庁以外の者が気象、地象、津波、高潮、波浪又は洪水の予報の業務（以下、「予報業務」という。）を行おうとする場合は、気象庁長官の許可を受けなければならない」ことが、規定されています［▶ L 42］。

予報業務の許可が必要かどうかは、予報業務に該当するかどうかで判断するんだよ。この予報業務の許可を必要とする行為かどうかを問う問題はよく問われているから、しっかりと定義を理解しておこう！

予報業務とは 気象業務法第2条で、予報とは、「観測の成果に基づく現象の予想の発表をいう」と定義されています。また、業務とは、定時的又は非定時的に反復・継続して行われる行為をいいます。そのため、気温や天気などの予想結果を世の中に対して反復・継続して発表することは、その発表手段、営利か非営利かを問わず、予報業務の許可が必要となります。一方で、現象の予想を行う者が、自分の所属する学校や会社あるいは家庭などでの利用にとどめ、第三者への提供を行わないのであれば、許可は不要です。気象庁発表の警報や予報、予報業務の許可を受けた事業者の予報を、解説したり、そのまま伝達したりする行為も、単なる伝達行為なので許可は不要です。

警報の制限 気象業務法第23条で、「気象庁以外の者は、気象、地震動、火山現象、津波、高潮、波浪及び洪水の警報をしてはならない」ことが、規定されています。つまり、原則として警報の発表をすることができるのは、気象庁のみです。

学習優先度 A　頻出度

LESSON 41 気象庁が行う業務

耳にすることが多い大雨注意報などは気象注意報、暴風警報などは気象警報と呼ばれるものです。こうした気象に関する注意報や警報以外にも、気象庁は注意報や警報を発表しています。このレッスンでは、予報・注意報・警報（特別警報）について学びます。

気象庁が行う業務（気象業務法第 13 条など）

気象業務法第13条で、気象庁は、①気象、地象（地震にあっては、地震動に限る）、津波、高潮、波浪及び洪水についての一般の利用に適合する予報及び警報をしなければならない、②津波、高潮、波浪及び洪水以外の水象についての一般の利用に適合する予報及び警報をすることができる、③気象庁はこれらの予報及び警報をする場合は、自ら予報事項及び警報事項の周知の措置を執（と）るほか、報道機関の協力を求めて、これを公衆に周知させるように努めなければならないとされています（特別警報についても準用されます）。

また、気象業務法第 13 条の 2 で、気象庁は、予想される現象が特に異常であるため重大な災害の起こるおそれが著しく大きい場合として降雨量その他に関し気象庁が定める基準に該当する場合には、政令の定めるところにより、その旨を示して、気象、地象、津波、高潮及び波浪についての一般の利用に適合する警報（特別警報）をしなければならないとされています。

予報・警報・特別警報（気象業務法施行令第４・５条）

一般の利用に適合する予報及び警報は気象業務法施行令第４条で、また、特別警報は気象業務法施行令第５条で、いずれも国土交通省令で定める予報区を対象として行うものとされています。

予報の種類　予報には、天気予報、週間天気予報、季節予報、地震動予報、火山現象予報、津波予報、波浪予報等の予報のほか、注意報も区分されています。

用語　**準用**／ある事項に関する規定を、他の類似の事項に必要な変更を加えて当てはめることをいう。つまり、特別警報についても同様の規定が適用される。

注意報は、災害が発生するおそれのあるときに注意を呼びかける目的で行うもので、種類としては、気象注意報（大雨、強風、風雪等に関する注意報）、地震動注意報、火山現象注意報、地面現象注意報、津波注意報、高潮注意報、波浪注意報、浸水注意報、洪水注意報等があります。注意報は予報に区分されているので、警報のみを対象とする規定は注意報には適用されません。気象業務法第23条で規定している、気象庁以外の者が気象、地震動、火山現象、津波、高潮、波浪及び洪水の警報をすることの制限は、警報にのみ適用される規定であるため注意報には適用されません。

警報の種類 警報は、重大な災害が発生するおそれのあるときに警戒を呼びかける目的で行います。気象警報（大雨、暴風、暴風雪等に関する警報）、地震動警報、火山現象警報、地面現象警報、津波警報、高潮警報、波浪警報、浸水警報、洪水警報等があります。

特別警報の種類 特別警報は、警報の発表基準をはるかに超える大雨等が予想され、重大な災害が発生するおそれが著しく高まっている場合に、最大級の警戒を呼びかける目的で行います。特別警報には、気象特別警報（大雨、暴風、暴風雪等に関する特別警報）、地震動特別警報、火山現象特別警報、地面現象特別警報、津波特別警報、高潮特別警報、波浪特別警報等があります。また、気象業務法第13条の2第2項で、気象庁は、特別警報の基準を定めようとするときは、あらかじめ関係都道府県知事の意見を聴かなければならず、関係都道府県知事が意見を述べようとするときは、あらかじめ関係市町村長の意見を聴かなければならないとされています。

気象等に関する注意報・警報・特別警報の種類を整理すると、表のとおりです。

■表

注意報（16種類）	大雨、洪水、強風、風雪、大雪、波浪、高潮、雷、融雪、濃霧、乾燥、なだれ、低温、霜、着氷、着雪
警報（7種類）	大雨、洪水、暴風、暴風雪、大雪、波浪、高潮
特別警報（6種類）	大雨、暴風、暴風雪、大雪、波浪、高潮

ここがポイント！

気象特別警報と気象警報の種類に共通している項目として、大雨、暴風、暴風雪、大雪の4種類が問われたことがあるよ。また、洪水は警報の種類にはあるけど特別警報にはないから注意してね！

第1章 一般知識 第3節 気象業務関連法

LESSON

学習優先度 A　頻出度 🐾🐾🐾

42 予報業務の許可

天気予報の一部自由化により、気象庁以外の民間の気象事業者などが天気予報を行えるようになったのは、平成5年度以降です。このレッスンでは、気象庁以外の者が予報業務を行う場合に必要な手続きや、行うことができる範囲などについて学びます。

予報業務の許可

気象業務法第17条で、気象庁以外の者が予報業務を行おうとする場合は、**気象庁長官の許可**を受けなければならないと規定されています。また、この許可は、**予報業務の目的と範囲**を定めて行うものとされています。

気象業務法第18条で、気象庁長官は、当該許可の申請書を受理したときは、次の基準等によって審査しなければならないとされています。

①予報業務を**適確に**遂行するに足りる観測その他の予報資料の収集及び予報資料の解析の施設及び要員を有するものであること
②予報業務の目的及び範囲に係る気象庁の**警報事項**を**迅速に**受けることができる施設及び要員を有するものであること
③気象予報を行なう事業所ごとに**規定数の気象予報士**を設置していること

予報業務を行う者の義務

気象業務法第20条で、予報業務の**「許可を受けた者は、当該予報業務の目的及び範囲に係る気象庁の警報事項を当該予報業務の利用者に迅速に伝達するように努めなければならない」**と規定されています。つまり、気象庁が発表した**警報事項**については、利用者に**伝達**する**努力義務**が課せられているということです。

また、気象業務法施行規則第12条の2で、予報業務の**「許可を受けた者は、予報業務を行った場合は、事業所ごとに次に掲げる事項を記録し、かつ、その記**

用語　**努力義務**／「行わなければならない」とされているのを**義務**、「努めなければならない」とされているのを**努力義務**と表現する。

録を2年間保存しなければならない」と規定されています。

①予報事項の内容及び発表の時刻
②予報事項（地震動、火山現象及び津波の予報事項を除く。）に係る現象の予想を行った気象予報士の氏名
③気象庁の警報事項の利用者への伝達の状況（当該許可を受けた予報業務の目的及び範囲に係るものに限る。）

予報業務の目的・範囲の変更・業務の廃止等

気象業務法第19条で、予報業務の「**許可を受けた者が予報業務の目的又は範囲を変更しようとするときは、気象庁長官の認可を受けなければならない**」と規定されています。

また、気象業務法第22条で、「**予報業務の全部又は一部を休止し、又は廃止したときは、その日から30日以内に、その旨を気象庁長官に届け出なければならない**」と規定されています。

予報業務を新たに始める場合は気象庁長官の許可が必要だよ。一方で、許可を得て予報業務を始めた後に目的や範囲を変更する場合は、許可じゃなくて認可が必要なんだ！この違いをしっかりと押さえておいてね。

予報業務の改善命令・許可の取り消し

気象業務法第20条の2で、予報業務の許可を受けた者が許可の基準に該当しなくなった場合や、適正な運営を確保するため必要があると認めるときは、気象庁長官は許可の基準に適合するための措置その他当該予報業務の運営を改善するために必要な措置をとるべきことを命ずることができると規定されています。

また、気象業務法第21条で、気象庁長官は予報業務の許可を受けた者が、予報業務の許可や認可を受ける際の条件に違反したり、気象業務法に定められている罰則規定にある行為を行ったりした場合には、期間を定めて業務の停止を命じ、又は許可を取り消すことができると規定されています。予報業務の許可や認可を個人ではなく法人（会社・団体）として受けている場合は、法人に属している役員が気象業務法に違反することなどで、法人としての許可や認可が取り消されることがあります。

学習優先度 A　頻出度

LESSON 43 気象予報士

気象予報士試験に合格することで、気象予報士となる資格を有することができますが、厳密にはこの状態ではまだ気象予報士とはいえません。このレッスンでは、気象予報士となるために必要なこと、気象予報士が行うべき業務などについて学びます。

気象予報士制度と気象予報士

防災情報と密接な関係を持つ気象情報が、不適切に流されることにより、社会に混乱を引き起こすことのないよう、気象庁から提供される数値予報資料など、高度な予測データを適切に利用できる技術者を確保することを目的として、平成6年度に創設されたのが、気象予報士制度です。気象予報士となるためには、一般財団法人気象業務支援センターが実施する気象予報士試験に合格しなければなりません。気象予報士試験に合格することで気象予報士となる資格を有しますが、有資格者が気象予報士となるためには、気象予報士試験合格証明書を添付した登録申請書と住所・氏名・生年月日を証明できる書類を気象庁長官に提出して気象庁長官の登録を受けることが必要です。気象庁長官は、当該書類の提出があったときは、その者が**欠格事由**(けっかくじゆう)に該当する場合を除き、気象予報士名簿に登録しなければならず、この登録によって気象予報士となります。

気象予報士の業務と設置基準

気象予報士の業務　予報業務のおおまかな流れは、観測→データの集計→現象の予想→予想の発表となりますが、気象業務法第19条の3で、民間の気象事業者は、**「予報業務のうち現象の予想については、気象予報士に行わせなければならない」**と規定されています。

気象予報士の設置基準　気象業務法施行規則第11条の2第1項で、予報業務の許可を受けた者（地震動、火山現象又は津波の予報の業務のみの許可を受けた

用語　**欠格事由**／「気象業務法の規定により罰金以上の刑に処せられ、その執行を終わり、又はその執行を受けることがなくなった日」、「登録の抹消の処分の日」から2年を経過していないこと。

者を除く。）は、予報業務のうち現象の予想を行う事業所ごとに、表の上欄に掲げる１日当たりの現象の予想を行う時間に応じて、表の下欄に掲げる人数以上の専任の気象予報士を置かなければならないことが、規定されています。ただし、予報業務を適確に遂行する上で支障がないと気象庁長官が認める場合は、この限りではありません。

■表

１日当たりの現象の予想を行う時間	８時間以下の時間	８時間を超え16時間以下の時間	16時間を超える時間
人員	２人	３人	４人

また、気象業務法施行規則第11条の２第２項で、予報業務の許可を受けた者は、前項（第11条の２第１項）の規定に抵触するに至った事業所（当該抵触後も気象予報士が１人以上置かれているものに限る。）があるときは、２週間以内に、同項の規定に適合させるため必要な措置をとらなければならないと規定されています。そのため、気象予報士が規定の人数に満たなくなった場合は、２週間以内に補充して規定数に適合させる必要がありますが、その２週間は、規定数に満たない残りの気象予報士で予報業務を継続することができます。

気象予報士の登録事項の変更と登録の抹消

気象業務法第24条の24で、**「気象予報士は、気象予報士名簿に登録を受けた事項に変更があったときは、遅滞（ちたい）なく、その旨を気象庁長官に届け出なければならない」**と規定されています。

また、気象業務法第24条の25で、気象庁長官は、気象予報士が次の①～④のいずれかに該当する場合又は本人から登録の抹消の申請があった場合には、当該気象予報士に係る当該登録を抹消しなければならないと規定されています。なお、①に該当する場合は相続人が、②に該当する場合は当該気象予報士が遅滞なく、その旨を気象庁長官に届け出ることになっています。

①気象予報士が死亡したとき
②気象業務法の規定により罰金以上の刑に処せられたとき
③偽りその他不正な手段により気象予報士の登録を受けていたことがわかったとき
④不正な手段によって試験を受け、又は受けようとしたことで試験の合格の決定を取り消されたとき

LESSON 44

学習優先度 A　頻出度 🐾🐾🐾

気象業務法における義務と罰則

気象業務法は法律なので、義務として規定されている内容に違反した場合には、罰則が課せられることがあります。このレッスンでは、気象業務法に規定されている主な義務と罰則について学びます。

気象業務法における義務と罰則

気象業務法には「しなければならない」と規定されている義務が定められていて、義務に違反すると罰金刑などに処せられることがあります。ここでは、気象予報士試験でよく問われる義務と罰則についていくつか抜粋します。

■ 3年以下の懲役若(も)しくは100万円以下の罰金（気象業務法第44条）

- 気象業務法第37条に違反して、正当な理由がないのに、気象庁若しくは技術上の基準に従ってしなければならない気象の観測を行う者が屋外に設置する気象測器又は気象、地象（地震にあっては、地震動に限る。）、津波、高潮、波浪若しくは洪水についての**警報の標識**❀を壊し、移し、その他これらの気象測器又は標識の**効用**❀を害する行為をした。

■ 50万円以下の罰金（気象業務法第46条）

- 気象業務法第9条に違反して、技術上の基準に従って行わなければならない気象観測で、検定に合格した気象測器を使わなかった。
- 気象業務法第17条に違反して、**許可**を受けないで予報業務を行った。
- 気象業務法第19条に違反して、**認可**を受けないで予報業務の目的又は範囲を変更した。
- 気象業務法第19条の3に違反して、気象予報士以外の者に現象の予想を行わせた。

❀用語　**警報の標識**／警報を発表中であることを周知させるための目印のこと。　**効用**／使い道や用途のこと。

- 気象業務法第 21 条に違反して、気象庁長官の業務停止命令に従わなかった。
- 気象業務法第 23 条に違反して、気象庁以外の者が警報を出した。
- 気象業務法第 26 条に違反して、許可を受けないで気象の観測の成果を無線通信により発表する業務を行った。

■ 30 万円以下の罰金（気象業務法第 47 条）

- 気象業務法第 20 条の 2 に違反して、気象庁長官の業務改善命令に従わなかった。
- 気象業務法第 38 条に違反して、観測に必要な土地又は水面への立入りを拒み、又は妨げた。
- 気象業務法第 41 条に違反して、必要な報告を行わなかった、又は虚偽の報告をした。
- 気象業務法第 41 条に違反して、必要な検査を拒み、妨げ、若しくは忌避し、又は質問に対して陳述をせず、若しくは虚偽の陳述をした。

■ 20 万円以下の過料✿（気象業務法第 50 条）

- 気象業務法第 22 条に違反して、予報業務の許可を受けた者が予報業務の全部又は一部を休止し、又は廃止したときの届出をせず、又は虚偽の届出をした。

気象の観測に用いる気象測器に関する義務

気象業務法第９条で、気象の観測を技術上の基準に従ってしなければならない場合の気象の観測に用いる気象測器は、温度計、気圧計、湿度計、風速計、日射計、雨量計、雪量計と規定されています。これらの気象測器については、気象庁長官の登録を受けた者が行う検定に合格したものでなければ、使用してはならないと規定されています。

ここがポイント！

気象業務法に違反した場合の罰則規定については、本試験で繰り返し出題されているんだ。違反内容と違反した場合の罰則を、罰則の重い順から優先的に暗記していこう。少し大変かもしれないけど頑張って！

用語

過料／行政法規上の義務違反に対して少額の金銭を徴収する罰則のこと。科料ではなく過料である点に注意。

過去問チャレンジ

気象業務関連法 [▶ L 43]

R 2－1（54 回）一般 問 13

予報業務の許可を受けた者が予報業務を行う際の気象予報士の配置等に関する次の文 (a)～(d) の正誤の組み合わせとして正しいものを，下記の①～⑤の中から1つ選べ。

(a) 現象の 24 時間先から1週間先までの予報作業を毎日4時間にわたり行うとして予報業務の許可を受けた者は，事業所ごとに，3名以上の気象予報士を配置しなければならない。

(b) 事業所において現象の予想に携わる気象予報士は，気象庁長官から発行された気象予報士登録通知書を事業所に提示しておかなければならない。

(c) 複数の気象予報士の配置が規定されている事業所において規定数の気象予報士から1名が欠員となった場合には，1か月以内であればその欠員が補充されるまでの間，残った気象予報士により予報業務を継続することができる。

(d) 予報業務許可事業者は，予報業務のうち現象の予想を行う事業所ごとに，国土交通省令で定められた人数以上の専任の気象予報士を置かなければならない。ただし，予報業務を的確に遂行する上で支障がないと気象庁長官が認める場合は，この限りではない。

	(a)	(b)	(c)	(d)
①	正	正	正	誤
②	正	正	誤	正
③	正	誤	正	誤
④	誤	誤	正	正
⑤	誤	誤	誤	正

ここが大切！

頻出論点です。「時間ごとの人数」を原則の規定として暗記した上で、「2週間以内」や「気象庁長官が認める場合」といった例外も押さえておきましょう。

解説と解答

(a) 気象業務法施行規則第11条の2第1項の規定についてです。現象の予想を行う事業所ごとの専任の気象予報士の設置基準は、1日当たりの現象の予想を行う時間ごとに8時間以下は2名以上、8時間を超え16時間以下は3名以上、16時間超えは4名以上と規定されています。そのため、問題文のように「毎日4時間」の場合は、2名以上の気象予報士の配置が必要です。したがって、「3名以上」という記述は誤りです。

(b) 気象業務関連法において、問題文のような内容を定める規定はありません。したがって、誤った記述です。

(c) 気象業務法施行規則第11条の2第2項の規定についてです。欠員が出た場合は、2週間以内に欠員を補充して規定数に適合させる必要がありますが、2週間の間であれば、規定数に満たない残りの気象予報士で予報業務を継続することができます。したがって、「1か月以内」という記述は誤りです。

(d) 気象業務法施行規則第11条の2第1項の規定についてです。予報業務許可事業者は、定められた人数以上の専任の気象予報士を置くことが原則ですが、気象庁長官が予報業務を的確（※条文上は「適確」と表記されています。）に遂行する上で支障がないと認める場合は、規定数を満たす必要はありません。したがって、正しい記述です。

選択肢（b）のように、存在しない架空の規定の正誤判断は難しいものです。だから、その他の選択肢で確実に正誤を判断できる力を養っておき、消去法で正解の選択肢の判断が可能であることも意識するとよいでしょう。

解答 ⑤

LESSON 45

学習優先度 B　頻出度

災害対策基本法・水防法・消防法

気象はときに災害をもたらすことがあるので、災害を予防するための基本的な枠組みについて定められた法律は、気象予報士として知っておくべき知識の1つです。このレッスンでは、災害対策基本法・水防法・消防法について学びます。

災害対策基本法

災害対策基本法は、国の基本的な災害対策を定めた法律で、災害対策や災害からの復旧についてはもちろん、防災計画の作成や災害予防についての基本的な枠組みが決められています。

災害対策基本法の目的　災害対策基本法第1条で、「国土並びに国民の生命、身体及び財産を災害から保護するため、防災に関し、基本理念を定め、国、地方公共団体及びその他の公共機関を通じて必要な体制を確立し、責任の所在を明確にするとともに、防災計画の作成、災害予防、災害応急対策、災害復旧及び防災に関する財政金融措置その他必要な災害対策の基本を定めることにより、総合的かつ計画的な防災行政の整備及び推進を図り、もって社会の秩序の維持と公共の福祉の確保に資（し）することを目的とする」ことが、規定されています。

災害対策基本法における用語の定義　各用語の定義は、災害対策基本法第2条で、次のように定められています。

災害とは、暴風、竜巻、豪雨、豪雪、洪水、崖崩れ、土石流、高潮、地震、津波、噴火、地滑りその他の異常な自然現象又は大規模な火事若しくは爆発その他その及ぼす被害の程度においてこれらに類する政令で定める原因により生ずる被害をいう。

防災とは、災害を未然に防止し、災害が発生した場合における被害の拡大を防ぎ、及び災害の復旧を図ることをいう。

防災基本計画とは、中央防災会議が作成する防災に関する基本的な計画をいう。

防災業務計画とは、指定行政機関の長又は指定公共機関が防災基本計画に基づきその所掌事務又は業務について作成する防災に関する計画をいう。

国と地方公共団体の役割 国・都道府県・市町村は、防災計画や災害時の緊急措置の計画を作成・実施するとともに、関係各機関の連絡調整のための常設機関を設けています。国は、内閣総理大臣を会長とする中央防災会議を設置し、地方防災会議に対する必要な勧告を行っています。また、都道府県には、都道府県地域防災計画を作成し、その実施を推進することなどの事務をつかさどるための都道府県防災会議を設置しています。市町村には、市町村の地域に係る地域防災計画を作成しその実施を推進するなど、市町村の地域に係る防災に関する重要事項を審議するための市町村防災会議を設置しています。

市町村災害対策本部 災害対策基本法第23条の2で、「**市町村の地域について災害が発生し、又は災害が発生するおそれがある場合において、防災の推進を図るため必要があると認めるときは、市町村長は、市町村地域防災計画の定めるところにより、市町村災害対策本部を設置することができる**」ことが、規定されています。

水防法（すいぼうほう）

水防法の目的は、洪水や雨水出水、津波又は高潮による浸水や土砂崩れなどを警戒・防御するとともに、浸水や土砂崩れによってもたらされる被害などを軽減し、公共の安全を守ることです。洪水、津波又は高潮によって災害が発生するおそれがあるとき、水防を行う必要がある旨を警告して行う発表を水防警報といい、国土交通大臣か都道府県知事によって出されます。国土交通大臣は、洪水や津波又は高潮が発生したときに、国民経済上重大な損害を生ずるおそれがあると認めて指定している河川・湖沼・海岸について水防警報を出さなければなりません。また、都道府県知事は国土交通大臣が指定したもの以外で、都道府県知事が指定している河川・湖沼・海岸について水防警報を出さなければなりません。

消防法

消防法の目的は、火災の予防・警戒、火災の鎮圧および、火災や地震などの災害によって引き起こされる被害を軽減し、国民の生命・身体・財産の保護、国民生活の安全や安定を守ることです。気象の状況が、火災の予防上危険であると認められる場合、気象庁長官、各気象台長、測候（そっこう）所長は、その状況を関係都道府県知事に通報し、これを受けた都道府県知事は市町村長に通報し、市町村長はこの通報に基づいて、あるいは自ら気象の状況が火災予防上危険であると認める場合には、火災警報を行うことができます。

過去問チャレンジ

災害対策基本法・水防法・消防法 [▶L 45]

H 30 − 2（51 回）一般 問 12

災害対策基本法に関する次の文 (a) ～ (d) の正誤について，下記の①～⑤の中から正しいものを一つ選べ。

(a) 災害対策基本法における定義によると，防災とは，災害を未然に防止し，災害が発生した場合における被害の拡大を防ぎ，及び災害の復旧を図ることをいう。

(b) 防災に関する組織として，中央防災会議，都道府県防災会議，市町村防災会議の設置が災害対策基本法に定められている。

(c) 防災基本計画及び防災業務計画並びに地域防災計画は，中央防災会議が作成する防災に関する計画である。

(d) 市町村の地域について災害が発生し，又は災害が発生するおそれがある場合において，防災の推進を図るため必要があると認めるときは，市町村長は，市町村地域防災計画の定めるところにより，市町村災害対策本部を設置することができる。

① (a) のみ誤り
② (b) のみ誤り
③ (c) のみ誤り
④ (d) のみ誤り
⑤ すべて正しい

ここが大切！

災害対策基本法については、問われる箇所がおおむね限られているので、第 1 条、第 2 条、第 14 条、第 23 条、第 54 条、第 55 条、第 60 条などについて、優先的に暗記するなどの学習を行うことが大切です。

解説と解答

(a) 災害対策基本法第２条第２号で、この法律において、防災は、「災害を未然に防止し、災害が発生した場合における被害の拡大を防ぎ、及び災害の復旧を図ることをいう。」と定義されています。したがって、正しい記述です。

(b) 災害対策基本法第 14 条で「都道府県に、都道府県防災会議を置く」こと、第 16 条で「市町村に、当該市町村の地域に係る地域防災計画を作成し、及びその実施を推進するほか、市町村長の諮問に応じて当該市町村の地域に係る防災に関する重要事項を審議するため、市町村防災会議を置く」ことが規定されています。したがって、正しい記述です。

(c) 災害対策基本法第２条第８号で、この法律において、**防災基本計画**は、「**中央防災会議が作成**する防災に関する基本的な計画をいう。」と定義されています。また、同条第９号で、この法律において、**防災業務計画**は、「**指定行政機関の長、又は指定公共機関**が防災基本計画に基づきその所掌事務又は業務について作成する防災に関する計画をいう。」と定義されています。したがって、防災業務計画と地域防災計画の作成について「中央防災会議が作成する」とする記述は誤りです。

(d) 災害対策基本法第 23 条の２で、「市町村の地域について災害が発生し、又は災害が発生するおそれがある場合において、防災の推進を図るため必要があると認めるときは、市町村長は、市町村地域防災計画の定めるところにより、市町村災害対策本部を設置することができる。」と規定されています。したがって、正しい記述です。

わんステップアドバイス！

細かい部分を論点とする問題も多いので、条文をしっかりと理解し、暗記もしておく必要があります。多くの条文を理解し暗記するのはとても労力が必要ですから、まずは、ここで問われている条文内容から確実に暗記しましょう。

解答 ③

数学きほんの「き」❸

「き」ほんの指数

教えて！指数の特徴

桁数（けたすう）を 10 の何倍かで表すのが指数です。例えば、1 に 10 を 8 回掛けると、1 × 10 × 10 × 10 × 10 × 10 × 10 × 10 × 10 = 100,000,000 なので、ゼロの数は 8 個です。この 100,000,000 を簡略化して表示したのが 10^8 で、10 の右上部分に小さく表示されている 8 の部分を指数といいます。考え方としては桁数を表すものだと考えると分かりやすいでしょう。つまり、10 の場合は 10^1、100 の場合は 10^2、1,000 の場合は 10^3 とゼロの数を指数表記します。指数の数字が 1 の場合は 1 の表記は省略します。また、小数点の場合は、桁数をマイナスの指数として表示するので、0.5 → 5×10^{-1} や、0.0000002897 → 2.897×10^{-7} などとなります。

指数の表示例
50 → 5 × 10
43 → 4.3 × 10
380 → 3.8×10^2
167,000,000 → 1.67×10^8

教えて！指数同士の計算のルール

①指数同士の掛け算

指数で表されたもの同士の掛け算の場合は、指数の部分について足し算を行います。

$$10^3 \times 10^8 = 10^{3+8} = 10^{11}$$

これは、1,000 × 100,000,000 = 100,000,000,000 = 10^{11} という計算を指

数で表しているためです。

②指数同士の割り算

指数で表されたもの同士の割り算の場合は、指数の部分について引き算を行います。

$10^9 \div 10^3 = 10^{9-3} = 10^6$

これは、1,000,000,000 ÷ 1,000 = 1,000,000 = 10^6 という計算を指数で表しているためです。指数同士の引き算をすることでマイナスになった場合は、そのままマイナスの指数として表示します。

$10^9 \div 10^{12} = 10^{9-12} = 10^{-3}$

なお、「$\div s^2$」や「$/ s^2$」など分母の指数は、「s^{-2}」のようにマイナスの指数にすることで分子に移動することができます。そのため「m/s^2」=「ms^{-2}」や「$\div s^2$」=「$\times s^{-2}$」のように表記できます。

「き」ほんの単位

教えて！SI単位

気象予報士試験では一般的に、国際的なルールとして決められたSI（エスアイ）単位を用います。SI単位には、SI基本単位とSI組立単位があります。

① SI基本単位

基本となる単位は表①に示す７つです。

表①

単位	m	kg	s	K	mol	A	Cd
名称	長さ	質量	時間	温度	物質量	電流	光度
読み方	メートル	キログラム	セコンド	ケルビン	モル	アンペア	カンデラ

② SI組立単位

７つのSI基本単位を組み合わせたものが、SI組立単位です。表②は気象予報士試験でよく用いられる代表例なので、確実に暗記しておきましょう。

表②

単位	m^2	m／s	m／s^2	kg／m^3	$mkgs^{-2}$ =N	m^2kgs^{-2} =J	$m^{-1}kgs^{-2}$ =Pa
名称	面積	速度	加速度	密度	力	エネルギー	圧力
読み方	平方メートル	メートル毎セコンド	メートル毎セコンド二乗	キログラム毎立方メートル	ニュートン	ジュール	パスカル

教えて！SI組立単位と記号の関係

SI組立単位は、SI基本単位を組み合わせた表記なので、複雑な表記になりがちです。そのため、表②のN、J、Paのように、簡易化した記号が用いられます。

力は、**質量×加速度**で定義されるので、質量（kg）×加速度（m／s^2）＝kg×ms^{-2}＝$mkgs^{-2}$となりますが、$mkgs^{-2}$を記号のNを用いて表記します。

エネルギーは、**力×長さ**で定義されるので、$mkgs^{-2}$×m＝m^2kgs^{-2}となりますが、m^2kgs^{-2}を記号のJを用いて表記します。

なお、圧力は、1m^2当たりにかかる1Nの力です。Nは、$mkgs^{-2}$なので$mkgs^{-2}$÷1m^2＝$m^{-1}kgs^{-2}$となり、$m^{-1}kgs^{-2}$をPaと表記します。

教えて！SI接頭語

大きな数字や小さな数字を表すのに便利なルールとして決められているのがSI接頭語です。例えば、kは1,000という桁数を意味するので、8,000 g＝8×1,000＝8kgと表記されます。気象予報士試験対策として知っておくべきSI接頭語は表③に示すとおりです。見慣れたものが多いですが、h（×100）のSI接頭語は、気圧を表す際にhPa＝100paとして頻繁に用いるので、確実に押さえておきましょう。μ＝0.000001も、エーロゾルの大きさや、放射強度、波長を表す際に用います。

表③

接頭語	h	k	M	c	m	μ
意味	×100	×1,000	×1,000,000	×0.01	×0.001	×0.000001
読み方	ヘクト	キロ	メガ	センチ	ミリ	マイクロ

第2章

専門知識

第２章は、気象予報士試験における学科試験の「予報業務に関する専門知識」に対応する内容となっています。気象庁が行っている気象観測の方法や種類、天気予報の種類や手法など気象庁が行う予報作業に関する知識や、気象災害の起こる要因についての知識を幅広く学習します。

第2章
ざっくり解説

第1節

気象観測の実際

気象庁が行っている①地上で気象測器を用いる観測、②気球やGPS機器を用いる観測、③電波を発射する気象レーダーを用いる観測、④気象衛星を用いる観測の、4つの観測方法などについて学習する節です。聞き慣れない用語が多いところなので、まずは用語に慣れることがポイントです。

知らない言葉がたくさんの文章を読むのって、すっごく疲れるのよねぇ…
うん！うん！知らない言葉のところで、考えちゃうから、脳がフル回転してるって感じだよね。
慣れるまでは大変だと思いますが、最初は知らなかった言葉でも、何度も読みこむことで知ってる言葉になるので、根気良く頑張ってくださいね。

＼ここを押さえよう！／

この節の学習ポイント

地上気象観測 ▶▶▶ L46～L47

地上で測器を用いて観測する気象要素の種類とその特徴や、目視で行う雲の観測手法などについて学びます。雲の形によって分類されている10種雲形は、確実に暗記しましょう。

高層気象観測 ▶▶▶ L48

測器を用いて高層の気層要素を観測する手法などについて学びます。特にウィンドプロファイラ観測は、試験における頻出項目なので、特徴や仕組みを重点的に学習しましょう。

気象レーダー観測 ▶▶▶ L49～L51

レーダー（電波）を発射して行う観測手法などについて学びます。融解層やブライトバンドは、実技試験で問われることもある用語なので、ここで理解を深めておきましょう。

気象衛星観測 ▶▶▶ L52～L54

宇宙から行う観測手法とその種類、観測結果から作成される3つの気象衛星画像の種類と特徴などについて学びます。気象衛星画像の特徴を組み合わせて雲を判別する力が問われるので、読み取り力を養うことを意識して学習しましょう。

脳が疲れたときは、気分転換も兼ねて、おやつにラムネなどのブドウ糖を食べて脳に栄養を与えるといいですよ♪

LESSON

学習優先度 B　頻出度

46 気象測器による地上気象観測

地上気象観測は、気象観測の中で最も基本となるものです。気圧計や温度計などの測器を用いるものと、観測員が目視で行うものがあり、国際的な取り決めに基づいて行われています。このレッスンでは、気象測器による地上気象観測について学びます。

気圧

地上気象観測を行う高度は、海上の船舶・山岳地方などさまざまで、それぞれの観測地点で測定した気圧を現地気圧といいます。気圧は高度が高いほど低くなるので、異なる高度の観測地点の気圧を比較することができるように、定められた高度の値に換算しています。日本の場合は、東京湾の平均海面（高度0m）が用いられていて、現地気圧の値を平均海面の値に換算することを気圧の海面更正といい、海面更正した気圧を海面気圧といいます。地上天気図における気圧は、この海面気圧の値です。単に気圧という場合は、海面気圧を意味します。

気温

地表付近の気温は、建物やアスファルトの道路といった局地的な構造物などの影響を受けやすいので、気象庁が行う気温の観測は、風通しや日当たりの良い場所で、電気式温度計を用いて、芝生の上1.5 mの位置で観測することが標準とされています。電気式温度計は、直射日光に当たらないよう通風筒（つうふうとう）と呼ばれる容器の中に格納されています。また、通風筒の上部に取り付けられている電動ファンにより、筒の下から常に外気を取り入れて円筒内を上向きに通風することで、外気との温度差がない状態にして、気温を計測しています。

風向・風速

気象学における風とは、運動している空気の水平方向の成分（水平成分）を指します。一方で、鉛直方向の成分（鉛直成分）は、上昇流（上昇気流）または下降流（下降気流）と呼んで区別しています。風向の表示は、一般に、真北を基準にして全周を時計回り（右回り）に16分割した16方位、36分割した36方位で表します。風速の単位には、m／sまたは、KT（ノット）を用います。風向や風速は絶えず変動しているため、どちらも観測する時刻の前10分間の平均値で表し、風速の通報にはこの平均風速を用います。変動する風速の瞬間的な値を瞬間風速といいます。また、最大瞬間風速と平均風速の比を突風率（平均風速の1.5～2倍程度）といいます。風の観測は、露場（ろじょう）✿または開けた場所に塔または支柱を建て、地上10mの高さに測器を設置して測ることが基準とされています。

降水量

雨はもちろんのこと、雪やあられ、ひょうなどの固形のものもすべて含めて降水といい、深さをmm単位で測ります。雪などの固形降水の場合は、降った雪の深さを測るとともに、降った雪などをとかして水にしたときの量を降水量とします。なお、降水のうちの雨だけのときの量を**雨量**といいます。降水量の観測には、転倒ます型雨量計が使用されています。転倒ます型雨量計は、雨水が内径20cmの受水口から入り、降水量が0.5mmに達すると左右2個の転倒ますが交互に転倒・排水を繰り返し、この回数によって降水量を測るので、降水量の観測は**0.5mm刻み**になります。

日射量と日照時間

日射とは、太陽放射が地表面を照射することをいい、そのエネルギーの大きさを日射量といいます。地表に達する日射には、直達日射と散乱日射があり、太陽面から直接地表面に達する日射を直達日射、大気や雲、エーロゾルなどによって散乱・反射されて太陽面以外から地表面に入射する日射を散乱日射といいます。また、直達日射と散乱日射を合わせたものを全天日射といいます。日射の強さは、直達日射量と全天日射量に分けて観測され、直達日射量は、地表面に直接到達する日射を、太陽光に垂直な面で測った量です。日照時間は太陽が地表を照らした時間のことで、直達日射量が一定の値（0.12kW／m^2）以上の時間と定義されています。

✿ 用語　**露場**／百葉箱（ひゃくようばこ）（温度計などの観測機器を保護するための装置）や雨量計などを、周囲の人工物の影響を受けないよう配慮して設置した気象観測のための場所。

学習優先度  頻出度 

LESSON 47 目視による雲の観測と天気・アメダス

気象観測には、観測者が目で見たり耳で音を聞いたりして行う観測方法と、気象測器を用いて測定する方法がありますが、雲の観測は主に観測者の目視によって行います。このレッスンでは、目視による雲の観測と天気や、アメダスについて学びます。

目視による雲の観測と天気

雲の観測は、雲の高さなどを除いては機器による観測が難しいため、ほとんど目視によって観測しています。視界の広い場所で、全雲量、雲形別の雲量、雲形などについて観測します。

全雲量 空全体（全天という）の何割ぐらいが雲に覆われているかを示すもので、**0から10の整数**で表します。なお、全雲量を地上実況気象通報式という方法で通報する場合は、全天が雲に覆われているときを8とする、0から8の階級に変換します。

雲形別の雲量 特定の雲形だけで覆われた部分の全天に対する割合です。雲は部分的に重なっていることが多いので、2種類以上の雲形の雲が存在するときは、それぞれの雲量の合計と全雲量は一致しません。

雲形 雲の形は、表に示すように、WMO（世界気象機関）の規定にしたがって分類されている10種類の基本雲形（**10種雲形**）に分けて行います。また、10種雲形に分類された雲が出現する高さはある程度決まっていて、地上からの高さによって上層雲、中層雲、下層雲の3つに大別されます。

■表　10種雲形

	名称	雲形の特徴
上層雲	巻雲（Ci）	氷晶が集まってできている。10種類の中で最も高い所に出現する雲で、繊維状の構造になっている。
	巻積雲（Cc）	氷晶でできていて、薄く小さな丸い塊が規則正しく集まっている。さざなみ状、うろこ状、レンズ状などの形になることが多い。
	巻層雲（Cs）	氷晶でできていて、透き通った繊維状または層状の白っぽい雲。空の一部または全部を覆う。特に太陽や月を覆うと、光の輪が現れる（かさ現象）。

中層雲	高積雲 (Ac)	白または灰色の雲で、一般に陰がある。薄い片、丸い塊などが群を成す帯状の雲。時にはレンズ状になることもある。
	高層雲 (As)	灰色あるいは青味がかった薄黒色で、繊維状または一様な層を成していて、空の一部または全部を覆う。太陽や月のかさ現象は現れない。
	乱層雲 (Ns)	暗灰色(あんかいしょく)の層状の雲。太陽や月を完全に覆い隠す厚い雲で、連続的な降水を伴うことが多い。
下層雲	層積雲 (Sc)	灰色または灰白色(かいはくしょく)の雲で、薄い板状、層状などをしている。比較的規則正しく配列した雲の塊で、レンズ状になることもある。層積雲には通常、陰がある。
	層雲 (St)	通常、雲底の高度が一様な灰色の雲で、霧雨などが降ることがある。かさ現象は、一般には現れない。
	積雲 (Cu)	通常は濃密で輪郭がはっきりし、こぶのように盛り上がり、鉛直上方に発達する。太陽に照らされた部分は白く輝くが、雲底は相対的に暗い。発達の過程により、平らな積雲、並み程度の積雲、雄大な積雲の3つに分けられる。
	積乱雲 (Cb)	鉛直上方に大きく発達した巨大な塔のような濃密な雲で、雲頂はかなとこ状または羽毛状に広がり、その高さは 10km 以上に達することがある。突風、雷電、強い降水を伴うことがある。

天気 目視による大気現象および雲の観測結果をまとめて、大気の総合的な状態を、次の 15 種類に分類し、天気として記録しています。

快晴（雲量１以下）、晴（雲量２以上８以下）、薄曇（雲量９以上で、巻雲・巻積雲・巻層雲が見かけ上最も多い場合）、曇（雲量９以上で、高積雲・高層雲・乱層雲・層積雲・層雲・積雲・積乱雲が見かけ上最も多い場合）、煙霧(えんむ)、砂じんあらし、地ふぶき、霧、霧雨、雨、みぞれ、雪、あられ、ひょう、雷。

アメダス

雨、風、雪などの気象状況を時間的、地域的に細かく監視するために、降水量、風向・風速、気温、湿度の観測を自動的に行う地域気象観測システムを、アメダス（Automated Meteorological Data Acquisition System の略）といいます。令和３年４月１日において、降水量を観測する観測所は全国に約 1,300 か所（約 17km 間隔）あります。このうちの約 840 か所（約 21km 間隔）では降水量に加えて、風向・風速、気温、湿度を観測しているほか、雪の多い地方の約 330 か所では積雪の深さも観測しています。

過去問チャレンジ

地上気象観測 [▶ L 46]

H 26 − 2（43 回）専門 問 1

アメダスによる地上気象観測について述べた次の文 (a) ~ (d) の下線部の正誤の組み合わせとして正しいものを，下記の①~⑤の中から一つ選べ。

(a) 降水量は，転倒ます型の雨量計を用いて 0.5mm 刻みで観測している。雪やあられなどの固形降水は溶かして水にしてから観測している。

(b) 10 分間平均風速は，観測時刻を中心とした前後 5 分間の風速を平均して求めている。

(c) 温度計の感部は，雨滴の付着や日光の直射を避けるため通風筒に収納されている。故障などで通風筒のファンが止まると，日中の気温は正しい値より低くなることが多い。

(d) 日照時間は，全天日射量が一定の値以上となった時間を合計して求めている。

	(a)	(b)	(c)	(d)
①	正	正	誤	正
②	正	誤	誤	正
③	正	誤	誤	誤
④	誤	正	正	正
⑤	誤	誤	正	誤

ここが大切！

細部についての知識が問われやすいところです。それぞれの用語の定義や気象測器の構造と特徴など、数字の部分までしっかりと暗記することが大切です。

解説と解答

（a）アメダスの降水量の観測には、転倒ます型の雨量計が使用されています。

転倒ます型の雨量計では、雨水が受水口から入って降水量が0.5 mmに達すると左右2個の転倒ますが交互に転倒して排水するということを繰り返し、その回数によって降水量を測るため、降水量の観測は0.5 mm刻みになります。また、受水口や漏斗（ろうと）の周囲のヒーターによって雪やあられの固形降水は溶けて水になってから転倒ますに入る仕組みになっています。したがって、正しい記述です。

(b) 風速（10 分間平均風速）は、空気が移動した距離とそれに要した時間との比で、単位時間に空気が移動した距離として0.1 m／ s 単位で観測されます。風向や風速は絶えず変動しているので、風速は観測する時刻の前 10 分間の平均値で表します。したがって、「観測時刻を中心とした前後5分間の風速を平均」という記述は誤りです。

(c) 温度計の感部は、雨滴の付着や日光の直射を避けるため、ステンレス製の二重円筒容器になっている「通風筒」に収納されています。通風筒の上部にはファンが取り付けられていて、通風されて感部の周囲の温度が周辺の空気と同じ温度になるように作られています。そのため、故障などでファンが止まると、内部は自然風による通風のみとなって空気が滞留し、日中の気温は正しい値より高くなることが多くなります。したがって、「正しい値より低くなることが多い」という記述は誤りです。

(d) 日照時間は太陽が地表を照らした時間のことで、直達日射量（地表面に直接到達する日射を、太陽光に鉛直な面で測った量）が一定の値（0.12kW／m^2）以上の時間と定義されています。したがって、「全天日射量が一定の値以上となった時間」という記述は誤りです。

わんステップアドバイス！

下線部についての正誤を問う問題の場合は、下線部以外の記載は必ず正しい内容になっているので、選択肢（c）のように、正しい記載内容をヒントにして、下線部の正誤を判断する力も養っておくとよいでしょう。

解答 ③

LESSON 48 学習優先度 A 頻出度

高層気象観測

高層大気は、直接観測することができないので、測器を気球につり下げて飛ばし、気球を飛ばしている間に大気の状態を観測するなどの方法が用いられています。このレッスンでは、高層気象観測の種類や方法について学びます。

高層気象観測の方法

高層気象観測は、対流圏から成層圏にかけての高層における気温、風向・風速などの気象要素を観測することで、空間（水平）スケールが数 1,000km の気象現象を把握することを目的として行います。

高層気象観測の種類

気象庁は、（令和3年4月1日現在）16 地点のラジオゾンデ観測と 33 地点のウィンドプロファイラ観測によって、高層気象観測を実施しています。

ラジオゾンデ観測 9時と 21 時の定時と不定期に、観測を実施しています。ラジオゾンデ観測は、図 48 − 1 に示すように、気球に GPS ゾンデという種類の機器をつり下げて、約6 m／ s の速さで上昇させながら、上空の気温、湿度、風向・風速、気圧、高度を観測する方法です。気温と湿度は GPS ゾンデに搭載されているセンサーで測定し、風向・風速と高度は GPS 衛星電波を利用して算出しています。気圧は気温、湿度、高度の情報から計算によって算出しますが、気圧計を搭載して直接測定できる機種もあります。

■図48－1　GPSゾンデ観測の仕組み

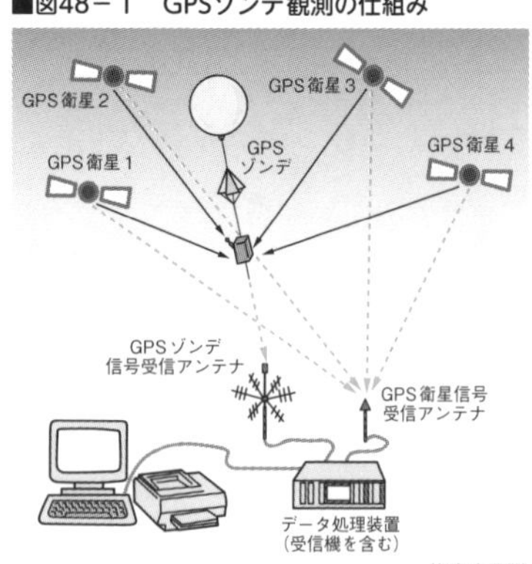

（気象庁提供）

ウィンドプロファイラ観測 気象ドップラーレーダー ［▶ L 50］の一種で、風の鉛直分布を観測します。ウィンドプロファイラは、図 48 − 2 に示すように、地上から上空（東西南北および鉛直方向の5方向）に向けて電波を発射し、大気中の風の乱れなどによって散乱されて戻ってくる電波を受信・処理することで、上空の風向・風速を測定します。地上に戻ってきた電波は、散乱した大気の流れに応じて周波数が変化している（ドップラー効果 [▶ L 50]）ので、発射した電波の周波数と受信した電波の周波数の違いから大気の動きが分かります。気象庁では、周波数1.3GHz（ギガヘルツ）（波長約22 cm）の電波を使って、上空の風を高度300mごとに、10分間隔で観測しています。観測データが得られる高度は、季節や天気などの気象条件によって変わりますが、最大で12km程度までの上空の風向・風速を観測することができます。ウィンドプロファイラで観測した風向・風速は、図48－3に示すように、鉛直プロファイルの時系列図としての表示などに用いられます。ウィンドプロファイラの散乱強度は、大気中の水蒸気量に大きく依存しているため、一般に、大気中の水蒸気量が多い（大気が湿潤である）ほど散乱される電波が強く、観測高度は高くなります。逆に、大気中の水蒸気量が少ない（大気が乾燥している）ほど観測高度は低くなります。

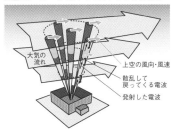

■図48－2　ウィンドプロファイラの仕組み

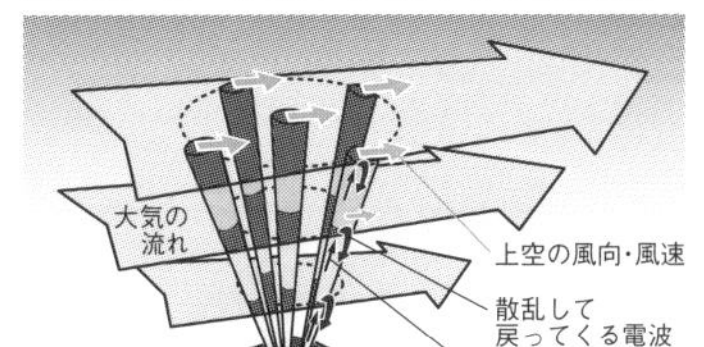

■図48－3　鉛直プロファイルの時系列図

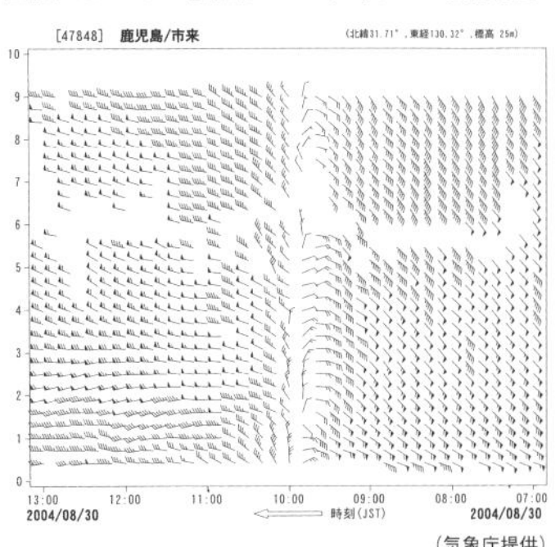

（気象庁提供）

また、大気が乾燥しているとデータが得られにくいため、大気が乾燥している、もしくは品質管理によって正しい風ではないと判断されたデータは表示されず、空白域となります。なお、雨が降っている場合におけるウィンドプロファイラの観測データは、雨粒の動きになります。これは、大気による電波の散乱よりも雨粒による散乱の方が強いことによるものです。雨粒は風に流されているので、雨粒の動きから風向・風速が分かります。このときの鉛直方向の観測データは、雨粒の下降速度を捉（とら）えたものです。

ここがポイント！

気象予報士試験では、ウィンドプロファイラの特徴が頻出項目となっているから、観測できる高度や、観測時間の間隔、大気の状態における観測高度の違いなど、細かいところまで数字も併せてしっかり暗記しよう。

過去問チャレンジ

高層気象観測 [▶ L 48]

R 1 − 2 (53 回) 専門 問 3

気象庁のウィンドプロファイラについて述べた次の文 (a) ~ (d) の正誤について，下記の①~⑤の中から正しいものを 1 つ選べ。

(a) 上空に向かって発射された電波が，大気の乱れ等で散乱されて戻ってきたときの電波の強度の情報を利用して，上空の風向風速を測定する装置である。

(b) 雨が降っている場合，大気の乱れによる散乱よりも雨粒による散乱が強いため, 測定された鉛直方向の速度は雨粒の下降速度を捉えたものとなる。

(c) 大気が乾燥しているときは電波の減衰が少ないので，高気圧の圏内では観測可能な高度が高くなる傾向がある。

(d) 鉛直方向の分解能が高いので，接地境界層内の風の詳細な鉛直構造を把握するのに適している。

① (a) のみ正しい
② (b) のみ正しい
③ (c) のみ正しい
④ (d) のみ正しい
⑤ すべて誤り

ここが大切！

ウィンドプロファイラについては、電波を発射する方向や、電波の散乱対象物等、仕組みと構造が問われることが多いので、理解するまで学習することが大切です。

解説と解答

(a) ウィンドプロファイラは、地上から上空に向けて電波を発射し、大気中の風の乱れ等によって散乱されて戻ってくる電波を受信・処理することで、上空の風向風速を測定します。地上に戻ってきた電波は、散乱した大気の流れに応じて周波数が変化している（ドップラー効果）ので、発射した電波の周波数と受信した電波の周波数の違いから大気の動きが分かります。したがって、ウィンドプロファイラについて「電波の強度の情報を利用」とする記述は誤りです。

（b）問題文にあるように、大気の乱れによる散乱よりも雨粒による散乱の方が強いため、雨が降っている場合におけるウィンドプロファイラが観測するデータは、雨粒の動きになります。雨粒は風に流されているので、この雨粒の動きから風向風速が分かり、このときの鉛直方向の観測データは、雨粒の下降速度を捉えたものとなります。したがって、正しい記述です。

（c）ウィンドプロファイラの散乱強度は、大気中の水蒸気量に大きく依存しているので、大気が乾燥しているとデータを得にくくなります。そのため、観測可能な高度が低くなる傾向があります。したがって、大気が乾燥しているときのウィンドプロファイラのデータについて「観測可能な高度が高くなる傾向がある」とする記述は誤りです。

（d）ウィンドプロファイラは、高度300mごとに、最大で12km程度までの風向風速を観測することができます。接地境界層は、地表面から高度50～100mの地表面に接する薄い層であるため、高度300mごとに観測するウィンドプロファイラで接地境界層内の風の詳細な鉛直構造を把握することはできません。したがって、「接地境界層内の風の詳細な鉛直構造を把握するのに適している」という記述は誤りです。

わんステップアドバイス！

選択肢（d）は、ウィンドプロファイラの観測が高度300mごとということと、一般知識のLESSON22で学習した接地境界層の高度が50～100mであることを暗記していないと正誤を判断できない応用問題です。

解答 ②

LESSON

学習優先度 B　頻出度

49 気象レーダー観測の特徴

地上気象観測や高層気象観測では把握できない気象を観測するために気象レーダー観測を行います。このレッスンでは、夜間や目に見えないほど遠くの目標物の位置を把握することができる気象レーダー観測について学びます。

気象レーダーの原理と特徴

気象レーダーは、アンテナを回転させながら電波（マイクロ波）を発射し、半径数100kmの範囲内に存在する雨や雪を観測するものです。発射した電波が戻ってくるまでの時間から雨や雪までの距離を測り、戻ってきた電波（レーダーエコー）の強さから雨や雪の強さを観測します。電波を水平に発射しても、地球は球形で地表面が曲率を持つため、電波の発射地点から離れるほど地表面と電波との差は大きくなります。例えば、高度0kmの発射地点から水平距離にして約300kmの地点での電波の高度は、約6kmにもなります。そのため、気象レーダーからの距離が遠くなるにつれて低い高度の降水粒子を観測できなくなります。また、電波の伝搬(でんぱん)経路上に山岳などがある場合は、電波が山岳などによって遮(しゃ)へいされるので、それより遠くの降水エコーを観測することができません。観測できない領域は、他のレーダーで観測されたデータで補足します。

エコー強度　受信したレーダーエコーの強さをエコー強度といい、基本的には、発射した電波が強いほど、目標までの距離が近いほど、波長が短いほど、アンテナが大きいほど、目標物が大きいほど、強くなります。

降水によらないエコー（非降水エコー）

気象レーダーは、レーダーから発射した電波の反射波（エコー）を受信することで降水を観測しますが、実際には降水がない場所でエコーが観測されたり、実際の降水よりもはるかに強い降水を示すエコーが観測されたりすることがあります。

異常伝搬に伴うエコー　気象レーダーから発射された電波は通常なら直進しますが、電波が曲げられて通常の伝搬経路から大きく外れることがあります。電波が曲げられ、地表面や地表の構造物などに当たって反射すると、降水がないところに強いエコーが現れることがあり、こうした現象を異常伝搬といいます。電波の曲がる度合いは大気の電波屈折率によって決まり、大気の電波屈折率は気温や湿度などによって決まります。そのため、気温の逆転層や乾燥域の存在など、高さ方向に電波屈折率が大きく変化する領域では異常伝搬が発生しやすくなります。この現象は、データの品質管理で完全に取り除くことはできません。

グランドクラッタ 気象レーダーから発射された電波が地形の影響で山岳や地表の構造物などに当たって降水のないところに強いエコーが現れる現象をグランドクラッタといいます。地形のように動かないものが原因のグランドクラッタは、降水のエコーと区別して取り除くことができますが、風で揺れる樹木やスキー場のリフト、風力発電用の風車など動くものが原因のグランドクラッタやエコー自体が非常に強い場合は、データの品質管理で完全に取り除くことはできません。

シークラッタ 電波が海上の波しぶきなどに当たって降水のないところに強いエコーが現れる現象をシークラッタといいます。気象レーダーの電波の経路に逆転層が形成されている場合、逆転層内では大気の屈折率が地表面（海面含む）から上層に向かって大きく減少しているため、電波は下方へ曲げられて海面付近の高度を通過します。このような状況下では、海上の波しぶきなどに電波が当たりシークラッタが発生しやすくなります。この現象は、データの品質管理で完全に取り除くことはできません。

ブライトバンド（降水を過大評価するエコー）

雪片が雨滴に融解する気温である0℃程度の層を融解層といいます。この融解層においては、雪片が融解する際に雪片の表面に水の膜ができて表面積が大きくなることで、大きな雨滴と同じように電波を強く反射して、気象レーダーで実際よりも強いエコーが観測されることがあります。融解層においてその上層や下層と比べて局所的に強いエコーが気象レーダーによって観測される現象は、レーダーエコー合成図（レーダーエコーデータを合成した図）において同心円状に明るく輝いて見えることから、ブライトバンドと呼ばれています。反対に、電波が反射されてアンテナまで戻ってくる経路上に強い降水がある場合などは電波が減衰するため、実際の降水よりも弱いエコーとして観測されます。なお、降水粒子が落下する途中で蒸発したり、下層の風に流されて別の場所に移動したりする場合は、気象レーダーで降水エコーが観測されていても、直下の地上において降水は観測されません。

LESSON

50 気象ドップラーレーダー

学習優先度 B　頻出度

降水には、同じ場所で降るものもあれば、移動しながら降るものもあり、降水粒子が移動している場合は、発射した電波と受信する電波の波長に違いが生じます。このレッスンでは、降水粒子の水平移動の方向などを観測する気象ドップラーレーダーについて学びます。

気象ドップラーレーダーの原理と特徴

救急車などのサイレンの音が、近づいてくるときと遠ざかるときで変化するように、音源と観測者の距離が縮まる（周波数が高い）場合に音が高く聞こえ、離れる（周波数が低い）場合に低く聞こえる効果をドップラー効果といいます。この効果を利用した気象レーダーが気象ドップラーレーダーです。気象ドップラーレーダーでは、降水の位置や強さのほかに、風に流される降水粒子から反射される電波のドップラー効果を用いて、レーダーに近づく風の成分と遠ざかる風の成分を測定することができます。これをドップラー速度といいます。受信される電波が、送信した電波より周波数が低ければ、対象としている降水粒子は遠ざかっていることになり、反対に受信される電波が、送信した電波より周波数が高ければ、対象としている降水粒子は近づいていることになります。また、受信時の電波の周波数と送信時の電波の周波数のずれの大きさは、そのまま降水粒子の移動速度を反映しています。つまり、周波数のずれが大きければ移動速度は大きく、周波数のずれが小さければ移動速度は小さいことになります。

このようにドップラー効果の原理を利用して、気象ドップラーレーダーでは、降水粒子の移動方向と移動速度から風向と風速を測定しています。なお、降水強度は、降水粒子によって反射された電波の強さ（エコー強度）を利用して測定します。

気象ドップラーレーダーによる風速の測定

ドップラー効果は、降水粒子とレーダー間の距離の変化によって生じるもので、測定できるのはレーダーと降水粒子を結ぶ方向の速度成分、つまり動径（どうけい）方向の速度成分（**動径速度**✽、またはドップラー速度）に限られます。

気象ドップラーレーダーで得られたドップラー速度は、ドップラー速度の平面分布図において、レーダーに近づくように吹く風は寒色系、レーダーから遠ざかるように吹く風は暖色系で表示されます。例えば、レーダーサイト（電波を発射する地点）の上空で南風が吹いている場合のレーダーサイトを中心とするドップラー速度のカラー階調表示は、図に示すように、レーダーサイトの南側ではレーダーサイトに向かって近づいてくる風向となるので寒色系、北側では遠ざかる風向となるので暖色系というように、レーダーサイトを中心として対照的な表示になります。

■図　ドップラー速度の平面分布図を説明する図　▶カラー図 P15

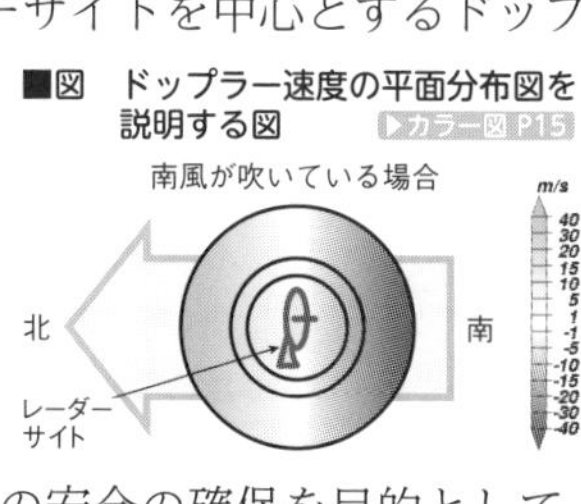

また、気象庁では、竜巻などの激しい突風からの身の安全の確保を目的として、気象ドップラーレーダーのデータを基にした竜巻注意情報［▶L 61］を発表しています。竜巻は直径が数10 mから数100 mしかなく、気象ドップラーレーダーで観測されるドップラー速度の解像度では検出できませんが、竜巻をもたらす発達した積乱雲の中には直径数kmの大きさを持つ低気圧性の回転（メソサイクロン）が存在し、この大きさの渦は気象ドップラーレーダーで検出することができます。そのため、観測されたドップラー速度に、渦の存在を示すパターンが検出できた場合には、メソサイクロンが存在すると推定することができます。また、竜巻発生確度ナウキャスト［▶L 61］では、現在、竜巻が発生している、または今すぐにでも発生しそうという状況を予測するため、気象ドップラーレーダー観測によるメソサイクロンの検出は、竜巻の予測手段の1つとして有効です。

動径速度の式

動径速度Ｖｒは、次の式で表されます。

$$Vr = -\frac{fd \cdot \lambda}{2}$$

ｆｄは送信周波数からの偏移（へんい）（受信周波数との差）、λ（ラムダ）は送信電波の波長で一定値の変動しない定数として扱います。降水粒子がレーダーサイトに近づくと受信周波数が送信周波数よりも高くなるので、送信周波数からの偏移はプラスの値を取り、降水粒子がレーダーサイトから遠ざかると受信周波数が送信周波数よりも低くなるので、マイナスの値を取ります。動径速度は物体が遠ざかる向きをプラスとすることから、動径速度の式にはマイナス（—）の符号が付きます。

用語

動径速度／動いているある物体を、ある地点から見た場合に、両者を結ぶ線を動径といい、物体の移動速度の動径方向の成分を動径速度という。

LESSON 51　学習優先度 A　頻出度

解析雨量（国土交通省解析雨量）

気象庁では観測結果と計算により算出した値などを組み合わせることでそれぞれの短所を補い、長所を生かした値を算出しています。このレッスンでは、アメダスと気象レーダーの組み合わせによって算出される解析雨量と速報版解析雨量について学びます。

解析雨量と速報版解析雨量

気象庁および国土交通省が保有する気象レーダーの観測データと、気象庁および国土交通省、地方自治体が保有する全国の雨量計のデータを組み合わせて、1時間の降水量分布を1km四方の細かさで解析したもので、30分ごとに作成するものを解析雨量といいます。また、10分ごとに作成するものを速報版解析雨量といいます。例えば、9時の解析雨量は8時～9時の**1時間雨量**、9時10分の速報版解析雨量は8時10分～9時10分の**1時間雨量**となります。

解析雨量・速報版解析雨量の目的と利用

解析雨量や速報版解析雨量は、雨量計の観測網にかからないような局地的な強雨を把握することなどで的確な防災対応に役立てることを目的としています。解析雨量は降水短時間予報［▶L 61］の予測処理において、速報版解析雨量は速報版降水短時間予報の予測処理において、初期値の作成や雨域の移動に関する情報を求めるために利用されます。また、災害発生リスクの高まりを示す土壌雨量指数［▶L 70］、流域雨量指数［▶L 70］の算出や、これらを用いた大雨・洪水警報の危険度分布を求めるためにも利用されます。

作成手法

アメダスでは、正確な雨量を実測値として観測しますが、アメダス観測所✻

用語 **アメダス観測所**／アメダスによる観測を行っている観測所のこと。令和3年4月1日において、降水量を観測する観測所は全国に約1,300か所（約17km間隔）ある。

以外の場所における局地的な大雨などは正確に把握することができません。一方、気象庁の気象レーダー観測では、雨粒から返ってくる電波の強さにより、面的に隙間のない雨量を計算によって推定できますが、実測値ではないためその精度はアメダスと比べて劣ります。解析雨量は両者の長所を生かし、図に示すように、気象レーダーによる観測をアメダスや他機関の雨量計による観測で補正して、面的に隙間のないより正確な雨量分布を得て作成します。このようにして作成された図を**解析雨量図**といいます。なお、速報版解析雨量図では、10分前のレーダーと雨量計の関係をその時刻の気象レーダーと組み合わせることで、迅速に雨量分布を提供しています。

■図

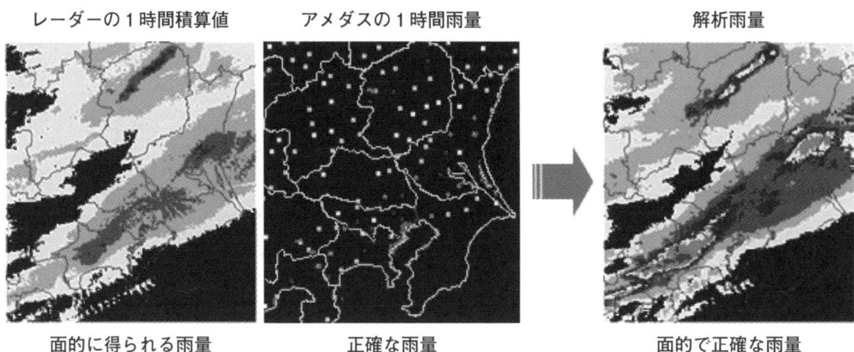

（気象庁提供）

解析雨量（解析雨量図）の利用上の留意点

気象レーダーの運用休止に伴って、該当する地域の降水強度が表示されなかったり、弱めに表示されたりすることがあります。また、気象レーダーの電波が雨雲以外のものから反射されることなどを原因として、実際の降水よりもはるかに強い降水が表示されることがあります。

ここがポイント！

解析雨量が、降水短時間予報、土壌雨量指数など、大雨・洪水警報の危険度分布で利用されているか否かや、どのように利用されているかが試験で問われやすいから、関連項目をしっかり確認しておこう！

過去問チャレンジ

気象レーダー観測 [▶ L 49・L 50]

R 1－1（52回）専門 問2

気象庁の気象レーダーについて述べた次の文（a）～（d）の下線部の正誤の組み合わせとして正しいものを，下記の①～⑤の中から一つ選べ。

（a）気象レーダーは，発射した電波と戻ってきた電波の周波数のずれ（ドップラー効果）を利用して降水強度を観測する。

（b）水平に発射された電波はほぼ直進するが，地表面が曲率をもっているため，気象レーダーからの距離が遠くなるにつれて低い高度の降水粒子を観測できなくなる。

（c）気象レーダーから発射された電波の伝搬経路上に山岳があるときは，他のレーダーデータとの合成等を行わなければ，ほとんどの場合山岳の向こう側を観測できない。

（d）気象レーダーで降水エコーが観測されていても，降水粒子が落下する途中で蒸発したり下層の風に流されたりして，直下の地上で降水が観測されないことがある。

	(a)	(b)	(c)	(d)
①	正	正	誤	誤
②	正	誤	正	正
③	誤	正	正	正
④	誤	正	誤	誤
⑤	誤	誤	正	誤

ここが大切！

基本的な気象レーダーの仕組みに加えて、ドップラー効果を利用した観測が行えるのが気象ドップラーレーダーであることを意識して学習することが大切です。

（a）気象（ドップラー）レーダーで、電波のドップラー効果を利用して観測しているのは、降水粒子の移動方向や移動速度です。降水強度は、降水粒子によって反射された電波の強さ（エコー強度）を利用して測定します。したがって、「電波の周波数のずれ（ドップラー効果）を利用して降水強度を観測する」という記述は誤りです。

（b）電波を水平に発射しても、地球は球形で地表面が曲率をもっているため、例えば、高度０km の発射地点から水平距離にして 300km の地点での電波の高度は約６km になるなど、電波の発射地点から離れるほど地表面と電波との高度差は大きくなります。そのため、気象レーダーからの**距離が遠くなるにつれて低い高度の降水粒子を観測できなくなります**。したがって、正しい記述です。

（c）電波の伝搬経路上に山岳等がある場合は、レーダーから発射された電波が山岳等によって遮へいされるため、それより遠くの領域における降水エコーを観測することができません。そのため、観測できない領域については、他のレーダーによって観測されたデータとの合成等で補足します。したがって、正しい記述です。

（d）大気が乾燥していて、降水粒子が落下する途中で蒸発したり、下層の風に流されて**別の場所に移動したり**する場合は、気象レーダーで降水エコーが観測されていても、直下の地上において降水は観測されません。したがって、正しい記述です。

気象ドップラーレーダーも気象レーダーなので、選択肢（a）のように、「気象レーダーは～」といった表現が用いられることがあります。こういう場合は、問題文の内容から、どの気象レーダーを指しているか判断しましょう。

解答 ③

LESSON 52

学習優先度 B　頻出度

気象衛星による観測

陸上の施設による気象観測のみでは、地球の約70%を占める海洋などの上空の気象データを十分に得ることができないので、宇宙からの観測を行っています。このレッスンでは、宇宙から行う気象衛星による観測について学びます。

気象衛星による観測

気象衛星では、気象観測を行うことが困難な海洋や山岳地帯を含む広い地域の雲、水蒸気、海氷などの分布を一様に観測することができるため、地球全体の監視や、洋上の台風監視などを行っています。地球の上空には日本を含む世界各国によって複数の静止気象衛星と極軌道気象衛星が打ち上げられています。

静止気象衛星 この衛星は、赤道上空約36,000kmの軌道上にあって地球の自転と同じ周回周期を持つため、地球上からは赤道上空に静止して見えます。静止軌道に位置する衛星の最大の利点は、地球表面の約3分の1を視野に収めることができる観測範囲の広さと、地球上の同じ領域を常に観測できることです。静止気象衛星は、低気圧や前線に伴う数1,000kmのスケールを持つ総観規模の雲域から熱雷（ねつらい）（夏季に、強い日射により局地的に発生する雷）など数時間で変化するメソスケールの雲域まで、さまざまなスケールの擾乱を常時監視できます。

極軌道気象衛星 この衛星は、赤道に対して垂直方向に周回しながら、地球表面を真下に見て観測するため、静止気象衛星による観測が難しい高緯度地方（緯度60°以上の極地方）を高頻度で観測することができます。また、静止気象衛星に比べて低高度を飛行するので、高解像度の画像が得られる利点がありますが、観測範囲は狭くなるという欠点もあります。

ひまわり8号・9号

気象庁では、静止気象衛星ひまわりを用いて、雲などの観測を宇宙から行っています。平成27年7月に、ひまわり8号による観測が開始され、平成29年3月からはひまわり9号の待機運用が開始されていて、ひまわり8号が障害などにより長時間観測できない場合には、ひまわり9号による代替運用が行われます。

■図 ひまわり8号・9号の観測バンド

バンド（波長帯）数 Spectral bands

バンド Band		波長 Wavelength (μm)
1	可視 VIS	0.47
2		0.51
3		0.64
4	近赤外 NIR	0.86
5		1.6
6		2.3
7	赤外 IR	3.9
8		6.2
9		6.9
10		7.3
11		8.6
12		9.6
13		10.4
14		11.2
15		12.4
16		13.3

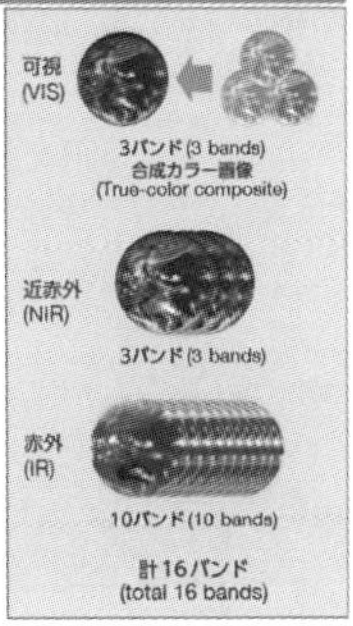

可視 (VIS)
3バンド (3 bands)
合成カラー画像
(True-color composite)
近赤外 (NIR)
3バンド (3 bands)
赤外 (IR)
10バンド (10 bands)
計16バンド
(total 16 bands)

（気象庁提供）

観測機能の概要 ひまわり8号・9号は、可視赤外放射計（AHI）を搭載していて、図のように、可視域3バンド（バンドとは波長帯のこと）、近赤外域3バンド、赤外域10バンドの計16バンドのセンサーを持っています。また、ひまわり8号・9号では、静止衛星から見える範囲の地球全体の観測を10分ごとに行いながら、日本域と台風などの特定の領域を2.5分ごとに観測することができます。さらに、空間分解能（物体を区別できる最小の距離のこと）は可視で0.5～1.0km、近赤外と赤外で1～2kmとなっています。可視・近赤外バンドでは雲などで反射された太陽光に含まれる可視光線・近赤外線（波長の短い赤外線）を、赤外バンドでは雲などから放射された赤外線を観測します。可視バンドの観測画像は視覚的に分かりやすく、バンド1（青）・バンド2（緑）・バンド3（赤）の観測データを合成することで、目で見たようなカラー画像を作成することができます。また、近赤外バンドは海氷・積雪と、雲・霧の判別などに役立ちます。赤外バンドは夜間でも観測可能で、雲頂高度や海面水温の推定などにも利用でき、波長6～7μm前後の赤外バンド（バンド8～10）は、水蒸気から放射された赤外線の観測に適しています。

観測の仕組み ひまわり8号・9号に搭載されている可視赤外放射計 ［▶L 53］による観測では、内部の走査鏡（そうさきょう）を動かして地球を北から順に東西に走査すること（読み取ること）によって観測を行います。途中で日本域など特定の領域に走査鏡の向きを変えて走査し、一連のすべての走査を10分間で行います。走査鏡で集められた光は、波長帯に応じて分光され、検出器で電気信号に変換されて地上に送られてきます。

ひまわりの担う役割 ひまわりは、地球の観測や雲画像の配信のほかに、船舶、離島で観測された気象データ・潮位データなどを中継するという役割も担っています。 地球の大半を覆っている海には、気象などの観測点がほとんどありません。 このため船舶や、離島に気象や潮位を観測する装置を設置し、観測されたデータをひまわりの衛星通信回線を経由して自動収集しています。このようなひまわりを使用したデータ収集の仕組みを**データ収集システム**（DCS）といいます。また、船舶、離島などに設置されているデータを送る観測装置・送信設備を総称して通報局（DCP）といいます。

LESSON 53 学習優先度 A 頻出度

気象衛星画像の種類と特徴

気象衛星観測によって作成される画像は、雲の形や厚さを判別するのに適した画像、雲頂の高度を判別するのに適した画像、水蒸気の多少を判別するのに適した画像など、判別可能な内容が異なります。このレッスンでは、気象衛星画像の種類や特徴について学びます。

気象衛星画像の種類

静止気象衛星ひまわりに搭載している**可視赤外放射計**は、人間の目で見ることのできる可視光から目に見えない赤外線までのさまざまな波長帯で、電磁波の強さを観測しています。これらの観測結果を雲画像として表示することで、可視画像、赤外画像、水蒸気画像といった気象衛星画像が作成されます▶カラー図 P15。

可視画像 太陽光のうち、可視光の波長帯（下限約0.36～0.40μmから上限約0.76～0.83μm）の反射強度を画像化したものが可視画像です。可視画像では反射の大きいところは明るく、小さいところは暗く画像化されています。そのため、鉛直方向に厚みのある雲や雪面などは反射が大きく、画像では明るく（明白色）見えます。また、層状性の雲は表面が滑らかに、対流性の雲は表面が凹凸に見えます。夜間は太陽光の反射がないので、雲があっても可視画像には写りません。なお、地面は相対的に反射が少ないため暗く（黒く）、海面は最も暗くなる特徴があります。可視画像では、観測地点の太陽高度の違いによって観測対象の見え方が違ってくることや、鉛直に発達した積乱雲などの影によって、雲がある場所でも暗く表示される場合があることに注意が必要です。

赤外画像 観測された放射エネルギーをほぼ黒体放射であると見なした温度（輝度温度）に変換し、温度分布を画像化したものが赤外画像です。雲、地表面、大気から放射される赤外線を観測した画像ともいえます。放射される赤外線の強さは雲の温度により変化する特性を持っていて、雲頂高度が高く、雲頂温度が低い雲ほど白く（明るく）写るように画像処理されているので、巻雲のような上層雲は白く（明るく）、高層雲のような中層雲はやや白く（やや明るく）、

プラスわん！ 雲の形状や厚さを判断するのには可視画像が適していて、雲頂高度を判断するのには赤外画像が適しているので、雲の判別は、これらの画像の特徴を組み合わせて総合的に行います。

層積雲のような下層雲は灰色に（暗く）写ります。なお、ごく低い高度にある雲や霧は温度が高く地表面や海面とほとんど同じ温度であることから、灰色や黒色で表示され、地表面や海面とほとんど区別ができません。また、温度の低い雲には、夏の夕立や集中豪雨をもたらす積乱雲のような厚い雲もあれば、晴れた日にはるか上空に薄く現れる巻雲のような雲もあることに注意が必要です。

水蒸気画像 赤外画像の一種で、大気中にある水蒸気と雲からの赤外放射を観測したものが水蒸気画像です。対流圏上・中層において水蒸気量が少なく乾燥している領域では、気象衛星が下層からの赤外放射量を多く観測するので温度が高く、画像では暗く見えます。対流圏上・中層の水蒸気が多く湿った領域では、気象衛星が対流圏上・中層の水蒸気からの赤外放射量を観測するので温度が低く、画像では明るく見えます。対流圏上・中層の水蒸気の多いところが白く（明るく）、少ないところが黒く（暗く）写るように処理されているので、**上空の大気の湿り具合**を判断するのに適しています。 水蒸気画像において、白く明るく見える領域を明域、暗く見える領域を暗域と呼びます。赤外放射は、図に示すように、水蒸気に吸収されますが、水蒸気からも再放射されていて、気象衛星に届く赤外放射量は水蒸気量に大きく影響される性質があります。対流圏内の赤外放射が気象衛星の高度に達するまでの関係には、地上や下層大気、中層大気、上層大気ごとに、次の性質があります。

■図

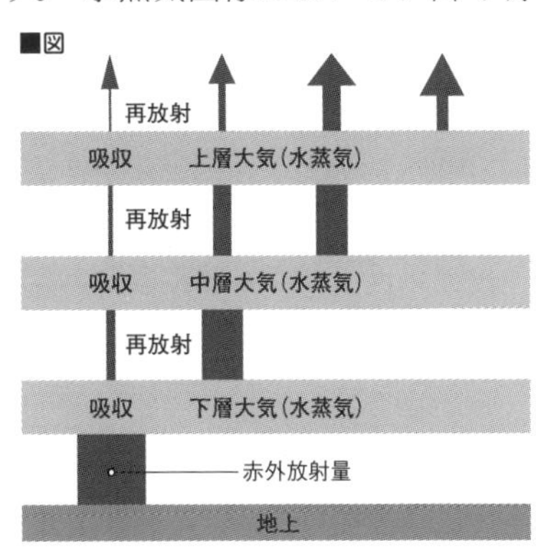

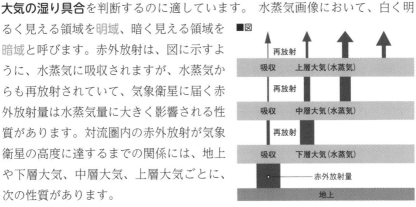

地上や下層大気 気温が高く水蒸気も豊富なため、放射される赤外放射量が多い一方で、水蒸気量が多いことで地上からの赤外放射が水蒸気に吸収されるため、地上付近の赤外放射が衛星の高度まで到達できる量は極めて少なくなります。

中層大気 水蒸気から再放射される赤外放射量が地上や下層より少ない一方で、気温が低く水蒸気量が少ないため、水蒸気に吸収される赤外放射量も減少し、衛星の高度にまで到達する赤外放射量は相対的に多くなります。

上層大気 水蒸気から再放射される赤外放射量は、中層大気よりもさらに少なくなりますが、気温もさらに低く水蒸気量も非常に少ないため、赤外放射量は水蒸気にほとんど吸収されることなく衛星の高度にまで到達します。

水蒸気画像では、このような性質を利用して、**対流圏上・中層**の水蒸気量の多い所は明るく、水蒸気量の少ない所は暗くなるように画像化されています。

LESSON

学習優先度 A　頻出度

54 気象衛星画像における雲の識別と雲パターン

上層の雲は刷毛(はけ)で描いたように薄く、対流雲は凹凸のある厚い雲など、それぞれの雲の特徴と気象衛星画像で判別可能な特徴を整合させせることで雲を識別することができます。このレッスンでは、気象衛星画像における雲の識別や雲パターンについて学びます。

気象衛星画像における雲の識別

可視画像では雲の形状や層厚を、赤外画像では雲頂高度を識別することができるので、これらを組み合わせることで上・中・下層の雲の識別がある程度可能となります。

上層雲 一般に雲の層厚は薄く、雲頂温度は－40 ～－50℃程度と非常に低温です。可視画像では、低気圧などの擾乱に伴う厚い雲域の場合は白色に見え、上層だけに存在する層厚の薄い雲の場合は透けて見えます。赤外画像では、厚みのある上層雲の場合は明白色に表現されますが、薄い上層雲の場合は、下層からの赤外線の影響を受けるので、やや明るさが落ちます。

中層雲 一般に雲の層厚は厚く、雲頂温度は－5 ～－20℃程度なので、可視画像では明白色に見え、赤外画像では、ややくすんだ白色に表現されます。

下層雲（霧） 雲頂温度は5 ～ 10℃程度です。可視画像では黒めの雲として見えますが、赤外画像では、雲としての識別が難しいほどの暗灰色に表現されます。また、霧は地表面や海氷面に接している下層雲といえます。

発達した対流雲 積乱雲や雄大積雲（積雲の中で著しく発達しているもの）は、雲頂高度が高く（雲頂温度が低い）、層厚が厚いため、可視画像と赤外画像のいずれにおいても明白色に見えます。

主な雲パターン

シーラスストリーク ジェット気流に伴って現れたり、低気圧や前線帯などの広範囲に広がる雲域の極側の縁(ふち)に沿って現れたりする上層雲です。薄い雲域なので可視画像では白くやや透けたような細長い筋状の雲域が読み取れます。また、雲頂高度が高い雲域なので、赤外画像では明白色（あるいは白色）に表現されます。

トランスバースライン 図のように、ジェット気流に沿って流れの方向に対してほぼ直角の層厚を持つ雲域として発生する、規模の小さい巻雲の列です。強いジェット気流はトランスバースラインの雲域の北側に存在することが多くなります。可視画像では薄い上層雲の走向に直角に発生する雲域として見え、赤外画像では明白色に表現されます（雲頂高度が高いため）。

バルジ 低気圧の発達による気圧の谷の深まりに伴って低気圧の前面で暖気移流と上昇流が強まり、暖気移流によって温暖前線の前面（高緯度側）に発生する中・上層の厚い雲域です。図のように、バルジの形状の特徴は、北縁（ほくえん）が極側（高緯度側）に大きく膨らんでいることで、この北縁の極側への膨らみを持つ雲の形状をバルジ状と表現します。可視画像でも赤外画像でも明白色に見え、可視画像では北縁の極側への膨らみが明瞭に読み取れます。

テーパリングクラウド 活発な積乱雲が連なった毛筆の穂先状、あるいは、ニンジン状の雲域です。テーパリングクラウドの特徴は、図のように、風上側で対流雲が次々に発生・発達し、その雲が上・中層風によって風下側に流されて広がることで形成される形状です。可視画像でも赤外画像でも明白色に見え、可視画像ではニンジン状の凹凸の雲塊が明瞭に読み取れます。

■図　代表的な雲パターンの形状

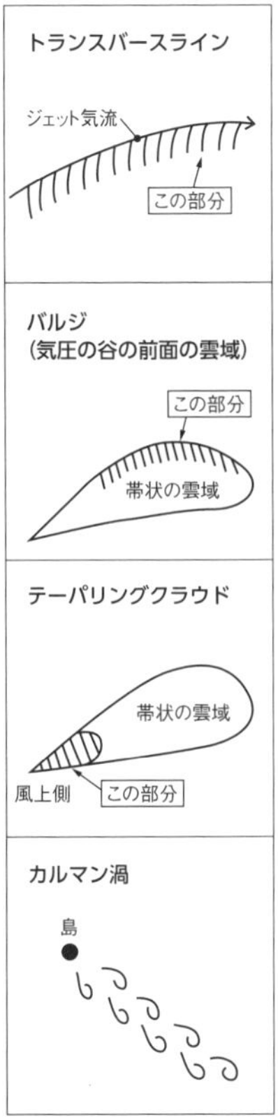

カルマン渦 島の風下側で冬季に寒気の流入が弱まり、風向が一定の下層風が持続する海上において、一定の流れの中に島（山岳）があることで生じる流れの速度変化により、島の後方に渦が形成されて発生する雲域です。可視画像では、図のような小さな渦状の雲による規則正しい列状の雲域が読み取れます。

地形性の巻雲 風が山岳を越える際に生じる波動が風下に向かって増幅されて対流圏界面まで達することで発生する雲域です。可視画像では雲域の走向が標高の高い山脈にほぼ直交して長く伸びる薄い雲が読み取れます。雲頂高度が高いので、赤外画像では明白色（あるいは白色）に見えます。

山岳波状雲 風が山岳を越える際に生じる波動（山岳波）が、山岳の風下側で上下に波打ちながら進むことで波動の上昇域に雲ができ、下降域で雲が消えるために形成される波のような形状の雲域です。可視画像で波状の雲域が読み取れます。

過去問チャレンジ

気象衛星観測 [▶ L 53・L 54]

R 1－2（53回）専門 問9

図は，3月のある日の同じ時刻に観測された気象衛星の可視画像（左）と赤外画像（右）である。図にA～D で示した各領域に見られる現象について述べた次の文（a）～（d）の下線部の正誤について，下記の①～⑤の中から正しいものを1つ選べ。

(a) 領域Aでは霧または下層雲が発生しており，大気下層には安定層があると考えられる。

(b) 領域Bでは地形性の巻雲が発生しており，奥羽山脈の山頂付近の高度から対流圏上部まで，大気は安定した成層を成し，風向はほぼ一定であると考えられる。

(c) 領域Cには薄い巻雲を透かしてその下に波状の雲が見られる。波状の雲の生成には山岳波が関係していると考えられる。

(d) 西日本から南西諸島にかけて発達中の低気圧に伴う雲域がかかり，低気圧の中心付近に対応する領域Dには積乱雲を含む雲域が存在している。

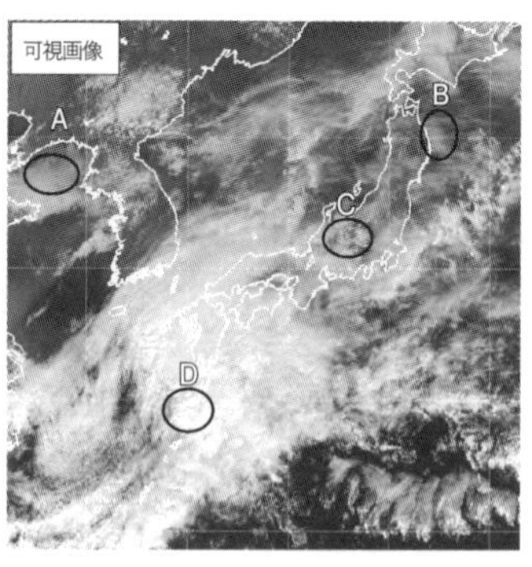

① (a) のみ誤り
② (b) のみ誤り
③ (c) のみ誤り
④ (d) のみ誤り
⑤ すべて正しい

ここが大切！

可視画像と赤外画像の明白色～暗灰色の読み取りは相対的なもので、感覚が必要な技術なので、繰り返し練習して、読み取りの感覚を磨いていくことが大切です。

解説と解答

（a）可視画像では白く一様に見えるので、表面が滑らかな層状性の雲と判断されます。また、赤外画像で暗灰色に表現されているので雲頂高度の低い雲です。これらの特徴から、地表面付近に発生している霧または雲頂高度の低い**下層雲**と判断されます。また、雲頂高度が低いのは**大気下層に安定層がある**ためと推測されます。したがって、正しい記述です。

（b）可視画像で東西に伸びる薄い雲が読み取れ、赤外画像で白く見えるので、雲頂高度の高い巻雲と判断されます。さらに、雲域の走向が東西で、標高の高い奥羽山脈にほぼ直交して発生していることから、この巻雲は、山脈の風下側に発生している**地形性の巻雲**と判断されます。したがって、正しい記述です。

（c）赤外画像では白くて薄い雲域なので、雲頂高度が高くて薄い**巻雲**の存在が読み取れます。可視画像では波状の雲域が読み取れるので、薄い巻雲を透かしてその下に**波状の雲**が存在していると判断されます。したがって、正しい記述です。

（d）可視画像では表面に凹凸のある厚い雲域が、赤外画像では明白色の雲域が表現されているので、雲頂高度が高く厚みのある雲の集合体である**発達した積乱雲群**の存在が読み取れます。そのため、領域Dには積乱雲を含む雲域が存在していると判断されます。したがって、正しい記述です。

わんステップアドバイス！

選択肢（a）の**安定層**は上昇流が生じにくい層だから、上昇流によって雲が鉛直方向に成長する場合でも安定層より上までは成長できません。一般知識の内容をしっかり学習していれば判断しやすくなりますよ！

解答 ⑤

第2章
ざっくり解説

第2節

天気予報の実際

気象庁で行っているコンピューターの計算による予報に関する知識などについて学習する節です。専門知識とはいえ、細部にこだわりすぎると学習が進まない事態に陥る可能性があるので、まずは作業の大きな流れなど専門知識の基本的な内容を広く浅く学習しましょう。

LESSON56 のプリミティブ方程式って、やっぱり覚えなきゃだめ～?
式そのものは覚えなくても大丈夫だよね。先生。
はい。式そのものは、覚える必要はありません！試験対策としては、例えば、熱力学方程式なら、温位の移流効果と、非断熱変化に伴う加熱の項目で構成されていることを覚えておきましょう。

ここを押さえよう！

この節の学習ポイント

気象現象とパラメタリゼーション ▶▶▶ L55

気象現象の大きさと持続時間の関係性や、パラメタリゼーションという数値予報の手法について学びます。

数値予報の方法 ▶▶▶ L56～L58

数値予報の基本的な仕組みや手順などについて学びます。数値予報作業の大まかな流れの把握が大切です。

数値予報プロダクト ▶▶▶ L59

予報作業に用いる資料の種類とその特徴について学びます。第3章のLESSON73でさらに詳しく学習する内容です。

ガイダンス ▶▶▶ L60

数値予報の出力結果を補正する手法（ガイダンス）について学びます。特に、2つの統計手法の相違点に留意しましょう。

降水短時間予報と降水ナウキャストなど ▶▶▶ L61

降水に関する予測を行う降水短時間予報・降水ナウキャスト・高解像度降水ナウキャストの特徴などについて学びます。

予報の精度評価 ▶▶▶ L62～L63

予報の精度を評価する手法とその種類について学びます。2×2分割表を作成できるように学習しましょう。

総観規模の現象 ▶▶▶ L64

日本の天気に大きな影響を及ぼす高気圧の種類とその特徴や、寒冷低気圧などについて学びます。

メソスケール現象 ▶▶▶ L65

大雨や大雪などの激しい現象をもたらすメソスケール現象について学びます。特徴的な用語を意識して学習しましょう。

長期予報 ▶▶▶ L66～L67

アンサンブル予報や、平均天気図について学習します。日々や1週間の天気予報との違いが大切です。

LESSON 55

学習優先度 A　頻出度

気象現象のスケールとパラメタリゼーション

数値予報と呼ばれるさまざまな大きさの気象現象を予想する技術において、表現（予想）できない大きさの現象の影響を取り込む技術があります。このレッスンでは、パラメタリゼーションと呼ばれる予報技術について学びます。

気象現象のスケール

気象学におけるスケールは、気象現象の水平方向や鉛直方向の広がり、気象現象が発生してから消滅するまでの時間（寿命）、後述の数値予報モデルにおける格子間隔などを表す場合に用いられます。

大気中には、いろいろな力学的・熱力学的な不安定が存在していて、これらの不安定を解消するために大気の運動が生じます。例えば、夏の強い日射によって地表面が高温になり、下層の空気が暖められることで大気の成層が不安定になって下層の暖かい空気が上昇すること（積雲や積乱雲発生）で生じる不安定の解消などがそうです。そしてこのときに生じる大気の運動（気象現象）は、不安定の種類に対応した**固有の不安定の解消**に最も適したスケールの気象現象となります。つまり、そのときに生じている不安定を解消するために最適なスケールの気象現象によって不安定は速やかに解消されるので、最適なスケール以外の気象現象が発達することはできません。大気中で発達する気象現象の空間スケールはこのようにして決定され、空間スケールごとに時間スケールも決まります。気象現象の空間スケールと時間スケールは、図55－1のように、空間スケールが大きくなるほど時間スケールは長くなるという相関関係にあります。例えば、高気圧や低気圧のような総観規模現象（数1,000～約2,000km）は1週間～数日程度の寿命であるのに対して、竜巻のようなミクロαスケール（約2km～200m）の寿命は1時間程度となります。

■図55－1　気象現象の時間スケールと空間スケールの相関図

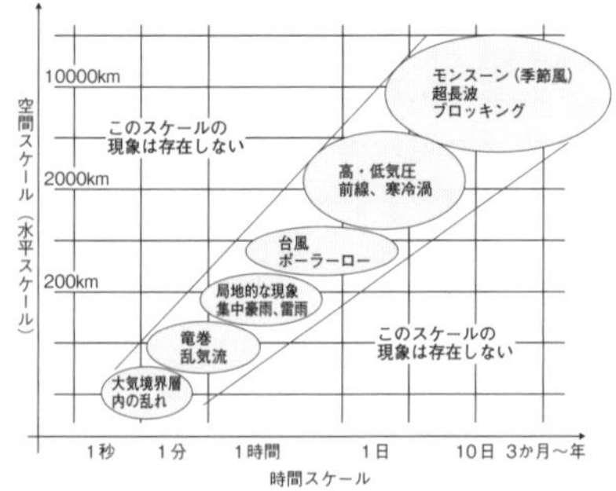

パラメタリゼーション

前述のようなさまざまなスケールの気象現象の発生などを予想する技術の1つに、数値予報と呼ばれる技術があります。数値予報は、自然の物理法則、サイズ、時間（寿命）を数値予報モデル [▶L 58] というプログラムに組み込み、大気中に3次元的な格子点と呼ばれる点を設定して現象の予想を行います。設定した格子点と格子点の間隔を**格子間隔**といい、数値予報モデルでは、設定した格子間隔よりもスケールの小さな現象は、格子間隔にうずもれてしまうので直接表現することはできません。しかし、激しい降水によって空気中に多量に放出される潜熱は温帯低気圧の発達に影響を及ぼすことがあるように、表現できない小さな現象が、格子間隔よりもスケールが大きくて表現することが可能な気象現象に影響を及ぼすことがあります。そのため、格子間隔より小さな現象についても気象現象に大きな影響を及ぼす可能性があるものについては、パラメタリゼーションという手法でその影響を予測の中に取り入れて予測の精度向上を図っています。この手法により、直接表現できないスケールの小さな現象も表現できるようになります。しかし、現時点における数値予報技術では、パラメタリゼーションで積雲の効果を数値予報モデルに取り込んで、個々の積雲の発達、衰弱を予測することまではできないことに注意が必要です。また、**プリミティブ方程式** [▶L 56] で計算できる現象については、パラメタリゼーションによる計算の対象外となります。パラメタリゼーションの対象となる主な物理過程としては、図55－2に示すものがあります。

■図55－2　パラメタリゼーションの対象となる主な物理過程の模式図

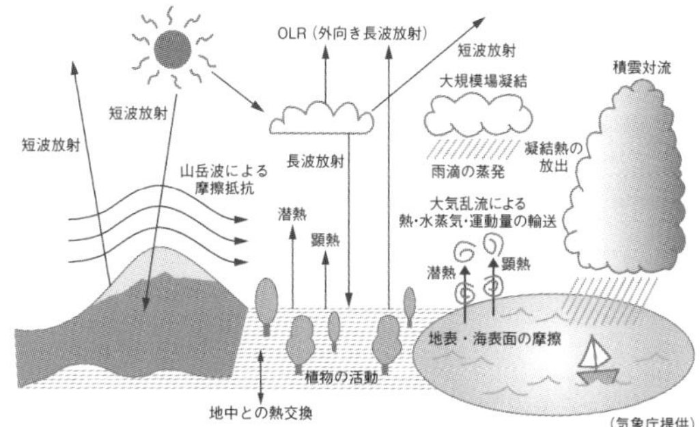

（気象庁提供）

- 積雲対流
- 雲からの赤外放射に伴う加熱量・冷却量（長波放射過程）
- 太陽放射（日射）による地表の加熱（短波放射過程）
- 地表面が陸面か海面か、陸面でも湿った緑地か乾いているか、積雪の有無、地表面の凹凸の状態、地表面の摩擦などの違い（地表面過程）
- 地表面付近（大気境界層）で卓越する乱流による運動量・熱（顕熱）・水蒸気（潜熱）の鉛直輸送（境界層乱流）

過去問チャレンジ　現象のスケールとパラメタリゼーション [▶L 55]

H28－1（46回）専門 問5

気象庁のメソモデルで計算される次の量A～D のうち，パラメタリゼーションにより計算される量の組み合わせとして正しいものを，下記の①～⑤の中から一つ選べ。

A 様々な雲からの赤外放射にともなう加熱量・冷却量

B コリオリ力による風の変化量

C 大気下層の乱流による顕熱・潜熱の輸送量

D 水平移流による気温の上昇量・下降量

① A
② A，C
③ B，D
④ C，D
⑤ A，B，C，D

ここが大切！

パラメタリゼーションを論点とする問題は複数回出題されていますが、その多くは、パラメタリゼーションを用いる目的（格子間隔より小さいスケールの現象が予測結果に影響を及ぼすことがあるため）やパラメタリゼーションの対象となる主な物理過程を問うものなので、これらを中心に押さえておくことが大切です。

解説と解答

格子間隔よりも小さなスケールの現象は数値予報モデルでは表現できませんが、その小さな現象が温帯低気圧の発達など、総観規模の現象に大きく影響する場合があるので、格子間隔より小さな現象についても気象現象に大きな影響を及ぼす可能性があるものについては、パラメタリゼーションという手法でその影響を予測の中に取り入れて予測の精度向上を図っています。そのため、数値予報モデルで表現できる総観規模の現象や、プリミティブ方程式で計算できる現象は、パラメタリゼーションによる計算の対象外となることを前提として、A～Dの選択肢のうちパラメタリゼーションによる計算の対象になるものを検討します。

A　様々な雲からの赤外放射にともなう加熱量・冷却量は、数値予報モデルで表現できない格子間隔よりも小さなスケールですが、総観規模の現象に大きく影響を及ぼす可能性があります。また、プリミティブ方程式では計算できない現象でもあります。したがって、パラメタリゼーションによる計算の対象となります。

B　コリオリ力の存在が顕在化するのは、水平スケールが数1,000kmの総観規模現象においてです。したがって、コリオリ力による風の変化量は、スケール的にパラメタリゼーションによる計算の対象外となります。

C　大気下層の乱流による顕熱・潜熱の輸送量は、数値予報モデルで表現できない格子間隔よりも小さなスケールですが、総観規模の現象に大きく影響を及ぼす可能性があります。また、プリミティブ方程式で計算できない現象です。したがって、パラメタリゼーションによる計算の対象となります。

D　水平移流による気温の上昇量・下降量は、熱力学方程式におけるプリミティブ方程式で、非断熱変化にともなう加熱として計算できる現象です。したがって、パラメタリゼーションによる計算の対象外となります。

わんステップアドバイス！

選択肢の表現を変えて出題される可能性もあります。Aの「赤外放射にともなう加熱量・冷却量」なら「長波放射過程」、Cの「大気下層の乱流による顕熱・潜熱の輸送量」なら「境界層乱流」といった表現が用いられることもあるので、どういう表現で問われても答えられるように用語の意味を理解しておきましょう。

解答 ②

LESSON 56

学習優先度 B　頻出度

数値予報の原理

数値予報は、天気変化の物理法則などがプログラム化された式などに観測値のデータを入力して、コンピューターの計算によって大気の状態を予測する手法です。このレッスンでは、数値予報に用いられている基礎方程式などについて学びます。

数値予報の仕組みと数値予報の基礎方程式

数値予報は、気象現象の時間変化を物理法則にしたがって計算し、将来の大気の状態を、３次元の格子点ごとに気象要素の値（物理量）で予測する方法です。**格子点**は、計算に必要な気象要素の値を求めるために、大気中に設定する点で、水平方向・鉛直方向に規則的な点を仮想的に設定しています。

数値予報では、気象現象をコンピューターの計算で予測するために、物理法則を数式で表した基礎方程式を用いています。この基礎方程式をプリミティブ方程式といい、①水平方向の運動方程式、②鉛直方向の運動方程式、③空気の連続の式、④熱力学方程式、⑤水蒸気の連続の式、⑥気体の状態方程式があります。

①水平方向の運動方程式（ニュートンの運動方程式） ニュートンの運動の第二法則である力＝質量×加速度を水平方向に適用したものです。加速度は速度の時間変化なので、大気の水平速度（東西方向の速度ｕと南北方向の速度ｖ）の時間変化として表現します。この加速度が、速度の移流効果、コリオリの力、水平方向の気圧傾度力、パラメタリゼーションの１つである摩擦力の合計と等しいことを表す式です。

（∂：ラウンド）

$$\underbrace{\frac{\partial u}{\partial t}}_{\text{固定点で見た}x\text{方向の速度の時間変化}} = \underbrace{-u\frac{\partial u}{\partial x} - v\frac{\partial u}{\partial y} - w\frac{\partial u}{\partial z}}_{\text{速度の移流効果}} \underbrace{+2v\Omega\sin\phi}_{\text{コリオリの力}} \underbrace{-\frac{1}{\rho}\frac{\partial p}{\partial x}}_{\text{水平方向の気圧傾度力}} \underbrace{+Fx}_{\text{摩擦力}}$$

$$\underbrace{\frac{\partial v}{\partial t}}_{\text{固定点で見た}y\text{方向の速度の時間変化}} = \underbrace{-u\frac{\partial v}{\partial x} - v\frac{\partial v}{\partial y} - w\frac{\partial v}{\partial z}}_{\text{速度の移流効果}} \underbrace{-2u\Omega\sin\phi}_{\text{コリオリの力}} \underbrace{-\frac{1}{\rho}\frac{\partial p}{\partial y}}_{\text{水平方向の気圧傾度力}} \underbrace{+Fy}_{\text{摩擦力}}$$

②鉛直方向の運動方程式（静力学平衡） ニュートンの運動の第二法則を鉛直方向に適用したもので、鉛直の気圧傾度力と重力の２つの力がつり合っている式

として表されます。鉛直スケールが水平スケールに比べてはるかに小さい現象について成立します。つまり、鉛直方向には静止していると考えるので、鉛直方向の運動方程式は、鉛直方向に上向きの気圧傾度力と下向きの重力とがつり合っていることを表す式です。

$$\underbrace{-\frac{1}{\rho}\frac{\partial p}{\partial z}}_{\text{鉛直方向の気圧傾度力}} = \underbrace{g}_{\text{重力}}$$

③空気の連続の式（質量保存の法則） 空気の質量は運動によって変わらないことを表しています。この式は、固定点で見た空気密度の時間変化が、移動に伴う密度の移流効果、風の収束・発散による密度変化の合計と等しいことを表す式です。

$$\underbrace{\frac{\partial \rho}{\partial t}}_{\text{固定点で見た密度}\rho\text{の時間変化}} = \underbrace{-u\frac{\partial \rho}{\partial x} - v\frac{\partial \rho}{\partial y} - w\frac{\partial \rho}{\partial z}}_{\text{密度の移流効果}} \underbrace{-\rho\left(\frac{\partial u}{\partial x} + \frac{\partial v}{\partial y} + \frac{\partial w}{\partial z}\right)}_{\text{収束・発散による密度変化}}$$

④熱力学方程式（熱力学第一法則、熱エネルギー保存の法則） 大気の熱エネルギーの収支に関する法則で、外部からの加熱がなければ熱エネルギーは保存されることを表しています。固定点で見た温位の時間変化が、温位の移流効果、非断熱変化に伴う加熱の合計と等しいことを表す式です。

$$\underbrace{\frac{\partial \theta}{\partial t}}_{\text{固定点で見た温位}\theta\text{の時間変化}} = \underbrace{-u\frac{\partial \theta}{\partial x} - v\frac{\partial \theta}{\partial y} - w\frac{\partial \theta}{\partial z}}_{\text{温位の移流効果}} + \underbrace{Q}_{\text{非断熱変化に伴う加熱}}$$

⑤水蒸気の連続の式（水蒸気保存の法則） 水蒸気量の収支に関する法則で、外部からの加湿がなければ水蒸気量は保存されることを表しています。固定点で見た比湿の時間変化が、比湿の移流効果、非断熱変化に伴う加湿の合計と等しいことを表す式です。

$$\underbrace{\frac{\partial q}{\partial t}}_{\text{固定点で見た比湿}q\text{の時間変化}} = \underbrace{-u\frac{\partial q}{\partial x} - v\frac{\partial q}{\partial y} - w\frac{\partial q}{\partial z}}_{\text{比湿の移流効果}} + \underbrace{M}_{\text{非断熱変化に伴う加湿}}$$

⑥気体の状態方程式（ボイル・シャルルの法則・乾燥空気の状態方程式）「気体の圧力は、密度×温度（絶対温度）に比例する」というボイル・シャルルの法則を大気に適用したものです。式には、時間変化の要素は入っていませんが、気圧、密度、温度のうち任意の２つの物理量に値を与えると、残りの物理量の値が一意的に決まることを表す式です。

$$p = \rho R T$$ （※Rは気体定数）

LESSON

学習優先度 A　頻出度

57 数値予報の手順

気象予報士が天気を予報する際に用いる資料（天気図）の多くは、数値予報で求めた値を基に作成されていて、この資料が作成されるまでの手順には基本的な流れがあります。このレッスンでは、数値予報の作業の大まかな流れについて学びます。

数値予報の作業の流れ

数値予報の大まかな作業の流れは、図57－1のとおりです。

■図57－1

観測データの収集
↓
品質管理
↓
データ同化（客観解析）
↓
初期値化（イニシャリゼーション）
↓
数値予報モデルの実行
↓
数値予報プロダクトの作成

まず、現在の大気の状態を知るために観測データを収集します。観測データにはさまざまな理由で誤差が含まれていて、精度が悪くて利用に適さない観測データも存在するので、これを除外する作業を行います。この作業を品質管理といいます。次に、数値予報に適した規則正しく並んだ解析値（かいせきち）を作成します。これをデータ同化（客観解析）といいます。解析値は、観測値＋予報値（第一推定値）により作成され、第一推定値には通常、前の初期時刻の予報値が用いられます。解析値は、初期値化（イニシャリゼーション）の作業を経て初期値となり、数値予報モデル（コンピュータープログラム）の実行により数値予報の予測値が作成されます［▶L 58］。つまり、数値予報モデルを実行するためには、初期値が必要です。最後に、数値予報の予測値をさまざまなガイダンスや画像として、予報作業に利用しやすいように加工した数値予報プロダクト［▶L 59］を作成します。この数値予報プロダクトが、実際の天気予報や防災情報作成の際の基礎資料となります。

観測データの収集 気象庁では、地上気象観測、高層気象観測、船舶、航空機、気象衛星、気象レーダーなどから数値予報の初期値とするための観測データを収集しています。観測値は、数値予報の格子点とは無関係に存在しています。

品質管理 観測データには、人為的なミスや観測測器の故障など、さまざまな原因による異常データの混入があり得るので、気候値（平年値の一種）や周囲の観測点のデータと比較し、異常と判定されたデータは客観解析には使わず、その代わりとして第一推定値が使われます。

データ同化（客観解析） 直近の予報値（第一推定値）と、空間的・時間的に不均一な観測データとをそれぞれの誤差の大きさを考慮して利用し、物理的に整合性を持つ最適な**解析値**を、**格子点値**の形で求めます。データ同化の手法として、気象庁では、図57－2に示すように、観測データと数値予報モデルで計算する大気の時間変化がバランスした初期値を作成する**4次元変分法**という高度な手法や、最新の観測データをいち早く取り込むために計算負荷が比較的小さい**3次元変分法**による解析を高頻度に行う手法を用いています。**3次元変分法**は、すべての観測データが解析時刻に観測されたという仮定で処理（解析時刻付近の観測データに限定して使用）する方法です。**4次元変分法**は、航空機や船舶などで行われる観測時刻が異なるデータや、ウィンドプロファイラや気象衛星観測などの連続的なデータを取り込み、数値予報モデルの予報方程式を使って大気の状態の時間・空間変化を計算し、解析値が観測値に近づくような修正処理を行う方法です。4次元変分法では、解析対象時刻（初期時刻）だけでなく、その前後に観測された値も用いて連続的に解析を行い、物理法則にしたがって解析値が観測値に最も近づくよう初期値を作成するため、現実の大気の状態に整合した解析値（精度の良い予報結果）を得ることができます。4次元変分法の利点は、活用できる観測データの大幅な増加や精度の良い予報結果を得られることで、欠点は計算コスト（計算量）が膨大になることです。

■図57－2

●4次元変分法の概念

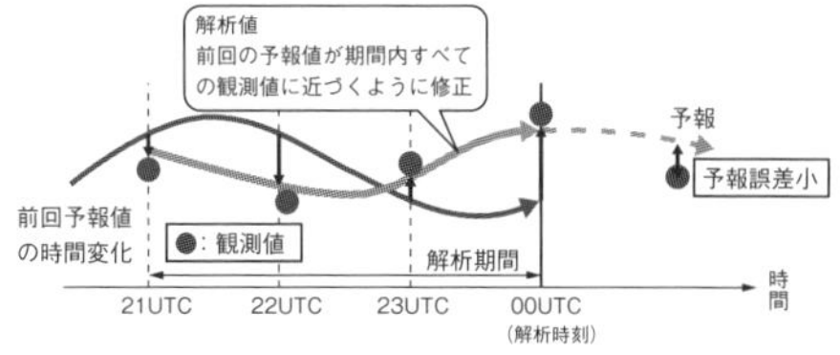

●3次元変分法の概念

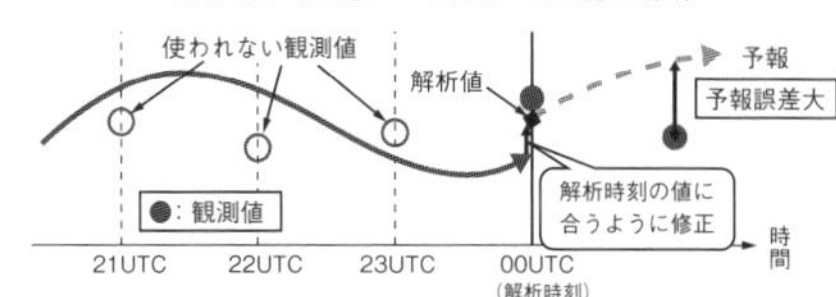

初期値化（イニシャリゼーション） データ同化によって求めた各格子点の解析値は、初期値化という作業を経て初期値となりますが、4次元変分法のような数値予報モデルを活用した高度なデータ同化手法では、誤差は解析値からほぼ除かれているので、**初期値化は必要なく**、ほぼ「解析値＝初期値」となります。

LESSON

58 数値予報モデル

学習優先度 B　頻出度

数値予報では、気象現象の規模によって数値予報モデル（プログラム）の種類を変えて対応していて、大規模な現象ほど水平格子間隔が大きく、小規模な現象ほど水平格子間隔は小さくなります。このレッスンでは、数値予報モデルの種類について学びます。

数値予報モデルの種類

気象現象の時間変化を物理法則にしたがって計算する数値予報では、予報する目的に応じて複数の数値予報モデル（プログラム）を運用しています。目先数時間程度の大雨などの予想には水平格子間隔２kmの**局地モデル**、数時間〜１日先の大雨や暴風などの災害をもたらす現象の予報には水平格子間隔５kmの**メソモデル**と**メソアンサンブル予報システム**、１週間先までの天気予報や台風予報には水平格子間隔約20kmの**全球モデル**と水平格子間隔約40kmや約55kmの**全球アンサンブル予報システム**を使用しています。全球アンサンブル予報システムは、２週間先までの予報や１か月先までの予報にも使用されています。さらに、１か月を超える予報には、大気海洋結合モデルを用いた**季節アンサンブル予報システム**を使用しています。

なお、数値予報モデルで予測できる気象現象の規模は水平格子間隔の大きさに依存していて、水平格子間隔約20kmの全球モデルでは、高・低気圧や台風、梅雨前線などの水平規模が100km以上の現象を予測することができます。水平格子間隔５kmのメソモデルになると、局地的な低気圧や集中豪雨をもたらす組織化された積乱雲など、水平規模が数10km以上の現象を予測できるようになります。水平格子間隔２kmの局地モデルでは、水平規模が10数km程度の現象までが予測可能となりますが、**個々の積乱雲を表現することはできません。**

全球モデル　ヨーロッパや低緯度地域の大気の状態は、数日後に日本に影響を与えることから、数日より先の予報には、**水平格子間隔約20km**で予報領域が地球全体をカバーする全球モデルを用います。全球モデルを用いて発表する予報は、分布予報、時系列予報、府県天気予報、台風予報、週間天気予報、航空気象情報などです。

メソモデル 予報領域が日本とその近海で、全球モデルよりも細かい水平格子間隔5kmの予測計算を行っていて、数時間から1日先の大雨や暴風などの災害をもたらす現象を予測することを主な目的としています。メソモデルを用いて発表する予報は、防災気象情報、降水短時間予報、航空気象情報、分布予報、時系列予報、府県天気予報などです。

局地モデル 局地モデルは、メソモデルよりも細かい水平格子間隔2kmの予測計算を行っていて、目先数時間程度の局地的な大雨の発生ポテンシャル（発生の可能性）の把握に利用されています。局地モデルを用いて発表する予報は、航空気象情報、防災気象情報、降水短時間予報などです。

メソアンサンブル予報システム 数値予報では、誤差の拡大を事前に把握するため、アンサンブル（集団）予報[▶ L 66]という数値予報の手法を用いています。防災気象情報や明日までの天気予報、航空気象情報にメソアンサンブル予報システムを利用し、水平格子間隔5kmの予測計算を行っています。

全球アンサンブル予報システム・季節アンサンブル予報システム 5日先までの台風予報、1週間先までの天気予報に全球アンサンブル予報システムを、それより長期の天候予測に全球アンサンブル予報システムおよび季節アンサンブル予報システムを利用しています。

格子点法・スペクトル法

大気現象は空間に連続的に分布していますが、連続的な分布はとびとびの値が集まって構成されていると考え、点としての値を用いることを空間離散化（りさんか）といいます。空間離散化には、格子点法とスペクトル法があります。

格子点法（メソモデル、局地モデルで使用） 地球に縦線と横線を入れ、交差する点を格子点とするメッシュ方式によって、図に示すように、とびとびの値に置き換える手法です。より細かいメッシュで計算することで精度が高くなるのが利点です。しかし、この手法では北極や南極付近で格子点が多くなり計算が困難となるのが欠点です。

スペクトル法（全球モデルで使用） 図に示すように、複数の波を重ね合わせることによって平均化した状態として表現する方法です。格子点法よりも精度の高い計算ができる点が優れています。波の数を多くして計算するほど精度は高くなります。

■図

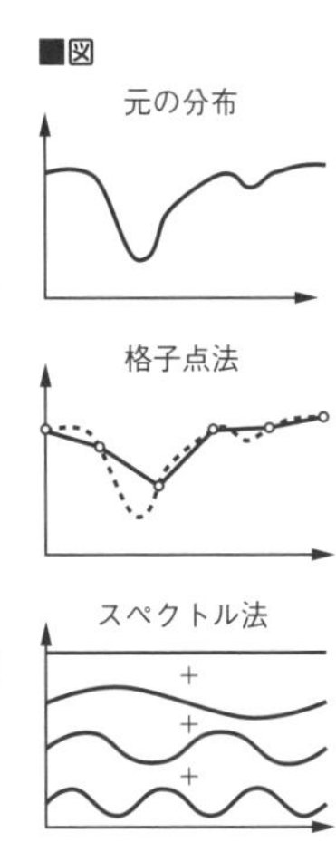

過去問チャレンジ

数値予報の方法 [▶ L 56]

H22－1（34回）専門 問5

数値予報モデルでは，大気の状態の時間変化を計算するために，大気の運動方程式，エネルギーや質量の保存則，連続の式および気体の状態方程式が使われている。このことに関する次の文（a）～（d）の正誤について，下記の①～⑤の中から正しいものを一つ選べ。

（a）静力学平衡の式は，大気の鉛直方向の運動方程式において，下向きの重力と，上向きの気圧傾度力が釣り合っていることを示す式である。

（b）エネルギー保存則によると，空気塊が断熱的に下降して圧縮された場合，その空気塊の温度は上昇する。

（c）水蒸気の連続の式には相変化による生成と消滅の項があるのに対し，乾燥空気の連続の式にはそれらの項がない。

（d）乾燥空気の状態方程式では，気圧・気温・密度のうちの一つの値を与えると，残りの二つの値は決まる。

①（a）のみ誤り
②（b）のみ誤り
③（c）のみ誤り
④（d）のみ誤り
⑤ すべて正しい

ここが大切！

問題文には、プリミティブ方程式という用語はありませんが、内容からプリミティブ方程式について問われていると判断できる力を養っておくことが大切です。

解説と解答

（a）総観規模現象（空間スケールが数1,000～約2,000km）では、鉛直方向の速度は水平方向の速度に比べて極めて小さく、鉛直方向の速度はほぼゼロと近似することができるので、鉛直方向には静止していると考えます。このことから鉛直方向の運動方程式には、鉛直方向に上向きの気圧傾度力と下向きの重力とが釣り合っているとする**静力学平衡の式**が用いられています。したがって、正しい記述です。

(b) エネルギー保存則（熱エネルギー保存の法則、熱力学方程式、熱力学第一法則）は、外部からの加熱がなければ、熱エネルギーは保存されることを表す式です。この式は、温位θで表現されていて、空気塊が断熱的に下降した場合、断熱圧縮昇温によりその**空気塊の温度は上昇**します。したがって、正しい記述です。

(c) 水蒸気の連続の式は、外部からの加湿がなければ、水蒸気量は保存されることを表す式です。この式の右辺には、**非断熱変化に伴う加湿**の項があり、相変化（蒸発、凝結、昇華）による水蒸気の生成と消滅を意味しています。これに対して、乾燥空気の連続の式は、乾燥空気（未飽和の空気）について表現しているので、**水蒸気量の変化は考慮していません**。したがって、正しい記述です。

(d) 乾燥空気の状態方程式は、気圧p、気温T、密度ρとして$p = \rho RT$で表されます（Rは気体定数）。この式から、三つの物理量の値のうち、どれか**二つの値を与えれば、残りの一つの値が決まる**という関係にあることが分かります。したがって、「一つの値を与えると、残りの二つの値は決まる」という記述は誤りです。

わんステップアドバイス！

プリミティブ方程式については、式そのものが問われることはほぼないので、式を暗記する必要はありませんよ。試験対策として重要なのは、例えば、鉛直方向の運動方程式は、**鉛直方向の気圧傾度力**と**重力**が**=**で結ばれている（等しい）のように、各式が表す意味と、式にはどういった項が用いられているのかを暗記することです。

解答 ④

LESSON

59 主な数値予報プロダクト

学習優先度 A　頻出度

気象予報士は複数の天気図からさまざまな情報を読み取って総合的に天気を予報します。この予報作業に必要な天気図のうち、数値予報の結果を見やすく加工した資料が数値予報プロダクトです。このレッスンでは、数値予報プロダクトの種類について学びます。

主な数値予報プロダクト

数値予報の予測値をさまざまなガイダンスや画像として、予報作業に利用しやすいように加工した数値予報資料を数値予報プロダクト（プロダクト）といいます。プロダクトにはさまざまなものがありますが、気象予報士試験で用いられる代表的な天気図は、次のとおりです。

①地上天気図（850・700・500・300hPa 高層天気図）
② 850hPa 気温・風、700hPa 鉛直流解析図（12・24・36・48 時間予想図）
③ 500hPa 気温、700hPa 湿数（しつすう）解析図（12・24・36・48 時間予想図）
④ 500hPa 高度・渦度解析図（12・24・36・48 時間予想図）
⑤地上気圧・降水量・風（12・24・36・48 時間）予想図 ※予想図のみ
⑥ 850hPa 相当温位・風（12・24・36・48 時間）予想図 ※予想図のみ

プロダクトは、地上天気図と高層天気図に大別されます。また、数値予報の結果を画像化した数値予報天気図には、数値予報を行うために初期値化を行った初期値の図である０時間後（T＝０と表示）の**解析図**と、将来の時間における**予想図**があります。気象予報士試験では、主に実況図や解析図、12 ～ 48 時間後（T＝12、T ＝24、T＝ 36、T＝ 48 と表示）までの予想図などが用いられます。

天気図の詳しい内容については、第３章のLESSON73で学習するといいよ。ここでは種類などの全体像を把握することで十分だからね。

地上天気図　観測データを基に前線の位置や種類などの解析を行った実況図と予想図があります。地上天気図には、図 59 － 1 に示すように、気圧が同じ地点を結んだ線（**等圧線**）が表示されています。太い実線は 1000hPa や

1020hPaなど20hPaごと、細い実線は4hPaごとに描かれていて、細い破線は補助線として必要なときに2hPaごとに描画されます。また、「高」は高気圧、「低」は低気圧、「熱」は熱帯低気圧の存在を、「×」は高気圧や低気圧などの中心位置を示していて、「×」の近くに表示されている「1042」や「1004」の数字は、高気圧や低気圧などの中心気圧（単位：hPa）を示しています。白抜きの矢印「⇨」は、高気圧や低気圧などの移動方向を示し、「10KT」などは高気圧や低気圧などの移動速度を示しています。

■図59－1

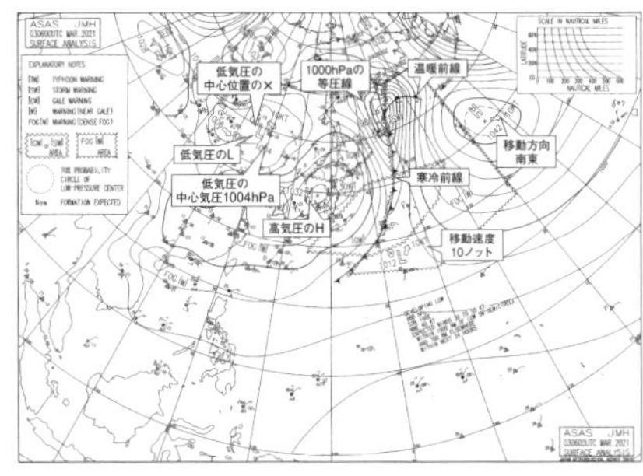

（気象庁提供）

高層天気図 高層天気図は、特定の高度や気圧面における気象要素の分布図で、気象庁では300hPa（上層）、500hPa（中層）、700hPa（中・下層）、850hPa（下層）などの等圧面天気図を作成しています。例えば、500hPaは高度約5,700 mなので、500hPa高層天気図は、中層大気を代表する天気図です。天気図の下には、観測データの年月日と時刻が表示されていて、図59－2の場合の「JAN 2012」は2012年1月、「020000UTC」は2日の00：00UTC（世界共通の標準時）で、日本時間の2日09時00分（午前9時）という意味です。気温が同じ地点を結んだ線の等温線が破線で6℃ごとに表示され、線上に値（単位：℃）が整数で示されています。また、高度が同じ地点を結んだ線の等高度線が実線で60 mごとに（300 mごとに太実線で）表示され、線上に値（単位：m）が示されています。寒気の中心には「C」、暖気の中心には「W」が表示されています。なお、図59－2に示す枠線で囲んだ拡大表示部分の数字は、上段が気温（単位：℃）、下段が気温と露点温度の差の湿数（単位：℃）、矢羽の向きが風向、矢羽が風速（単位：KT）で三角形の旗が50ノット、長い線が10ノット、短い線が5ノットを意味しています。そのため、枠線で囲んだ拡大表示の観測点は、気温－15.9℃、気温と露点温度の差の湿数21℃、西の風70ノットと読み取ります。

■図59－2

（500hPa 高層天気図）

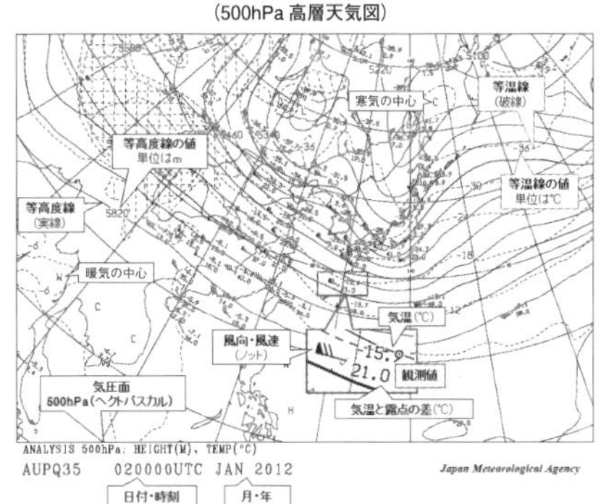

（気象庁提供）

850hPa 気温・風、700hPa 鉛直流解析図（予想図） 850hPa 面（高度約 1,500 m）と 700hPa 面（高度約 3,000 m）の情報が１つの天気図として表現されています。850hPa 面の情報としては、等温線が０℃の線を基準として、3℃ごとに太実線で表示され、線上に値（単位：℃）が整数で示されています。また、寒気の中心に「C」、暖気の中心に「W」、風が矢羽で表示されています。700hPa 面の情報としては、鉛直流の分布（鉛直ｐ速度）として、鉛直流がゼロの等値線が実線で、20hPa ／ｈごとの等値線が破線で、上昇流と下降流の極大値が数値で表示されており、上昇流には－（マイナス）、下降流には＋（プラス）の符号が付記されています。また、上昇流域は縦の実線で網掛け域として表示されています。なお、鉛直ｐ速度の値が負の領域（上昇流域）となるのは①強い風が高い山岳に吹き付ける領域、②下層で暖気移流が見られる領域、③下層風の低気圧性水平シアが明瞭な領域、④ 500hPa の大きな正の渦度移流域、⑤前線や水平スケールの大きい積乱雲が存在する領域などです。

■図59－3

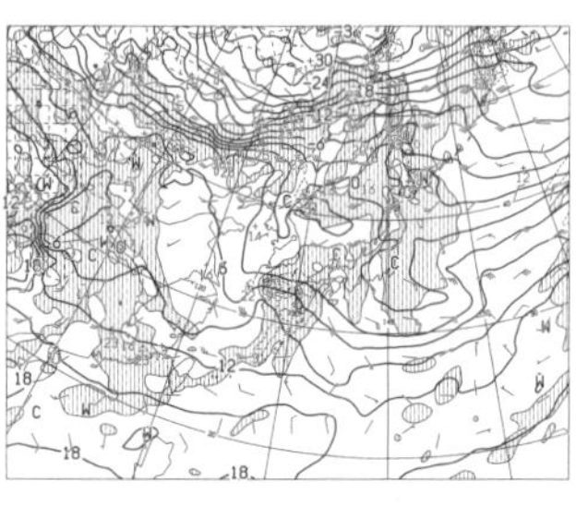

（気象庁提供）

500hPa 気温、700hPa 湿数解析図（予想図） 500hPa 面と 700hPa 面の情報が１つの天気図として表現されています。500hPa 面の情報としては、等温線が０℃線を基準として、3℃ごとに太実線で表示され、線上に値（単位：℃）が整数で示されています。また、寒気の中心に「C」、暖気の中心に「W」が表示されています。700hPa 面の情報としては、湿数が同じ地点を結んだ線の等湿数線が6℃ごとに細実線で表示され、線上に値（単位：℃）が整数で示されています。また、湿数3℃以下（3℃未満の場合もあり）の領域は湿潤域として縦の実線で網掛け域として表示されています。湿潤域は、対流圏中層における水蒸気輸送が盛んで、中・下層雲の発生域とよく一致することが分かっています。このことを利用して、700hPa 面の湿潤域の分布から、中・下層雲の発生や広がり、移動などの解析・予測が可能です。

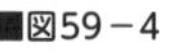

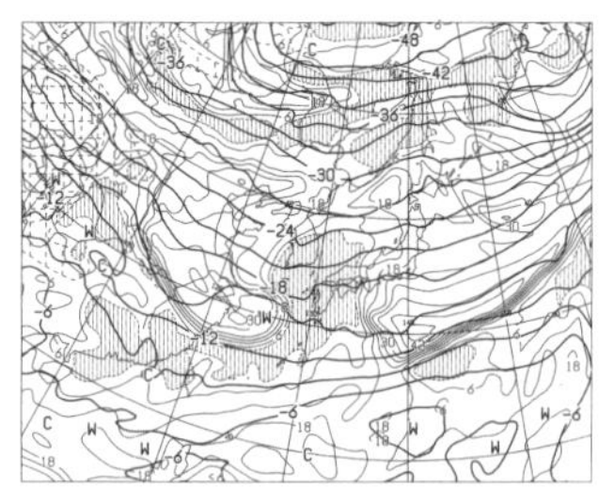

（気象庁提供）

500hPa 高度・渦度解析図（予想図） 高度約 5,700 m を基準として等高度線が実線で 60 mごとに（300 mごとに太実線で）表示され、線上に値（単位：m）が整数で示されています。また、渦度がゼロの等渦度線（渦度０線という）は実線で、その他は渦度 40（単位：10^{-6} ／ s ）ごとに、最大± 200 まで破線で表示され、正の渦度域は縦の実線で網掛け域として表示され、渦度の極大値と極小値が数値で表示されています。500hPa面は、**発散が比較的小さい非発散層**と呼ばれる高度で、渦度が保存されることから、渦度の追跡に有効とされています。非発散層とは、収束や発散はほぼゼロと考える層のことです。地上や大気の上限では水平方向の収束や発散が行われて鉛直方向の運動はゼロ、大気の中層（500hPa面）では鉛直運動が最も強くなるので水平方向の収束や発散はほぼゼロと考えます。つまり、500hPa面を移動する渦度は時間変化が限りなく小さいので、長時間の追跡が可能とされています。また、500hPa面の等高度線の低緯度側への南下や高緯度側への北上に着目して、トラフ（気圧の谷）やリッジ（気圧の尾根）の動向を把握するのにも有効です。なお、トラフは、等高度線の曲率が大きい場所で正渦度の極大値付近に解析されます。また、渦度0線は、渦が発生しない場所です。図59－6のように、東西の流れがある場合、風の強さが違うことで渦が発生するので、一番風が強くなる場所、つまり強風軸では渦が発生しません。そのため、渦が発生しない線（強風軸）と渦度0線は一致します。また、西風が最も強い場所が渦度0線となるので、風下に向かって左手側が正の渦度域、右手側が負の渦度域となります。

■図59－5

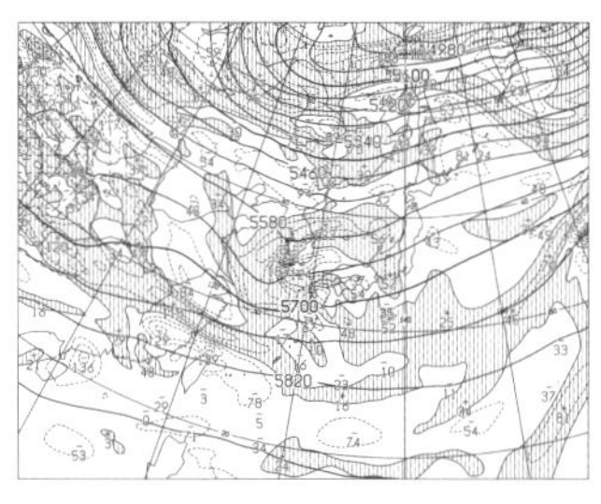

（気象庁提供）

■図59－6 風速の水平シアによる渦の模式図

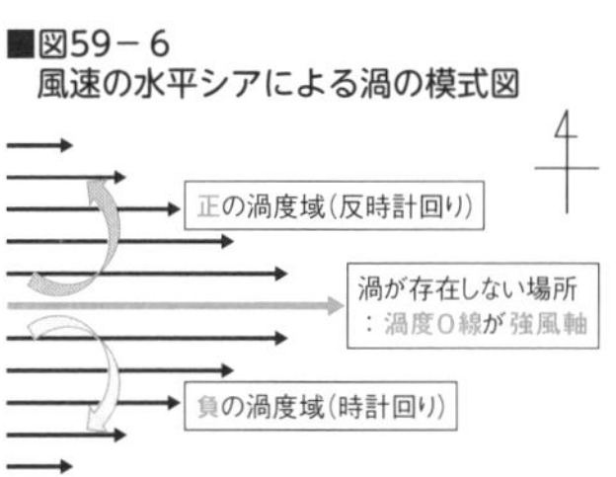

850hPa相当温位・風予想図 高度約1,500 mの天気図で、相当温位が同じ地点を結んだ線の等相当温位線が300 Kを基準として、実線で3 Kごとに（15 Kごとに太実線で）表示され、線上に値（単位：K）が整数で示されています。また、850hPa面の風向と風速が約100kmの間隔の格子点ごとに、矢羽で表示されています。風速は、矢羽の三角形の旗が50ノット、長い線が10ノット、短い線が5ノットを意味しています。梅雨期など空気が非常に湿潤な場合は温位による前線解析が不適当となるので、**温位**に代わって適当となる**相当温位**で解析する場合などに用います。

■図59－7

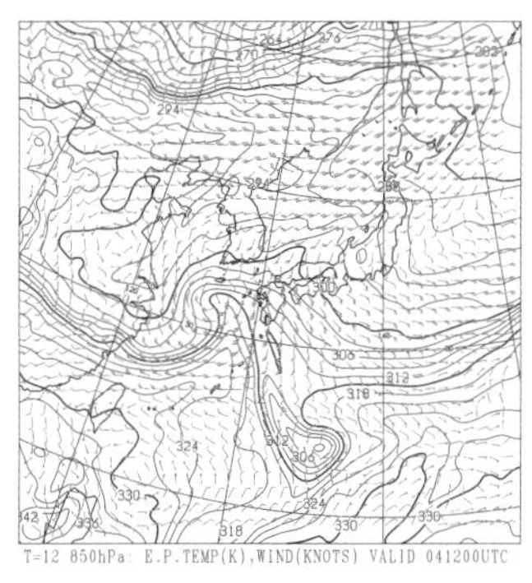

T=12 850hPa: E.P.TEMP(K),WIND(KNOTS) VALID 041200UTC

（気象庁提供）

過去問チャレンジ

数値予報プロダクト [▶ L 59]

H25 − 2（41 回）専門 問7

数値予報資料として使用される高層の予想天気図の特徴について述べた次の文章の空欄 (a)～(d) に入る適切な語句の組み合わせを，下記の①～⑤の中から一つ選べ。

700hPa 面は高度約 3000m に相当し，その等圧面の予想天気図は (a) の分布から (b) の解析・予測等に用いられる。一方，500hPa は発散が比較的 (c) 高度なので，その等圧面の予想天気図の (d) を追跡することは，気圧の谷の動向の把握に有効である。

	(a)	(b)	(c)	(d)
①	温度傾度	温度風	大きい	渦度
②	温度傾度	中・下層雲の広がり	大きい	鉛直 p 速度
③	温度傾度	中・下層雲の広がり	小さい	渦度
④	湿潤域	温度風	大きい	鉛直 p 速度
⑤	湿潤域	中・下層雲の広がり	小さい	渦度

ここが大切！

どの高度（気圧面）でどういった物理量の把握が可能な数値予報資料があるのかを確実に把握しておくことが大切です。

解説と解答

数値予報の予測値をさまざまなガイダンスや画像として、予報作業に利用しやすいように加工した数値予報資料を数値予報プロダクト（プロダクト）といいます。

(a) 700hPa 面は高度約 3000 mに相当します。また、700hPa 面の情報を含むプロダクトとしては、850hPa 気温・風、700hPa 鉛直流解析図（予想図）、500hPa 気温、700hPa 湿数解析図（予想図）があります。そのため、700 hPa 面においては、上昇流域（下降流域）あるいは、湿潤域（乾燥域）の分布の把握が可能です。したがって、(a) には温度傾度ではなく「湿潤域」が入ります。

（b）700hPa面は中・下層に該当し、湿潤域からは雲の分布の判断が可能なので、700hPaの湿潤域の分布から、**中・下層雲の広がり**を解析・予測します。したがって、（b）には温度風ではなく「中・下層雲の広がり」が入ります。

（c）（d）500hPa面は、発散が比較的**小さい**非発散層と呼ばれる高度です。渦度が保存されることから**渦度**の追跡に有効とされています。非発散層とは、収束や発散はほぼゼロと考える層のことです。地上や大気の上限では水平方向の収束や発散が行われて鉛直方向の運動はゼロ、大気の中層（500hPa面）では鉛直運動が最も強くなることから水平方向の収束や発散はほぼゼロと考えます。つまり、**500hPa面**を移動する**渦度**は時間変化が限りなく小さいので、**長時間の追跡が可能**とされています。また、低気圧に関連するトラフ（気圧の谷）は正渦度の極大値に対応しているので、渦度を追跡することは、気圧の谷の動向の把握に有効です。なお、気圧の谷は、等高度線の曲率が大きい場所で正渦度の極大値付近に解析されます。したがって、（c）には「小さい」が、（d）には「渦度」が入ります。

わんステップアドバイス！

数値予報プロダクトにおいて各気圧面で把握できる物理量は、実技における解析作業の基本中の基本となる知識なので、ここで習得しておくと実技でも役に立ちますよ。また、表の各気圧面で把握可能な主な物理量を覚えておけば、この問題におおむね対応することができます。

解答 ⑤

LESSON59のまとめ

気圧面	把握可能な主な物理量
850hPa（下層）	気温（単位：℃）、風（風向・風速（単位：KT））、相当温位（単位：K）
700hPa（中・下層）	鉛直p速度（上昇流・下降流（単位：hPa／h））、湿数（湿潤域・乾燥域）
500hPa（中層）	渦度（単位：10^{-6}／s）

LESSON

学習優先度 A　頻出度

60 ガイダンス

数値予報によって出力された結果は補正されてから用いられることになります。この補正する手法をガイダンスといい、複数の統計手法によって行われます。このレッスンでは、ガイダンスやガイダンスにおける統計手法について学びます。

ガイダンスと天気予報ガイダンス

数値予報の出力結果を基に、数値予報モデルの分解能よりも細かい地形の効果や数値予報モデルの系統的な誤差などを主に統計的に補正する手法を、ガイダンスといいます。また、統計手法を用いて作成された予測資料を天気予報ガイダンスといいます。天気予報ガイダンスには、①発雷確率、乱気流および視程など、直接数値予報で予測はしていないけれど天気予報、警報・注意報、飛行場予報などの発表に必要な気象要素（予測値）を作成すること、②気温や降水量など数値予報でも予測しているけれど、その予測値を補正することで精度を向上させることの役割があります。天気予報ガイダンスでは、地形や季節によるものなど一貫性のある誤差（系統誤差）を補正することはできますが、数値予報モデルの予報の外れなど、初期値の誤差に起因する誤差（ランダム誤差）を補正することは困難です。

ガイダンスにおける統計手法

ガイダンスは、説明変数（数値予報で予想された各気象要素）と目的変数（説明変数に対応する天気要素）の関係式を何らかの方法であらかじめ作成しておき、それを最新の初期時刻の数値予報モデルから算出した説明変数に適用することで予測値を作成します。この関係式を導く方法として気象予報士試験でよく問われる代表的なものに、カルマンフィルターとニューラルネットワークがあります。

カルマンフィルター ノイズ（誤差などのこと）を持つ観測の時系列データを基に、常に変化するシステムの現在の状態を推定する時系列解析の手法です。定期的に行われる数値予報モデルの変更などの影響を減らすことを目的としています。この手法では、予測因子（例えば、気温や上昇流といった説明変数）を固定し、**直近の観測値と数値予報の予測値**を用いてそのつど最適な予測因子と被予測因子との関係式の係数を修正しています。ガイダンス作成のつど関係式の係数を更新し、逐次(ちくじ)学習して**統計的関係式**を求めていくので、発生頻度が高い現象ほど関係式の係数を決定するためのデータが多く、**発生頻度が高い（低い）現象**の予測式の**信頼性は高く（低く）**なります。

ニューラルネットワーク 脳神経の働き（ニューロン）を計算上のシミュレーションによって表現することを目的とした数学モデルで、原因と結果の因果関係において、結果に対する原因の寄与の程度（大きさ）を予測する目的で考え出されました。数値予報モデルやそれから構成される各種の予測因子と実況との間の対応関係を求め、これを毎回繰り返すことによって、逐次学習しながら対応関係を見つけ出します。カルマンフィルターのような一般的な計算手法では1つずつ順番に処理していきますが、ニューラルネットワークでは多数の神経細胞の集団を組織し、入力された情報を並列的に処理することで、学習機能をさまざまな環境に適応させることを目的としています。

統計的関係式には線形と非線形があり、線形は一次方程式で表されるような単純な加算によって物理量が求められる関係、非線形は二次以上の方程式で表されるような複雑な計算によって物理量が求められる関係のことです。ニューラルネットワークを用いたガイダンスは、非線形の統計的関係式を用いているので、説明変数と目的変数が非線形の関係にあります。これにより、ニューラルネットワークを用いたガイダンスでは予測結果の根拠を把握することが困難になります。

層別化

層別化は、学習データを地点や時刻、季節などに分割し、それぞれに対して係数を学習し予測に利用する手法です。例えば、同じ地点で時刻によって数値予報モデルの特性が異なる場合には、同じ係数を用いるとどちらに対しても予測が不十分になってしまうため、時刻で層別化して、より適切な気温の予測を行います。他にも、数値予報モデルが昼と夜で異なるバイアス（偏り）を持つ場合は、層別化することで、そのバイアス特性に応じた適切な誤差の補正が期待でき、地点で層別化した場合には、地点ごとに異なる係数を持つことになります。気温予測の場合は、東風が吹くとA地点では気温が下がり、B地点では逆に気温が上がるなど、対象とする地点によって気温に影響を及ぼす現象や及ぼし方が変わる場合は、A地点とB地点で同じ係数を用いると両地点に対して予測が不十分になるので、地点で層別化して別々の係数を用いることが望ましいといえます。

過去問チャレンジ　ガイダンス [▶ L 60]

H26－1（42回）専門 問7

カルマンフィルターとニューラルネットワークは，数値予報モデルの予測値が持つ系統誤差などを修正し，予報の精度を上げるための代表的な手法である。これらの手法の特徴について述べた次の文章の下線部（a）～（c）の正誤の組み合わせとして正しいものを，下記の①～⑤の中から一つ選べ。

カルマンフィルターでは，（a）直近の観測値を用いてそのつど最適な予測因子を選択して予測式を構成し，その係数を求めている。この係数には過去の情報も反映されるため，カルマンフィルターを用いた降水量ガイダンスは，（b）発生頻度の低い局地的な大雨も精度よく予測できることが多い。
ニューラルネットワークは脳神経の働きを数値的にモデル化したもので，与えられた入力値に対してどのような値を出力するべきかを，過去のデータによって学習させることができる。ニューラルネットワークを用いたガイダンスは，（c）非線形の関係を取り扱うことができ，これはカルマンフィルターを用いたガイダンスにはないメリットである。

	(a)	(b)	(c)
①	正	正	誤
②	正	誤	正
③	誤	正	誤
④	誤	誤	正
⑤	誤	誤	誤

ここが大切！

複雑な内容が多いところですが、試験で問われる論点はある程度決まっているので、過去に問われたことのある論点を中心に知識を整理しておくことが大切です。

（a）カルマンフィルターでは予測因子を固定し、直近の観測値と数値予報の予測値を用いて、そのつど最適な予測因子と被予測因子との関係式の係数を修正し

ています。したがって、「予測因子を選択」という記述は誤りです。

（b）カルマンフィルターは、ガイダンス作成のつど関係式の係数を更新し、逐次学習して統計的関係式を求めていくので、発生頻度が高い現象ほど、関係式の係数を決定するためのデータが多くなります。そのため、発生頻度が高い現象ほど予測式の信頼性は高くなります。発生頻度の低い局地的な大雨のような現象は、統計的関係式を作成する際のデータが不十分であることから、データが多い場合の現象と比べると**予測精度はよくありません**。したがって、「発生頻度の低い局地的な大雨も精度よく予測できることが多い」という記述は誤りです。

（c）統計的関係式には線形と非線形があります。線形とは、一次方程式で表されるような単純な加算によって物理量が求められる関係のことで、非線形とは、二次以上の方程式で表されるような複雑な計算によって物理量が求められる関係のことです。ニューラルネットワークは、脳神経の働き（ニューロン）を計算上のシミュレーションによって表現することを目的とした数学モデルで、原因と結果の因果関係において、結果に対する原因の寄与の程度（大きさ）を予測する目的で考え出されました。カルマンフィルターのような一般的な計算手法では1つずつ順番に処理していきますが、ニューラルネットワークでは多数の神経細胞の集団を組織し、入力された情報を並列処理することによって、学習機能をさまざまな環境に適応させることを目的としています。つまり、ニューラルネットワーク方式で天気予報の予測値を出力するメカニズムは、カルマンフィルターのような数式によるものではなく、入力パターンに応じた出力パターンを求める方式です。したがって、ニューラルネットワークは非線形の関係を取り扱うガイダンスを作成しているので、正しい記述です。

わんステップアドバイス！

カルマンフィルターの特徴として、予測因子を固定することとガイダンス作成のつど関係式の係数を更新することの2つを、また、ニューラルネットワークの特徴として、脳神経（ニューロン）の働きと非線形の2つを押さえましょう。

解答 ④

LESSON

学習優先度 B 頻出度

61 降水短時間予報・降水ナウキャストなど

翌朝の出かける時間帯の天気など、15時間くらい先までの天気予報は私たちの生活に密接に関係しているので、正確でより詳しい予報が要求されます。このレッスンでは、15時間先までの短時間予報の種類や特徴について学びます。

降水短時間予報と降水ナウキャスト

降水短時間予報と降水ナウキャストは、短い時間間隔で発表することで1～15時間先までの降水の予測を詳細かつ迅速に提供するものです。降水短時間予報、降水ナウキャストはいずれも、地形の影響などによって降水が発達・衰弱する効果を計算して、予測の精度を高めています。

降水短時間予報 夜間に大雨警報（土砂災害）が発表される可能性が高い状況の場合に、①暗くなる前の夕方のうちに、夜間から翌日明け方の大雨の動向を確認し、②早めの避難行動や災害対策に役立てるなど、**15時間先まで**の大雨の動向を把握し、③警報や危険度分布により数時間先までの災害発生の危険度の高まりを確認することで、避難行動の判断の参考とすることを目的としています。降水短時間予報は、6時間先までと7～15時間先までとで、発表間隔や予測手法が異なります。図のように、**6時間先までは10分ごと**（10分間隔）に1時間降水量を**1km四方**の細かさで、**7～15時間先までは1時間ごと**（1時間間隔）に1時間降水量を**5km四方**の細かさで予測します。また、最新のデータは10分ごとに、過去のデータは30分ごとに更新して表示されるので、図のように、最新の時刻が15:10の場合は、最新の時刻のデータは10分間隔、過去のデータとなる15：10以前のデータは30分間隔の更新となります。

■図　降水短時間予報

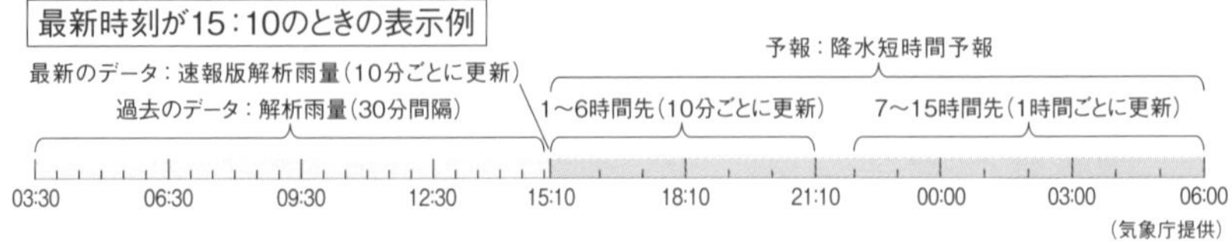

（気象庁提供）

6時間先までの予測手法 解析雨量やレーダーなどの実況から予測した実況補外予測と、メソ数値予報モデルによる予測を、それぞれの精度に応じた重み（割合）で結合して予測しています。解析雨量によって得た1時間降水量分布を利用して降水域を追跡することで、それぞれの場所の降水域の移動速度が分かります。この移動速度を用いて直前の降水分布を移動させて、6時間先までの降水量分布を作成しているので、予報時間が先になるほど精度が下がります。また、6時間先までの降水短時間予報の作成には気象レーダーによる観測を用いているので、レーダー観測の原理上、実際には降水のないところに降水域が表示される場合があります。

7～15時間先までの予測手法 7～15時間先までの予測手法は、6時間先までの予測手法と異なることから、その違いに着目し、「降水15時間予報」と呼ぶことがあります。7～15時間先では、数値予報モデルのうち、メソモデル（MSM）と局地モデル（LFM）を統計的に処理した結果を組み合わせ、降水量分布を作成します。予報開始時間におけるそれぞれの数値予報資料の予測精度も考慮した上で組み合わせています。予測の計算では、降水域の単純な移動だけではなく、地形の効果や直前の降水の変化を基に、今後雨が強まったり、弱まったりすることも考慮しています。また、予報時間が延びるにつれて、降水域の位置や強さのずれが大きくなるので、予報時間の後半には数値予報による降水予測の結果も加味しています。

降水ナウキャスト 降水ナウキャストは、降水短時間予報よりも迅速な情報として5分間隔で発表しています。1時間先までの5分ごとの降水の強さを1km四方の細かさで予測します。降水ナウキャストによる予測には、レーダー観測やアメダスなどの雨量計データから求めた降水の強さの分布および降水域の発達や衰弱の傾向、さらに過去1時間程度の降水域の移動や地上・高層の観測データから求めた移動速度を利用します。降水ナウキャストでは、予測を行う時点で求めた降水域の移動の状態がその先も変化しないと仮定して、降水の強さに発達・衰弱の傾向を加味して、降水の分布を移動させ、60分先までの降水の強さの分布を計算しています。なお、この手法は降水短時間予報でも用いられています。降水ナウキャストは、新たに発生する降水域**などを予測に反映することはできません**が、短時間の予測では比較的高い精度の予測を得ることができます。

高解像度降水ナウキャスト 高解像度降水ナウキャストは、降水域の分布を高い解像度で解析・予測するもので、30分先までの5分ごとの降水域の分布を250m四方（降水ナウキャストでは1km四方）の細かさで予測し、5分間隔で発表しています。降水ナウキャストが気象庁のレーダーの観測結果を雨量計で補正した値を予測の初期値としているのに対し、高解像度降水ナウキャストは、気象庁の気象ドップラーレーダーの観測データに加え、気象庁・国土交通省・地方自治体が保有する全国の雨量計のデータ、ウィンドプロファイラやラジオゾンデの高層観測データ、国土交通省レーダー雨量計のデータも活用して、降水域の内部を立体的に解析することで、地上の降水に近くなるように解析して予測の初期値を作成しています。なお、降水ナウキャストでは予測初期値を実況値と呼ぶのに対し、高解像度降水ナウキャストでは解析値あるいは実況解析値と呼びます。また、降水ナウキャストが２次元で予測するのに対し、高解像度降水ナウキャストでは、降水を３次元で予測する手法を導入しています。地表付近の風、気温、および水蒸気量から積乱雲の発生を推定する手法と、微弱なレーダーエコーの位置と動きを検出して、微弱なエコーが交差するときに積乱雲の発生を予測する手法を用いて、発生位置を推定し、対流予測モデルというプログラムを使って降水量を予測します。観測および予測データの高解像度化は、データ容量の増加をもたらすので、高解像度降水ナウキャストでは、高解像度化とナウキャストの速報性を両立するために、陸上と海岸近くの海上では 250 m解像度の降水予測を、その他の海上では１km 解像度による降水予測を行っています。

雷ナウキャスト

雷ナウキャストは、雷の激しさや雷の可能性を１km 格子単位で解析し、その１時間後（10 ~ 60 分先）までの予測を 10 分ごとに提供するものです。雷監視システム（雷により発生する電波を受信し、その位置、発生時刻などの情報を作成するシステム）による雷放電の検知およびレーダー観測などを基にして、表 61 − 1のように、活動度１～４で表します。雷監視システムによる雷放電の検知数が多いほど激しい雷（活動度が高い：２～４）としています。雷放電を検知していない場合でも、雨雲の特徴から雷雲を解析（活動度２）するとともに、雷雲が発達する可能性のある領域も解析（活動度１）します。なお、急に雷雲が発達することもあり、活動度の出ていない地域でも天気の急変には注意が必要で

■表61－1　雷ナウキャスト

活動度	雷の状況	
4	激しい雷	落雷が多数発生している。
3	やや激しい雷	落雷がある。
2	雷あり	電光が見えたり雷鳴が聞こえる。 落雷の可能性が高くなっている。
1	雷可能性あり	現在は雷は発生していないが、 今後落雷の可能性がある。

（気象庁提供）

す。また、雷ナウキャストでは、雷雲の盛衰の傾向についても考慮しています。

竜巻注意情報・竜巻発生確度ナウキャスト

竜巻注意情報 積乱雲の下で発生する竜巻やダウンバーストなどの激しい突風（以下、「竜巻等」という。）に対して注意を呼び掛ける情報です。雷注意報を補足する情報として発表されています。竜巻注意情報は、竜巻発生確度ナウキャストで発生確度2が現れた地域に発表されるほか、目撃情報が得られて竜巻等が発生するおそれが高まったと判断された場合にも発表されます。有効期間は発表から約1時間です。竜巻等に関連する気象情報は、表61－2のように、時間を追って段階的に発表され、発表後速やかに防災機関や報道機関へ伝達されます。

■表61－2　竜巻等に関連する気象情報の発表の流れ

段階1	半日～1日程度前	気象情報に「竜巻等の激しい突風のおそれ」と明記する注意の呼び掛け
段階2	数時間前	雷注意報にも「竜巻」と明記する特段の注意の呼び掛け
段階3	今まさに、竜巻等が発生しやすい気象状況となった段階	竜巻注意情報の発表

竜巻発生確度ナウキャスト 10km四方の領域ごとに、竜巻等の発生しやすさの解析結果について、実況と1時間先までの予測を10分ごとに提供するものです。表61－3の適中率、および捕捉率は、過去30か月の資料による検証値で、発生確度2の予測の適中率は、発生確度2となった場合を「竜巻あり」の予測としたとき、予測回数に対して実際に竜巻が発生する割合です。発生確度1以上の予測の適中率は、発生確度1以上となった場合を「竜巻あり」の予測としたとき、予測回数に対して実際に竜巻が発生する割合を意味します。

■表61－3　竜巻発生確度ナウキャスト

発生確度2	竜巻等の激しい突風が発生する可能性があり、注意が必要である。予測の適中率は7～14％程度、捕捉率は50～70％程度である。発生確度2となっている地域に**竜巻注意情報**が発表される。
発生確度1	竜巻等の激しい突風が発生する可能性がある。発生確度1以上の地域では、予測の適中率は1～7％程度であり発生確度2に比べて低くなるが、捕捉率は80％程度であり見逃しが少ない。

（気象庁提供）

過去問チャレンジ　降水短時間予報 [▶ L 61]

R 1 − 2（53 回）専門 問 12

気象庁は，2018 年 6 月，降水短時間予報の予報時間を 6 時間先までから 15 時間先までに延長した。この降水短時間予報について述べた次の文 (a) ～(c) の正誤の組み合わせとして正しいものを，下記の①～⑤の中から 1 つ選べ。

(a) 15 時間先までの降水短時間予報は，夜間から明け方に大雨となる見込みを暗くなる前の夕方の時点で提供することから，早めの防災対応につながることが期待される。

(b) 降水短時間予報は，1 時間ごとの 1 時間降水量を，6 時間先までは 1 km 四方で，7 ～ 15 時間先までは 5 km 四方で予報している。

(c) 7 ～ 15 時間先の降水短時間予報は，メソモデルと局地モデルを統計的に処理した結果を組み合わせて作成している。

	(a)	(b)	(c)
①	正	正	正
②	正	正	誤
③	正	誤	正
④	誤	正	誤
⑤	誤	誤	誤

ここが大切！

降水短時間予報は、1 ～ 6 時間先までと 7 ～ 15 時間先までとで、発表間隔や予測手法が異なるので、予測の更新間隔や予測可能な格子間隔の違いが最も問われる論点となっています。両者の共通点（予報内容はいずれも 1 時間降水量であること）と相違点を中心に、細かい数字までしっかりと暗記しておくことが大切です。

解説と解答

（a）気象庁は、問題文にあるように、2018 年6月から降水 15 時間予報の運用を開始しています。これにより、夜間に大雨警報（土砂災害）が発表される可能性が高い状況の場合であっても、夜間から翌日明け方の大雨の動向を、暗くなる前の夕方の時点で提供することが可能となりました。この改善が、早めの防災対応（早めの避難行動や災害対策）**につながると期待**されています。したがって、正しい記述です。

（b）降水短時間予報は、6時間先までと7～15 時間先までとで、発表間隔や予測手法が異なります。6時間先までは 10 分間隔で発表され、1時間降水量（1時間ごとの1時間降水量）を 1 km 四方の細かさで予報しています。一方、7～15 時間先までは1時間間隔で発表され、1時間降水量を 5 km 四方の細かさで予報しています。したがって、正しい記述です。

（c）7～15 時間先の降水短時間予報において、降水量分布は、メソモデル（MSM）と局地モデル（LFM）を統計的に処理した結果を組み合わせて作成しています。したがって、正しい記述です。

わんステップアドバイス！

選択肢（a）は、問題文に気象庁が降水短時間予報の予報時間を延長した目的がほぼ明記されているので、比較的正誤を判断しやすいですね。でも、選択肢（b）や（c）は覚えておかないと正解を導くことはできないから、まとめの表を使って、数字部分を確実に暗記しておきましょう。

解答 ①

降水短時間予報のまとめ

	更新間隔	格子間隔	予報内容
1～6時間先まで	10分	1km四方	1時間降水量
7～15時間先まで	1時間	5km四方	

※最新のデータは 10 分ごと、過去のデータは 30 分ごとに更新して表示

LESSON 62

学習優先度 B　頻出度

予報の区分とカテゴリー予報の精度評価

天気は晴れ、降水確率は40％などの天気予報は、晴れや雨といったカテゴリーごとの表現、あるいは数値による表現など、表現方法によって区分されます。このレッスンでは、予報の区分とカテゴリー予報の精度評価について学びます。

予報の区分と精度評価の必要性

気象庁が発表する予報は、表現方法によって、カテゴリー予報、量的予報［▶L 63］、確率予報に区分されます。曇り時々雨、気温が高いなどの状態や性質をカテゴリーごとに言葉で表現するものをカテゴリー予報、mm や℃など数値で表すものを量的予報、出現率など％で表すものを確率予報といいます。

気象の予報結果には本質的に誤差が含まれているので、天気予報が当たる確率が 100％であることは、ほぼありません。そのため、予報精度の評価を客観的な方法で行うことや、予報の有効性や技術の改善度を量的に測れるようにすることが必要となります。気象庁では、予報技術および予報精度の向上を図る上での基礎資料とするために、定常的に予報精度の検証・評価を行っています。

カテゴリー予報の精度評価

■表62－1　降水の有無の予報の２×２分割表

		予報		
		降水あり	降水なし	計
実況	降水あり	A	B	N1
	降水なし	C	D	N2
	計	M1	M2	N

カテゴリー予報の精度評価は、予報と実況のそれぞれの「現象あり」「現象なし」の回数から、２×２分割表（にかけるにぶんかつひょう）というものを作成し、表中の数値から予報精度を評価するための指数である適中率、見逃し率、空振り率、捕捉率、スレットスコアを算出して総合的に行います。**降水の有無の予報**の評価の場合を例に詳しく説明します。降水の有無の予報の場合は、「降水あり」と「降水なし」の２つのカテゴリー予報に変換して予報と実況の比較を行うので、第１段階として表 62 －１のような２×２分割表を作成します。表におけるAとDは適中回数、Bは見逃し回数、Cは空振り回数を、さらにAは、実況の「降水

あり」を予報で捕捉した回数（捕捉回数）を意味します。

適中率 予想が当たった（例えば、降水ありと予報して実際に降水があった）場合を適中といい、その確率が適中率です。「予報のあり・実況のあり」と「予報のなし・実況のなし」の合計の全体に占める割合なので、（A＋D）／Nの式で表します。

見逃し率 降水の予報を発表しなかったのに実際には降水があった場合を見逃しといい、その確率が見逃し率です。「予報のなし・実況のあり」の全体に占める割合なので、B／Nの式で表します。

空振り率 降水の予報を発表したのに実際には降水がなかった場合を空振りといい、その確率が空振り率です。「予報のあり・実況のなし」の全体に占める割合なので、C／Nの式で表します。

捕捉率 実際に降水があった日に、どれだけ降水の予報をしていたかの割合です。「予報のあり・実況のあり」の「実況のあり」に占める割合なので、A／（A＋B）または、A／N１の式で表します。

スレットスコア 例えば、「降水予報なし・実際に降水なし」の場合に適中してもあまり意味のない発生頻度の低い現象の精度評価に用いられるもので、「予報のなし・実況のなし」の場合を除外した適中率なので、A／（A＋B＋C）または、A／（N－D）の式で表します。スレットスコアは、数値が大きいほど精度が良いことを意味します。数値が大きいほど、よく当たったことになることから、予報精度を評価するのに適しています。ただし、予報の系統的な偏りは分からないので、空振りや見逃しの程度も併せて評価する必要があります。なお、実況に対する予報の系統的な偏りを見るためには、平均誤差［▶L 63］を用います。

注意報や警報におけるカテゴリー予報の精度評価

降水の有無などは、毎日発表される予報ですが、注意報や警報は、ある現象が起こることが予想される場合にのみ発表されるものであることから、分割表や式に違いが生じます。注意報や警報の精度評価は、表62－2のように、実況値が発表基準値に達したか、達しなかったかで区分した２×２分割表で行います。また、各指数を算出するための式は、適中率＝A／M１、見逃し率＝B／N１、空振り率＝C／M1、捕捉率＝１－（見逃し率）＝１－（B／N１）＝A／N１となります。

■表62－２　注意報・警報の降水の有無の予報の２×２分割表

		注意報・警報		
		現象あり	現象なし	計
実況	現象あり	A	B	N１
	現象なし	C	――	――
	計	M１	――	――

※表中の「現象」は、注意報や警報の基準値に達した現象

LESSON 63

学習優先度 B　頻出度

量的予報の精度評価

気象庁は、予報の誤差を小さくして予報精度を上げるために、予報誤差を月単位や年単位で統計し、予報精度の有効性を評価しています。このレッスンでは、数値で表す予報である量的予報の精度評価の特徴などについて学びます。

量的予報の精度評価

最高・最低気温、最小湿度、最大風速、３時間降水量など数値で表す予報を量的予報といいます。量的予報では、予報値と実況値の差が予報誤差となります。そのため、予報誤差をできるだけ小さくすることが予報精度の向上につながります。中でも、気温の予報のように予報値と実況値の差があまりなく、ほぼ連続的に分布する量的予報の精度を示す指標として用いられるのが、平均誤差（ME（エムイー）、バイアス）と２乗平均平方根誤差（RMSE（アールエムエスイー））です。

平均誤差（ME、バイアス） 予報の系統的な偏りを示す指数で、平均誤差が０のとき、平均的に見て予報は正にも負にも偏っていないことを示し、平均誤差が正（負）になるときは、期間平均では予報が実況よりも高かった（低かった）ことを示しています。平均誤差は、予報値から実況値を差し引いた予報誤差の合計を、予報回数で割ったものと定義され、予報値を Fi、実況値を Ai、予報回数をNとすると、次の式で表します。

平均誤差＝Σ（シグマ）（Fi − Ai）／N

平均誤差の定義式によって計算された誤差の絶対値は、正の誤差と負の誤差が打ち消し合う場合は小さくなるため、数値が小さいことが予報精度の**良いことにはなりません**。また、平均誤差においては、予報値よりも実況値が高い誤差や低い誤差が複数存在する結果として、プラスの値の予報誤差とマイナスの値の予報誤差が相殺されて予報誤差の合計値が０になる場合があるので、予報値と実況値が完全に一致しなくても平均誤差の値が０になることがあります。

平均誤差を、表に示す５月における２日間の気温の数値を用いて実際に算出すると、次のようになります。表の**予報値と実況値から、各日**

■表　気温の予報値と実況値

	5月1日	5月2日
予報値（Fi）	28℃	25℃
実況値（Ai）	25℃	27℃

の予報誤差を算出すると、5月1日は＋3℃（Fi（28℃）－Ai（25℃）＝＋3℃）、5月2日は－2℃（Fi（25℃）－Ai（27℃）＝－2℃）です。次に、**予報誤差の合計値を算出**すると、＋1（＋3＋（－2）＝＋1）です。そして、**予報誤差の合計値を予報回数の2で割る**と、平均誤差は＋0.5（＋1÷2＝＋0.5）と算出されます。

2乗平均平方根誤差（RMSE） 予報誤差の標準的な大きさを示す指数で、常に正の値となります。2乗平均平方根誤差は、予報値から実況値を差し引いた予報誤差を2乗し、その値の合計を予報回数で割ったものの平方根と定義され、予報値をFi、実況値をAi、予報回数をNとすると、次の式で表します。

$$2乗平均平方根誤差＝\sqrt{Σ（Fi－Ai)^2／N}$$

2乗平均平方根誤差は、予報の標準的な誤差幅を表すため、数値が小さいほど予報精度が良いことを意味します。また、このような定義式によって算出される2乗平均平方根誤差は、すべての予報誤差が0にならない限り、値が0になることはありません。

2乗平均平方根誤差を、表に示す5月における2日間の気温の数値を用いて実際に算出すると、次のようになります。平均誤差と同様に、**予報値と実況値から、各日の予報誤差を算出**すると、5月1日は＋3℃、5月2日は－2℃です。次に、各予報誤差を2乗すると、5月1日は＋9（$(＋3)^2$＝＋9）、5月2日は＋4（$(－2)^2$＝＋4）です。そして、**予報誤差の合計値を算出**すると、＋13（＋9＋4＝＋13）なので、この**予報誤差を予報回数の2で割る**と＋6.5（＋13÷2＝＋6.5）なので2乗平均平方根誤差は$\sqrt{＋6.5}$と算出されます。

確率予報の精度評価

降水確率予報などの確率予報の精度評価を示す指標としては、ブライアスコアが用いられます。降水確率予報は、例えば30%という予報が100回発表されたとすると、実際に30回は降水が予想されることを意味します。ブライアスコアは、実況の確率と予報された確率の差の2乗の和を平均したものと定義され、降水確率をFi、降水の実況をAi、予報回数をNとすると、次の式で表します。

$$ブライアスコア＝Σ（Fi－Ai)^2／N$$

ブライアスコアの式におけるAiは、実況のあり（降水あり）のときはAi＝1、実況のなし（降水なし）のときはAi＝0とし、Fiは、例えば、降水確率が30%のときはFi＝0.3など、0～1の値で表します。これにより、ブライアスコアの値は0～1の値となり、0に近くなる（値が小さい）ほど、予報精度が良いことを意味します。

過去問チャレンジ

予報精度の評価 [▶ L 62]

H28 − 2（38 回）専門 問 13

表は予報区 A と予報区 B の降水の有無の予報と実況の分割表である。これらの表を用いた予報精度の評価について述べた次の文 (a) ~ (d) の正誤について，下記の①~⑤の中から正しいものを一つ選べ。

予報区 A

		予報	
		降水あり	降水なし
実況	降水あり	2	12
	降水なし	1	85

予報区 B

		予報	
		降水あり	降水なし
実況	降水あり	6	8
	降水なし	6	80

(a) 降水の有無の適中率は，予報区 A のほうが高い。

(b) 降水ありのスレットスコアは，予報区 B のほうが高い。

(c) 降水ありの見逃し率は，予報区 A のほうが高い。

(d) 降水ありの空振り率は，予報区 B のほうが高い。

① (a) のみ誤り
② (b) のみ誤り
③ (c) のみ誤り
④ (d) のみ誤り
⑤ すべて正しい

ここが大切！

カテゴリー予報の精度を評価するための指数である適中率、見逃し率、空振り率、捕捉率、スレットスコアの式は頻出論点なので、暗記することが大切です。

解説と解答

(a) 降水の有無の適中率は、「予報（降水あり）・実況（降水あり）」の日数と「予報（降水なし）・実況（降水なし）」の日数の合計が全体の日数に占める割合なので、予報区A（0.87）のほうが、予報区B（0.86）よりも高くなります。したがって、正しい記述です。

予報区A → （2＋85）／（2＋12＋1＋85）＝87／100＝0.87

予報区B → （6＋80）／（6＋8＋6＋80）＝86／100＝0.86

（b）スレットスコアは、「予報のなし・実況のなし」を除外した適中率なので、降水ありのスレットスコアは、「予報（降水あり）・実況（降水あり）」の日数が、全体の日数から「予報（降水なし）・実況（降水なし）」の日数を除いた日数に占める割合です。そのため、降水ありのスレットスコアは、予報区B（0.3）のほうが、予報区A（0.13）よりも高くなります。したがって、正しい記述です。

予報区A → 2／（2＋12＋1）＝2／15≒0.13333…≒0.13

予報区B → 6／（6＋8＋6）＝6／20＝0.3

（c）見逃し率は、「予報（降水なし）・実況（降水あり）」の日数が、全体の日数に占める割合です。そのため、降水ありの見逃し率は、予報区A（0.12）のほうが、予報区B（0.08）よりも高くなります。したがって、正しい記述です。

予報区A → 12／（2＋12＋1＋85）＝12／100＝0.12

予報区B → 8／（6＋8＋6＋80）＝8／100＝0.08

（d）空振り率は、「予報（降水あり）・実況（降水なし）」の日数が、全体の日数に占める割合です。そのため、降水ありの空振り率は、予報区B（0.06）のほうが、予報区A（0.01）よりも高くなります。したがって、正しい記述です。

予報区A → 1／（2＋12＋1＋85）＝1／100＝0.01

予報区B → 6／（6＋8＋6＋80）＝6／100＝0.06

わんステップアドバイス！

問題によっては2×2分割表が提示されていなくて、自分で作成する力が問われることもあるので、2×2分割表も作れるようにしておきましょう。

解答 ⑤

LESSON 学習優先度 A 頻出度 

64 主な総観規模の現象

2～3日や1週間の天気予報は数値予報を主体に行いますが、数値予報で最も精度良く予想できるのは総観規模の現象です。このレッスンでは、総観規模の現象のうち、日本に大きな影響を及ぼす主なものについて学びます。

総観規模の現象

総観規模の現象の水平スケールは数1,000km以上なので、プリミティブ方程式において現象の時間スケールや空間スケールを格子点間隔で十分に表現することができます。つまり、総観規模の現象は、数値予報で精度良く予想することができる現象であり、その中でも気象に大きな影響を与える代表的な現象が温帯低気圧と移動性高気圧です。

温帯低気圧 温帯低気圧は、傾圧不安定波の一部なので、傾圧大気の場に存在します。傾圧大気の場では、図64－1のように、等圧線（実線）と等温線（点線）が交差していて、天気図上では、気圧の谷（高度場の谷：トラフ）と温度場の谷（サーマルトラフ）の位置にずれが生じています。温帯低気圧の水平スケールは、鉛直スケールよりも非常に大きいので静力学近似や地衡風が成り立ちます。そのため、風は等圧線に沿って吹きます。気圧の谷と温度場の谷の位置にずれが生じていると、ずれの生じている領域で図64－1のように、風が等温線に対して角度を持って寒気側から暖気側に横切っている場所で寒気移流、暖気側から寒気側に横切っている場所で暖気移流が生じます。これにより、温帯低気圧が発達段階にある状態にあっては、①低気圧前面（東側）で暖気移流と上昇流が盛んになり、②低気圧後面（西側）で寒気移流と下降流が盛んになり、③地上低気圧と上層のトラフを結ぶ軸が、上層ほど西に傾いている状態になります。

■図64－1 トラフとサーマルトラフのずれの模式図

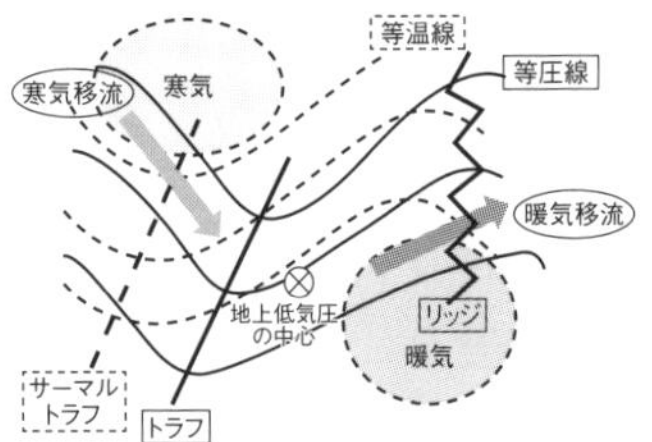

高気圧 高気圧には、前後2つの低気圧に挟まれて移動する移動性高気圧と、長い期間ほぼ一定の場所に存在する停滞性高気圧があります（図64－2参照）。

■図64－2 日本に影響を与える代表的な高気圧の配置例

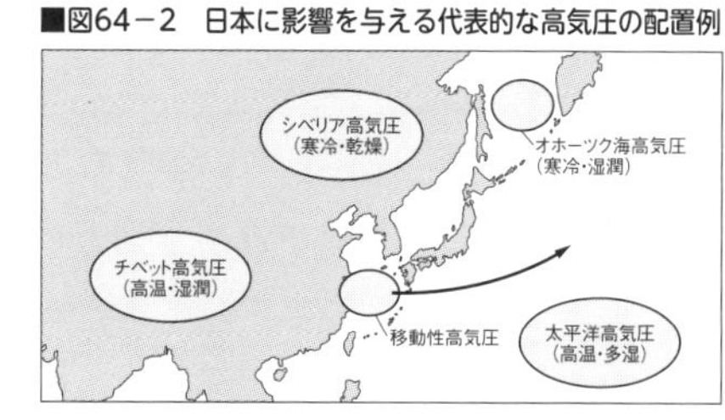

移動性高気圧 移動性高気圧は、傾圧不安定波の一部なので、前後にある低気圧とともに移動します。日本付近で春や秋によく現れる移動性高気圧は、上層の気圧の尾根（リッジ）に対応して西から東へ移動するので、リッジの前面に当たる高気圧の中心の東側（前面）では下降流が卓越して晴天の領域が多くなります。一方、高気圧の西側（後面）は後ろにある低気圧の前面に当たることから、高気圧の中心部が通過すると、次第に雲の厚みが増していき、天気は下り坂となります。移動性高気圧は、上層の偏西風の波長約5,000kmの波動に対応するもので、おおよそ3～5日の周期で通過して、天気の周期的な変化をもたらします。

太平洋高気圧 北太平洋の亜熱帯高圧帯で発生する亜熱帯高気圧の1つで、夏に日本付近に張り出してくる、高温・多湿な背の高い停滞性高気圧です。対流圏上層の大規模な収束によって形成される太平洋高気圧の圏内で広範囲にわたって存在している下降流域では好天がもたらされます。しかし、太平洋高気圧の下降流が地表面にぶつかり水平移動することで生じる縁辺流（えんぺんりゅう）によって湿潤大気が送り込まれる領域においては、集中豪雨がもたらされます。また、台風がこの太平洋高気圧の縁辺流に流されて北上することもあります。

オホーツク海高気圧 暖候期（一般に、4～9月の期間）にオホーツク海上に発生する高気圧で、低温な海域に停滞することで下層の空気が冷やされて形成されます。そのため、下層が寒冷・湿潤な停滞性高気圧です。夏でも冷たいオホーツク海で海面付近の空気が冷やされ、オホーツク海上の下層には、寒冷・湿潤な空気が蓄積されます。オホーツク海高気圧が発生すると、この寒冷・湿潤な空気が高気圧から北東の風（北東気流）となって、北日本の太平洋側を中心に流れ込みます。この北東気流をやませといい、東北地方の太平洋側に冷害（低温・日照不足）をもたらす要因となります。また、梅雨期には日本付近で、オホーツク海高気圧と太平洋高気圧との間に梅雨前線が形成されます。

シベリア高気圧 冬季のシベリア大陸で、非常に低温で乾燥した空気が長期にわたって停滞し、下層の寒気によって形成されます。シベリア高気圧の上部の高度は低く、上層は低圧になっているため、寒冷・乾燥な背の低い停滞性高気圧です。冬季のシベリア高気圧の盛衰は、日本付近の天候に大きな影響を与えます。冬季に日本付近が西高東低の冬型の気圧配置になると、相対的に気圧の低い日本に向かって、シベリア大陸から強い北西の季節風が吹きます。この季節風は、大陸では寒冷で乾燥した空気ですが、相対的に海面水温が高い日本海上を吹き渡る（吹走）ときに、海面から大量の潜熱（水蒸気）と顕熱が供給され、下層だけが暖かく（それでも寒気は強い状態）、湿潤な空気に変化します。これを気団変質といいます。気団変質して湿潤・温暖となった空気が雲を生成し、日本海側の地方に大雪をもたらします［▶L 65］。

チベット高気圧 標高の高いチベット高原で、夏季に強い日射のために著しく高温になる地表面により**下層は広大な低圧部**となり、対流圏上層は夏季モンスーン（季節風）に伴う発達した積乱雲がもたらす降水で生じる凝結熱による加熱で高温の気層が形成されて層厚が大きくなることで形成されます。そのため、高気圧の上部の高度が 100 ～ 200hPa まで達する、高温・湿潤な対流圏上層の停滞性高気圧です。チベット高気圧が日本付近まで張り出すと太平洋高気圧との相乗効果によって、日本付近は下層から上層まで非常に勢力の強い安定した高気圧に覆われるので、高温・多照の状態が持続されやすくなり、日本列島は猛暑となる傾向があります。

寒冷低気圧（切離低気圧・寒冷渦）

対流圏中・上層の偏西風帯で南北の温度差が大きくなり、強風軸の南北方向の蛇行が大きくなることで、偏西風の主流な流れから低緯度側に気圧の谷の南の部分が切離されることで生じる、対流圏中・上層で明瞭な低気圧を、寒冷低気圧といいます。寒冷低気圧は、低気圧の中心に低温の閉じた等温線（寒気）が存在するという特徴に着目する場合の名称で、偏西風帯から切り離された擾乱という特徴に着目する場合は、切離低気圧と表現します。また、寒気と風の流れに着目する場合は、寒冷渦と表現します。どの特徴に着目するかで名称が異なりますが、いずれも同じ現象です（この LESSON では、寒冷低気圧と表現します。）。

寒冷低気圧の発生メカニズム 偏西風帯に沿って東進してきた上層のトラフが発達して深まりを増すと、等高度線と等温線の曲率が大きくなり、図 64 － 3のように、やがて南側の一部が偏西風の主流から切り離されて閉じた等高度線を持つ低気圧となります。これと同時に、トラフの後面に存在していた寒気も切り離されて、低気圧の中心に閉じ込められることで周囲よ

■図64－3 寒冷低気圧発生の模式図

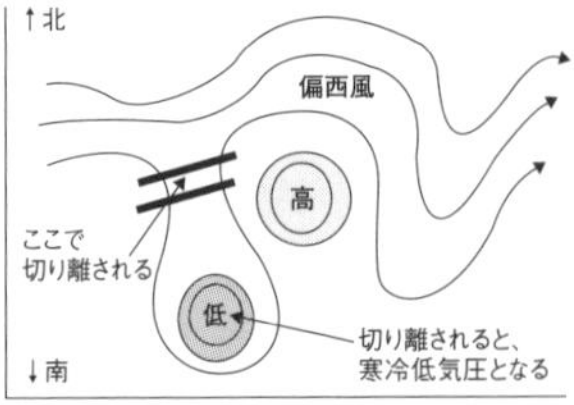

りも低温な閉じた等温線が低気圧の中心に存在することになります。このように、寒冷低気圧は、上層の寒気が切り離されて形成されることから、寒気と暖気の境界である温暖前線や寒冷前線を伴わないことが多くなります。

■図64－4　寒冷低気圧の鉛直気温構造

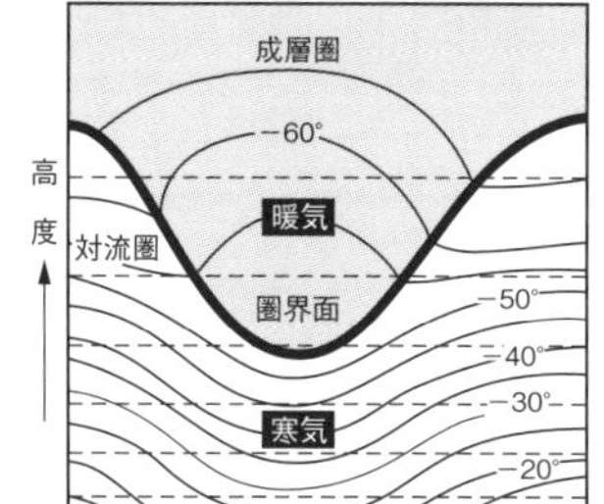

寒冷低気圧の鉛直気温構造　寒冷低気圧は、上層において寒気と低圧部が切り離されてできる低気圧なので、図64－4のように、対流圏中・上層には寒気が存在しますが、そのさらに上の成層圏下部においては気温が高くなっているため、これらが打ち消し合って、地上では明瞭な低気圧として現れないことが多くなります。寒冷低気圧の上層の成層圏下部に見られる暖気は、下降流による断熱圧縮昇温によって生じるものです。この下降流は、例えば、バケツに入った水をぐるぐる回すと渦が発生して中心部の水面が低くなるのと同じで、ジェット気流の蛇行によって寒冷低気圧（渦）が発生して対流圏界面の高度が下がるために生じます。また、寒冷低気圧の中心部における対流圏界面の高度が周囲に比べて大きく下がっていて、その下がった部分に周囲よりも気温が高く密度の小さい空気があるので、寒冷低気圧の対流圏の中層から上層にかけては、周囲よりも気温が低い（密度が大きい）にもかかわらず、気圧が低くなっています。

寒冷低気圧の特徴

①中心部における対流圏界面の高度が周囲に比べて大きく下がっている。
②対流圏の中層から上層にかけては、周囲よりも気温が低い状態にある。
③偏西風帯から切り離されているため、移動速度が遅い。
④一般的に前線を伴わない。
⑤上層と下層の中心位置を結ぶ鉛直軸がほぼ鉛直に立っている。
⑥対流圏上層（500hPa や 300hPa）ほど寒気核と低気圧が明瞭。
⑦成層圏（低圧部）と対流圏中・上層（高圧部）の両方の効果で低圧部と高圧部が打ち消し合う結果、地上低気圧としては不明瞭なことが多い。
⑧寒冷低気圧の東側から南東側は下層に高相当温位の空気が入り込みやすい領域であるため、対流不安定な成層状態になりやすい領域となる。加えて、寒冷低気圧は上層に寒気を伴うため、寒冷低気圧の中心の南東側から東側にかけては、積乱雲が発達して、短時間強雨、落雷、降ひょうなどの激しい対流現象が発生しやすい領域となる。

過去問チャレンジ

総観規模の現象 [▶ L 64]

R 1 − 2（53 回）専門 問7

北半球の寒冷低気圧の一般的な特徴について述べた次の文 (a) ~ (d) の正誤の組み合わせとして正しいものを，下記の①~⑤の中から 1 つ選べ。

(a) 寒冷低気圧は強い温度傾度をもつ温暖前線と寒冷前線を伴うことが多い。

(b) 寒冷低気圧は，地上では低気圧性循環は弱く，低気圧が解析されないこともあるが，対流圏中層や上層の天気図では低気圧性循環が明瞭である。

(c) 寒冷低気圧の中心付近では，対流圏界面が大きく下がり，その上では周囲に比べて気温が低くなっている。

(d) 夏季に寒冷低気圧が日本付近に東進してくると，その東側から南東側にかけて成層が不安定になり，積乱雲が発達することが多い。

	(a)	(b)	(c)	(d)
①	正	正	誤	誤
②	正	誤	正	正
③	正	誤	正	誤
④	誤	正	正	正
⑤	誤	正	誤	正

ここが大切！

寒冷低気圧が対流圏中・上層で明瞭な特徴や、その理由などが頻出論点となっているので、発生メカニズムや鉛直構造を中心に細部まで押さえておくことが大切です。

解説と解答

(a) 寒冷低気圧は、対流圏中・上層の偏西風帯で南北の温度差が大きくなり、強風軸の南北方向の蛇行が大きくなることで偏西風の主流な流れから低緯度側に気圧の谷の南の部分が切り離されることで生じる、対流圏中・上層で明瞭な低気圧です。このような過程で形成される寒冷低気圧は、寒気と暖気の境界である**温暖前線や寒冷前線を伴わないことが多くなります**。したがって、寒冷低気圧について「温暖前線と寒冷前線を伴うことが多い」とする記述は誤りです。

（b）寒冷低気圧は、上層において寒気と低圧部が切り離されてできる低気圧なので、対流圏中・上層には寒気が存在しますが、そのさらに上の成層圏下部においては気温が高くなっているため、これらが打ち消し合う結果、地上天気図では低気圧としては不明瞭となり、低気圧が解析されないこともあります。しかし、対流圏中・上層の寒気が切り離されて形成される低気圧であることから、対流圏中層や上層の天気図では低気圧性循環が明瞭です。したがって、正しい記述です。

（c）寒冷低気圧の中心部は、対流圏界面が周囲に比べて大きく下がっていて、対流圏界面より上の成層圏下部では周囲に比べて気温が高くなっています。したがって、対流圏界面より上の気温について「低く」とする記述は誤りです。

（d）寒冷低気圧は、上層に強い寒気が存在するので、夏季に寒冷低気圧が日本付近に東進してくると、地上付近の相対的に高い気温との差によって成層が鉛直不安定となりやすく、また、寒冷低気圧の東側から南東側は下層に高相当温位の空気が入り込みやすい領域です。そのため、上層に寒気をもつ寒冷低気圧の中心の東側から南東側にかけては積乱雲が発達して、短時間強雨、落雷、降ひょうなどの激しい対流現象が発生しやすくなります。したがって、正しい記述です。

わんステップアドバイス！

この問題のすべての選択肢の内容が、寒冷低気圧の頻出論点です。寒冷低気圧・切離低気圧・寒冷渦のいずれの名称で問われても正解できるようにしておきましょう。

解答 ⑤

LESSON 65 学習優先度 A 頻出度

主なメソスケール現象

メソスケール現象を正確に把握することで、短期予報や局地予報の精度を良いものにすることができます。このレッスンでは、集中豪雨や大雪など、私たちの生活に大きな影響を与えるメソスケール現象の種類や特徴などについて学びます。

集中豪雨

狭い地域に集中的に降る豪雨を集中豪雨といい、その多くは短時間の現象です。雨域はメソβ～メソγ規模で、日本付近の集中豪雨は、ほとんどの場合、積乱雲群によって起こっています。集中豪雨は、下層に湿潤な空気が次々と供給され、大気の成層が不安定な状態が維持されることで生じるため、主に梅雨期における現象は災害に結び付くことが多くなります。また、梅雨前線に伴う集中豪雨によって災害が多発するのは主に西日本で、集中豪雨が発生する場所では下層ジェットや湿舌（しつぜつ）の存在がよく確認されます。**下層ジェット**は、下層（700～850hPaの高度）に出現する、狭い領域に集中して吹く強風域のことで、40 ノット程度以上の風を目安としています。対流が激しく、上下層の混合が活発な場所では、上層の大きな運動量が下層に輸送されるため、上層の強い風に下層の風が引っ張られて風速が増大することで下層ジェットが形成されます。下層ジェットは下層での水蒸気の輸送量を増加させるため、集中豪雨の原因となります。**湿舌**は、帯状に伸びる湿潤な領域のことで、舌の形に似ていることからそう呼ばれます。湿舌内の上昇流は対流圏界面まで達することもあり、湿舌における層厚の厚い湿潤層が集中豪雨を形成する原因となります。

梅雨前線上の低気圧に伴う降水 梅雨前線は異なる空気がぶつかる境界線で上昇流域であることから、梅雨前線上には、約 1,000 ～ 2,000km 間隔でメソαスケールの背の低い小低気圧が発生しやすくなります。この小低気圧に伴う積乱雲群によって降水現象が引き起こされ、下層ジェットが、太平洋高気圧の縁辺から水蒸気をたっぷりと含んだ空気を梅雨前線の南側に供給することで前線活動を活発化させ、大雨（集中豪雨）をもたらします。

大雪

気圧配置によって、降雪のパターンはさまざまですが、特徴的なものとしては、山雪(やまゆき)型と里雪(さとゆき)型と太平洋側の降雪のパターンがあります。

山雪型 典型的な西高東低の気圧配置のときの降雪パターンです。冬季のシベリア大陸では、非常に低温で乾燥したシベリア気団が形成されます。この気団の寒気は空気密度が大きいため高気圧（シベリア高気圧）が発生します。このとき、日本付近が西高東低の気圧配置になると、相対的に気圧の低い日本に向かって、シベリア大陸から強い北西の季節風が吹きます。この季節風は、大陸では寒冷で乾燥した空気ですが、図65－1のように、相対的に海面水温が高い日本海上を吹走するときに、海面から大量の潜熱（水蒸気）と顕熱が供給され、下層だけが暖かく（それでも寒気は強い）、湿潤な空気に気団変質して、積雲が形成されます。このとき風は、図65－2のように鉛直方向に風向シアが小さく風速シアが大きいため、雲列が伸びる方向は、雲底付近と雲頂付近の風のシアベクトルの向きとほぼ同じになります。そのため、日本海上の雲は**筋状の対流雲列**となります。この積雲が発達しながら強い北西の季節風によって日本海側の地方に達します。北西風が強く雲の移動速度も速いため、日本海側の地方に達した時点ではまだ大雪を降らせるまでには発達していませんが、日本列島を横断する脊梁(せきりょう)山脈を越えるときの強制上昇により発達した積乱雲になり、日本海側の地方の山沿いや山間部などに大雪をもたらします。このような降雪パターンを山雪型といいます。地上天気図では、図65－3のように、西高東低の強い冬型の気圧配置になっていて日本付近は等圧線の間隔が狭く、おおむね南北方向に縦に並んでいます。そのため、気圧傾度が大きく、北～北西の風が強く吹きます。なお、図65－4に示すように、冬季の西高東低の気圧配置が顕著なときに、シベリア大陸から日本海に向かって吹き出す北西の季節風（寒気）が、中国と北朝鮮の国境地帯にある標

■図65－1 山雪型の降雪パターンの仕組み

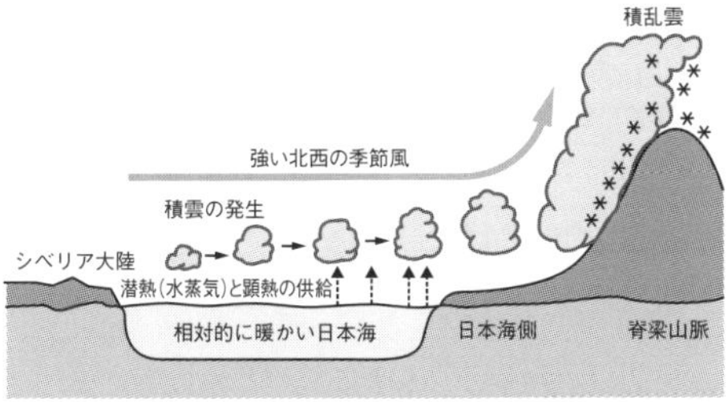

積乱雲
強い北西の季節風
積雲の発生
シベリア大陸
潜熱（水蒸気）と顕熱の供給
相対的に暖かい日本海
日本海側
脊梁山脈

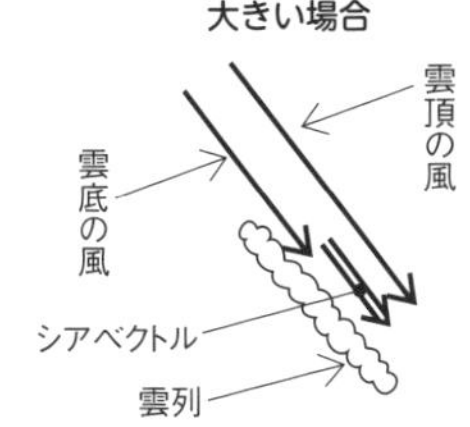

■図65－2 風速の鉛直シアが大きい場合

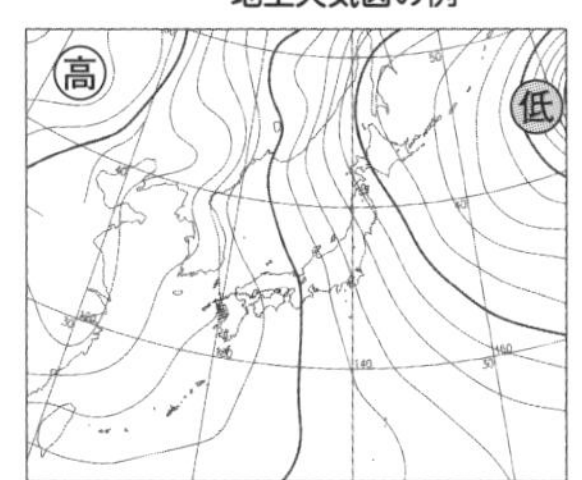

■図65－3 山雪型の場合の地上天気図の例

高 2,000m 級の長白山脈によって 2 つに分流されて、風下側の日本海で再び合流して収束することにより生じる収束帯を、日本海寒帯気団収束帯（JPCZ）といいます。この収束帯には帯状の対流雲が形成され、中には発達した積乱雲も含まれるため、収束帯の延長線上にある山陰や北陸地方では平野部でも大雪（降雪）、雷、突風が発生することがあります。また、図 65 － 4 に示すように、日本海上に筋状の対流雲ができ始める地点と大陸の海岸線との間の距離を離岸距離といいます。大陸からの**寒気が強いほど**不安定度が強く日本海で対流雲ができ始めるタイミングが早いので、**離岸距離は短く**なります。

■図65－4　日本海寒帯気団収束帯（JPCZ）の可視画像

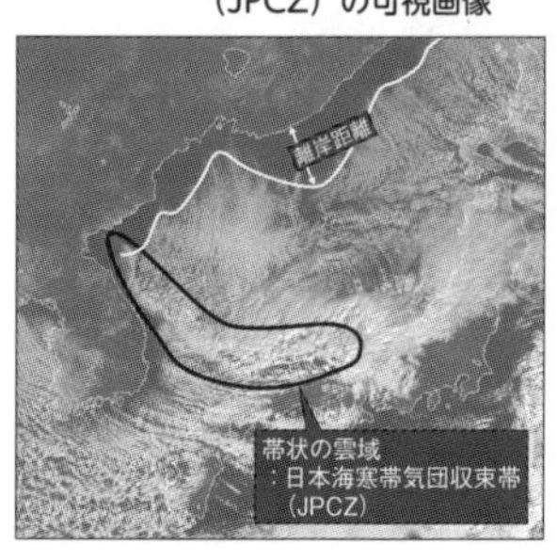

里雪型　西高東低の冬型の気圧配置が**弱く**て、日本海上に強い寒気がある場合の降雪パターンです。里雪型の場合も、シベリア大陸からの寒冷で乾燥した北西の季節風が日本海上で気団変質するところまでは山雪型と同じです。しかし、図 65 － 5 のように、里雪型は、日本海上空（500hPa 付近）に－ 40℃前後の強い寒気が存在しています。そのため、大気の状態は極めて鉛直不安定になり、日本海上で発生した積雲はその場所で急速に積乱雲に発達し、日本海側の地方に達するときには背の高い積乱雲に成長しています。このように発達した積乱雲内では、雪のもとになる雲粒が十分に成長するため、山雪型のように脊梁山脈による地形性の強制上昇がなくても、沿岸や平野部などに大雪をもたらします。なお、里雪型の方が、積乱雲の背が高い分だけ雲粒を多く含んでいることから、降雪量は山雪型よりも多くなるのが一般的です。地上天気図では、図 65 － 6 のように、山雪型よりも西高東低の気圧配置が弱く日本付近は等圧線の間隔が広いので、日本海西部で**袋状**の等圧線分布になります。そのため、気圧傾度は山雪型よりも小さく、西よりの風になります。

■図65－5　里雪型の降雪パターンの仕組み

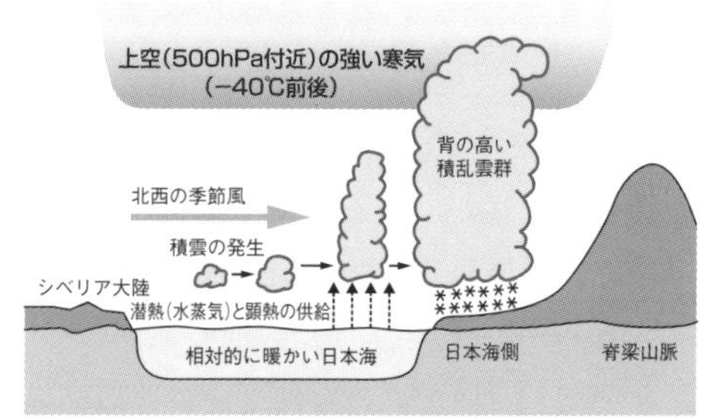

■図65－6　里雪型の場合の地上天気図の例

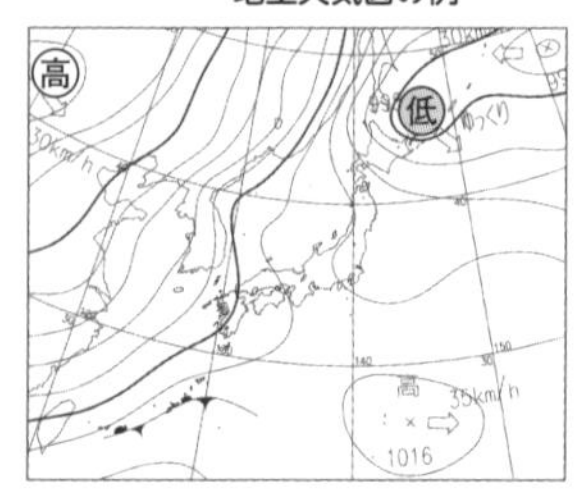

太平洋側の降雪　春先に、低気圧が日本の南岸を通過する場合の降雪パターンです。雨になるか雪になるかは、地上の気温と湿度が影響していて、気

温と湿度が低いほど雪になる可能性は高くなります。また、雪や氷のとける速さは、氷晶が周りの空気から熱伝導で受け取る熱（顕熱）と氷晶の表面から昇華によって奪われる熱（潜熱）の大小関係によって決まるので、気温が同じ場合は湿度の違いで氷粒子の表面から昇華によって奪われる潜熱の効果が異なります。湿度が低いほど氷粒子の表面からの昇華が多く、氷粒子の表面の冷却効果が強いので氷粒子はとけにくくなります。そのため、図65－7から読み取れるように、例えば、地上気温が3℃のときは湿度約60%では雪、湿度約80%であればみぞれ、湿度約90%であれば雨のように、湿度が低いほど雪の可能性が高く、湿度が高いほど雨の可能性が高くなります。

■図65－7　降水の型の判別図

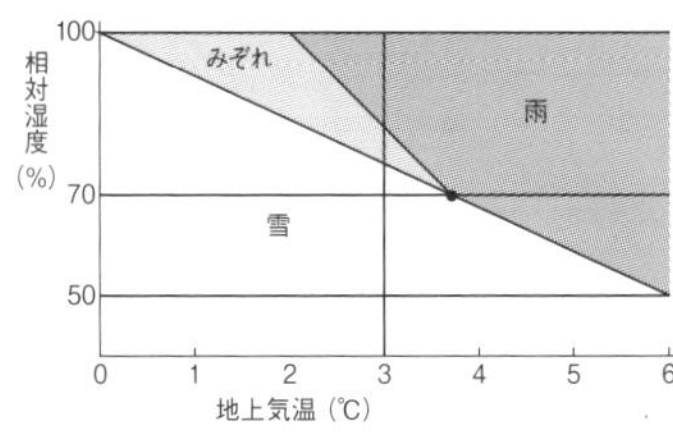

ポーラーロー

図65－8に示すように、冬季に、相対的に暖かい海上の**寒帯気団内**に形成される前線を伴わない小低気圧を、ポーラーローといいます。渦状やコンマ状の形の雲を伴う直径数100kmの小さくて激しい擾乱で、寿命は1～2日です。日本海周辺の海域で、特に朝鮮半島東方や北海道西方でよく発生します。ポーラーローは、海面からの顕熱と潜熱の補給と、水平温度傾度に起因する有効位置エネルギーや水平シアの運動エネルギーの存在によって発生し、傾圧不安定や、第二種条件付不安定（CISK（シスク））によって発達します。発達の程度によっては、小型台風と同程度まで発達して眼を持つこともあります。ポーラーローの構造は熱帯低気圧に近く、暖気核が存在していて、発達したポーラーローは激しい突風や強風、降水を伴い、短時間に大雪を降らせることがあるため注意が必要です。また、熱帯低気圧と同様に大量の水蒸気の供給が、発達と勢力維持のためのエネルギー源であるため、陸上に入ると急速に衰弱するのが一般的です。ポーラーローと主低気圧との相対的な位置関係は図65－8のように、ポーラーローが主低気圧に伴う寒冷前線の北側の寒帯気団内に位置する関係となります。なお、ポーラーローを構成している雲域は、組織化された雄大積雲や積乱雲群と、これらの雲から派生した上層雲とシーラスストリークです。

■図65－8　ポーラーロー発生時の代表的な配置

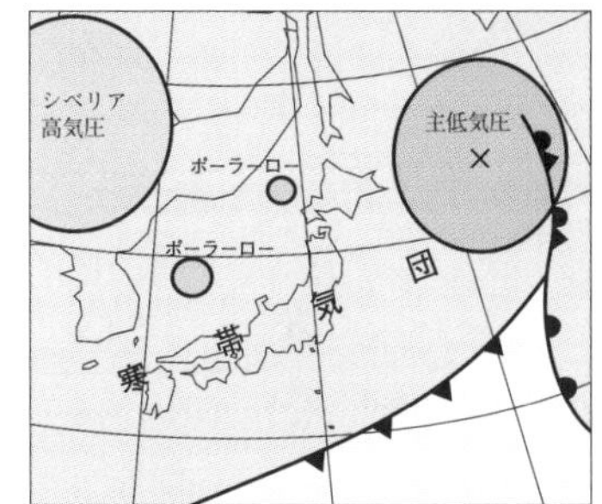

過去問チャレンジ 主なメソスケール現象 [▶ L 65]

H 24 − 2（39 回）専門 問 11

冬季の降雪に関する次の文（a）～（d）の正誤の組み合わせとして正しいものを，下記の①～⑤の中から一つ選べ。

（a）大陸から日本海に吹き出した寒気が海上で変質し成層が不安定となって対流雲が発生するときには，その雲列がのびる方向は，雲底と雲頂付近の間の風のシアベクトルの向きとほぼ同じであることが多い。

（b）日本海上に筋状の対流雲ができ始める地点と大陸の海岸線との間の距離は，海面水温など他の条件が同じならば，大陸から吹き出す大気の下層の気温が低いほど長い。

（c）日本海側で発生する里雪型と呼ばれる大雪は，上空の寒気が日本の東の海上に抜けたあとに発生することが多い。

（d）地上付近の気温が 0 ℃を少し上回るときの地上における降水は，下層の湿度が低いほど雪の可能性が高くなる。

	(a)	(b)	(c)	(d)
①	正	正	誤	正
②	正	誤	誤	正
③	正	誤	誤	誤
④	誤	正	正	誤
⑤	誤	誤	正	誤

ここが大切！

降雪のパターンとして、山雪型、里雪型、太平洋側の降雪の特徴がよく問われます。また、太平洋側の降雪では雨になるか雪になるかの判断が実技でも問われるほど重要なので、0 ～ 3 ℃前後の場合を軸に習得しておくことが大切です。

解説と解答

（a）西高東低の気圧配置が顕著な場合は、大陸から日本海に向かって寒気が吹き出します。その寒気が相対的に暖かい海上で変質するため、成層が不安定になり対流雲が発生します。このときの風は、風向の鉛直シアが小さく、風速の鉛直シアが大きいため、雲列がのびる方向は、雲底と雲頂付近の間の風のシアベクトルの向きとほぼ同じになり、筋状の対流雲列が生じます。したがって、正しい記述です。

（b）日本海上に筋状の対流雲ができ始める地点と大陸の海岸線との間の距離を離岸距離といいます。大陸から吹き出す大気の下層の気温が低いほど不安定度が強く、日本海で対流雲ができ始めるタイミングが早くなるため、離岸距離は短くなります。したがって、「下層の気温が低いほど長い」という記述は誤りです。

（c）日本海側で発生する里雪型と呼ばれる大雪は、日本海上空（500hPa付近）に－40℃前後の強い寒気が存在している場合に生じる降雪パターンです。大気の状態は極めて鉛直不安定なため、日本海上で発生した積雲が海上で急速に積乱雲に発達して、日本海側の沿岸や平野部などに大雪をもたらします。したがって、「上空の寒気が日本の東の海上に抜けたあとに発生する場合が多い」という記述は誤りです。

（d）地上付近の気温が0℃を少し上回るときの地上の降水が雨になるか雪になるかは、地上付近の気温と湿度が影響しています。例えば、地上気温3℃のときは、湿度約60%であれば雪、湿度約80%であればみぞれ、湿度約90%であれば雨となります。つまり、下層の湿度が低いほど雪の可能性が高く、湿度が高いほど雨の可能性が高くなります。したがって、正しい記述です。

わんステップアドバイス！

選択肢（b）では、離岸距離という用語をあえて使っていません。難易度を上げるための手段として気象予報士試験でよく用いられる手法です。問題文から離岸距離を論点とする問題だと判断できるようにしておきましょう。

解答 ②

LESSON 66

学習優先度 B　頻出度 

季節予報とアンサンブル予報

1か月後のある日の天気を晴れや雨のように予報するのではなく、1か月間の天候を曇りや雨の日が多いなど大まかに予報するのが季節予報です。このレッスンでは、季節予報の種類や、その手法などについて学びます。

季節予報

週間天気予報では1週間先までの1日単位の天気を予報しますが、1週間より先になると日々の天候を左右する移動性の低気圧や高気圧の予測が困難になるので、1週間や1か月間を平均した大まかな傾向を予報します。これを季節予報といいます。季節予報では、ある期間の平均気温が平年値より高いか、低いかなど、気象要素の平均状態を予測します。また、局地的な天候を予測することも難しくなるため、地域の平均的な天候を予測し、予報地域のスケールによって全般と地方に、時間スケールによって、1か月、3か月、暖候期、寒候期ごとに分けられます。

季節予報の予報区分 季節予報には、1か月予報、3か月予報、暖候期予報、寒候期予報があり、それぞれ北日本や東日本ごとに発表される全般季節予報と、北海道地方や東北地方、関東甲信地方といった地方ごとに発表される地方季節予報があります。全般季節予報は、北日本、東日本、西日本、沖縄・奄美の4地域に区分して予報し、地方季節予報は、北海道地方、東北地方、北陸地方、関東甲信地方、東海地方、近畿地方、中国地方、四国地方、九州北部地方、九州南部・奄美地方、沖縄地方の11地域に区分して予報します。また、全般季節予報は気象庁本庁が発表し、地方季節予報は全国を11地域に分けた予報区ごとに、担当する気象官署がそれぞれ発表します。

季節予報の種類と内容 1か月予報や3か月予報は、向こう1か月間もしくは3か月間の平均気温や降水量などの傾向を予報します。暖候期予報は2月25日ごろにその年の夏（6～8月）の、寒候期予報は9月25日ごろにその年の冬（12～2月）の平均気温や降水量などの傾向をそれぞれ予報します。

また、季節予報では、アンサンブル予報という数値予報の手法が用いられていて、確率予報として発表されています。例えば、ある時期の気温を平均値より「高い」「並」

「低い」の３階級で予報すると、同じ「高い」という予報でも、確率予報であれば、高くなる確率が60%、あるいは50%など数字で示されることになります。

アンサンブル予報

アンサンブルとは集団という意味で、数値予報の誤差の拡大を事前に把握するために用いる手法をアンサンブル予報といいます。数値予報結果の誤差の原因は、初期値に含まれる誤差が拡大することと、数値予報モデルが完全ではないことの２つに大別されます。数値予報では、観測データの誤差や解析手法に限界があるため、初期値に含まれる誤差をゼロにすることはできず、時間とともに誤差が拡大することを避けることができません。アンサンブル予報では、ある時刻に少しずつ異なる初期値を多数用意して多数の予報を行い、平均やバラツキの程度といった統計的な情報を用いて気象現象の発生を確率的に捉えることが可能です。つまり、アンサンブル予報は、１つの初期時刻から始めたアンサンブル予報の結果から、確率予報を作成して確率予報の形式で出力することができるのが大きな特徴です。また、予報結果の信頼度をスプレッドという量を使って判断できることも、アンサンブル予報の特徴の１つです。スプレッドは、図のように、アンサンブル予報で求められた個々の予報結果（メンバーという）の平均値（アンサンブル平均）に対して、各メンバーのバラツキの標準偏差から求めます。アンサンブル予報によって求められたアンサンブル平均に対して各メンバーの予報値のバラツキが大きいと、求められた平均値の信頼度が低くなるので、各メンバーの予報値のバラツキの標準偏差から求めたスプレッドで、予想された平均値の信頼度を判断することができます。スプレッドが大きい（小さい）場合は、誤差の増幅も大きい（小さい）ことを示すので、予想された平均値の信頼度が低い（高い）ことになります。なお、アンサンブル平均された予報結果は、各メンバーのランダムな予報誤差を打ち消し合った結果として算出されるものなので、**アンサンブル平均された予報結果より精度が良いメンバーも、悪いメンバーも存在する**可能性があります。アンサンブル予報の手法は、明日までの天気予報、５日先までの台風予報、１週間先までの天気予報などにも利用されています。

■図　１か月予報におけるアンサンブル予報の例

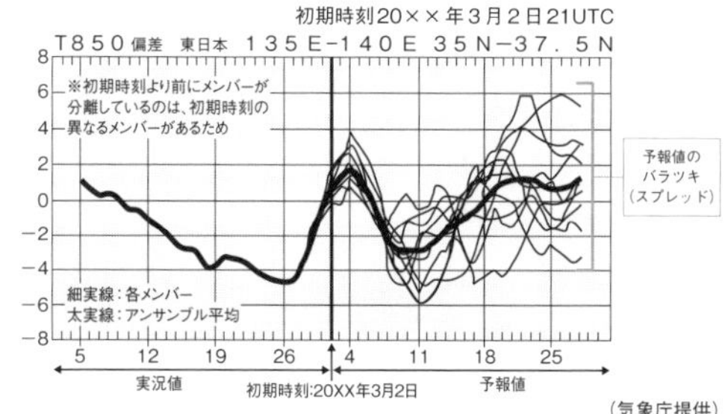

（気象庁提供）

LESSON

67 平均天気図

学習優先度 B　頻出度 

長期予報は長期間の天候の傾向を把握するのが目的なので、日々の天気を予報する短期予報では用いることのない平均天気図を用いています。このレッスンでは、500hPa 高度場の5日平均天気図の特徴や読み取り方について学びます。

平均天気図

長期予報では、5日間以上の時間を平均した平均天気図を用います。例えば1か月予報では、短期予報や週間天気予報などの日々の天気を予報対象としているのではなく、長期間の平均的な天候の状態を対象としています。また、着目する現象も、より大きな空間スケールを持つ超長波、偏西風帯の変動、亜熱帯高気圧の動向などです。代表的な温帯低気圧や高気圧は、波長が 4,000km 前後で1日に約 1,000km 東進するので、4～5日以上の時間平均を取ることで、総観規模より小さな擾乱は平均化によって除去され、大規模擾乱のみを表現できます。そのため、長期間の天候の傾向を支配する大規模な流れや気温分布の変動を把握することを目的とする季節予報では、5日以上の時間を平均した天気図を用います。

500hPa 高度平年偏差図

平均天気図では、擾乱の振幅よりも季節変化の振幅の方が大きくて、平均天気図だけを見ても変動が分かりにくいことが多いので、季節予報で用いる平均天気図には、必ず**平年偏差**（該当期間の平均値からその期間の平年値を差し引いた値）分布が破線で示されています。平年偏差の分布状態を見ることによって、平年との相違を把握することができます。図 67 － 1 は、500hPa 高度場の5日平均と平年偏差の図で、実線は等高度線（60 m ごと）、破線は等偏差線（60 m ごと）を示しています。また、陰影の部分は、平年より高度が低い領域である負偏差域を、陰影のない部分は、平年より高度が高い領域である正偏差域を意味します。図の

■図67－1
500hPa高度場の平均天気図と平年偏差

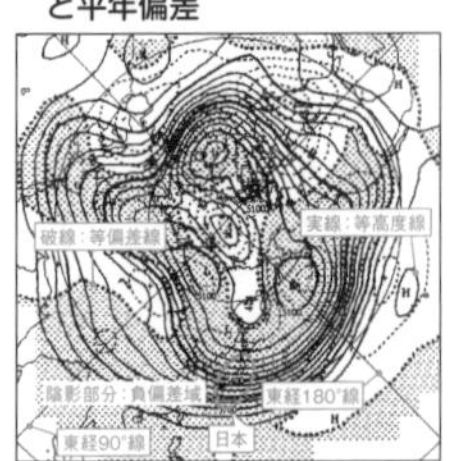

（気象庁提供）

中心から左下に向かう斜線が東経 90° 線、右下に向かう斜線が東経 180° 線です。500hPa 高度場の5日平均と平年偏差の図からは、超長波、偏西風ジェット気流の位置と強さ、太平洋高気圧の動向などを把握することができ、これらから気温や降水量の傾向を推測します。また、500hPa 高度場の平年偏差を見ることで、対流圏中・下層の気温の動向を把握することができます。

地上気圧の差は比較的小さいものとして考慮しないことが可能とすると、等圧面間の層厚の関係（平均気温は層厚の厚さに比例している）により、高度が平年より高い場所は地表〜 500hPa 間の平均気温が平年より高いことを示し、反対に高度が平年より低い場所は地表〜 500hPa 間の平均気温が平年より低いことを示しています。したがって、高度の平年偏差が正偏差の場合は、層厚が大きく気温が高いことを意味し、高度の平年偏差が負偏差の場合は、層厚が小さく気温が低いことを意味します。図 67 − 1 では、日本付近は負偏差域にあるのが読み取れるので、平年より低温傾向にあると考えられます。

西谷と東谷 日本付近の 500hPa 5日平均高度の平年偏差が図 67 − 2 のように、日本の西側で低いときを西谷の流れといいます。また、東側で低いときを東谷の流れといいますが、偏差図では正と負の値だけではなく、正と負の関係を相対的に見ることが重要で、図 67 − 3 のように、日本の東側が明瞭な負偏差となっていなくても、日本の西側で強い正偏差になっていれば、東谷の傾向が見られると判断します。西谷と東谷は、高度の分布ではなく、平年偏差の分布からこのような定義となっています。また、5日平均の流れは大規模な流れを代表したものなので、地衡風が吹いていると考えられます。平年偏差は、5日平均の流れが平年値からどれだけずれているかを示すものなので、等偏差線に平行で、偏差の値の高い方を右側に見て、偏差値の傾度に比例するような強さの流れを考えると、それは平年の地衡風からのずれを示すものとなります。このことから、西谷の場合は、日本付近では5日間の平均的な風向は南西となり、平年よりも湿った暖かい南西の風が日本に流入しやすくなるので、**曇りや雨の日が多くなる傾向**にあります。一方、東谷の場合は、日本付近では平年偏差の流れは北西となり、平年よりも大陸から北西の風が流入しやすく、低気圧が日本の東方海上で発達しやすいので、**冬季には日本海側で雪・雨・曇りの日、太平洋側で晴天の日が多くなる傾向**にあります。

■図67 − 2
500hPa高度場の平均天気図
（西谷の例）

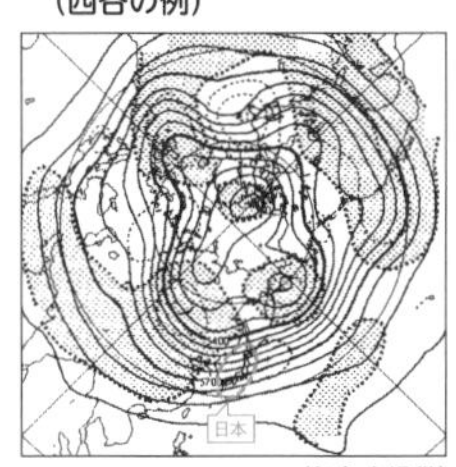

（気象庁提供）

■図67 − 3
500hPa高度場の平均天気図
（東谷の例）

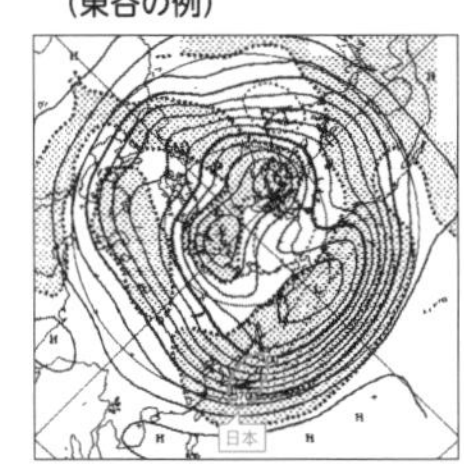

（気象庁提供）

過去問チャレンジ　アンサンブル予報 [▶ L 66]

H 24 − 2（39 回）専門 問6

週間アンサンブル予報のプロダクトについて説明した次の文 (a) ~ (d) の正誤の組み合わせとして正しいものを，下記の①~⑤の中から一つ選べ。

(a) 一つの初期時刻から始めたアンサンブル予報の結果から，確率予報を作成することができる。

(b) アンサンブル予報の結果のスプレッドが大きい場合は，小さい場合に比べて予報の信頼度が低い。

(c) 予報結果のアンサンブル平均をとることによって，予報モデルが持つ系統的な誤差を除去することができる。

(d) アンサンブル平均された予報結果は，どのメンバーの予報よりも常に精度が良い。

	(a)	(b)	(c)	(d)
①	正	正	誤	誤
②	正	誤	正	正
③	正	誤	誤	正
④	誤	正	正	正
⑤	誤	正	誤	誤

ここが大切！

アンサンブル予報では、アンサンブル平均やスプレッド、メンバーといった特徴的な用語の意味を理解しているかを問う問題がよく出題されているので、特徴的な用語については細かいところまでしっかりと押さえておくことが大切です。

解説と解答

(a) アンサンブル予報では、ある時刻に少しずつ異なる初期値を多数用意して多数の予報を行い、平均やバラツキの程度といった統計的な情報を用いて気象現象の発生を確率的に捉えることが可能なので、予報結果を**確率予報**の形式で出力することができます。したがって、正しい記述です。

（b）アンサンブル予報の特徴の1つは、予報結果の信頼度をスプレッドという量を使って判断できることです。スプレッドは、アンサンブル予報で求められた個々の予報結果（メンバー）の平均値（アンサンブル平均）に対して、各メンバーのバラツキの標準偏差から求める量で、**スプレッドが大きい**場合は、誤差の増幅も大きいことを示すので、予想された平均値の**信頼度が低い**ことになります。したがって、正しい記述です。

（c）予報モデルが持つ系統的な誤差を除去できるのは、カルマンフィルターなどを用いたガイダンスです。アンサンブル平均で系統的誤差を**除去することはできません**。したがって、誤った記述です。

（d）アンサンブル平均された予報結果は、各メンバーのランダムな予報誤差を打ち消し合った結果として算出されるものなので、アンサンブル平均された予報結果より**精度が良いメンバーも、悪いメンバーも存在する可能性があります。**したがって、「アンサンブル平均された予報結果は、どのメンバーの予報よりも常に精度が良い」という記述は誤りです。

わんステップアドバイス！

選択肢（a）と（b）はアンサンブル予報の特徴について問うものです。（c）はカルマンフィルターの知識と関連付けられていて混乱しがちなので、どの手法で何ができるのかを整理しておきましょう！（d）はアンサンブル平均された予報結果がどういうものかをしっかりと理解していれば比較的容易に判断できるので、しっかりと問題文を読み解くことがポイントですよ。

解答 ①

第2章
ざっくり解説

第3節

防災気象情報

気象によって起こる災害や、災害の防止を目的として発表される注意報・警報などの防災気象情報について学習する節です。気象災害の特徴と防災気象情報の発表の関係性などを意識して学習することが大切です。

関係性というのは…
3キロも太っちゃったのは、
大好きなケーキをたくさん
食べたから。
みたいなことよね。
合っているような、
合っていないような…。
……。

＼ここを押さえよう！／

この節の 学習ポイント

防災気象関連

▶▶▶ L68～L70

気象災害を引き起こす可能性のある激しい気象現象が観測や予想されるときに気象庁から発表される注意報・警報・気象情報などについて学びます。台風情報・土壌雨量指数・流域雨量指数は、実技試験でも問われる内容なので、第３章を学習した後に再度学習するなど、繰り返し学習しましょう。

気象災害

▶▶▶ L71

風・降水・降雪が原因となって生じる災害の種類と内容について学びます。特に、なだれの種類とそれぞれの特徴は試験における頻出項目です。なだれの発生要因と発生時の特徴についてしっかりと学習しておきましょう。

例えば、湿った雪は重くてくっつきやすいので、湿った雪がたくさん降ると、電線などに積もって雪の重みで電線が切れてしまう可能性があります。このようなときに、着雪注意報という注意報が発表されるといった**関係性**が大切です。

LESSON 68

学習優先度 B　頻出度

注意報・警報・特別警報・気象情報

注意報や警報などの発表は、一定の区分ごとに行われます。また、注意報や警報のほかにも、注意喚起や情報の補足を目的として気象情報が発表されます。このレッスンでは、注意報や警報などの発表区分と、気象情報の特徴について学びます。

注意報・警報・特別警報

気象などに関する注意報・警報・特別警報は、気象災害を引き起こす可能性のある気象現象が観測・予想される場合において、一般の人々に注意を促す目的で発表されます。天気予報は**一次細分区域**（**府県天気予報を定常的に細分して行う区域**）や、**市町村等をまとめた地域**を単位として発表されますが、注意報・警報・特別警報は**二次細分区域**を単位として発表されます。市町村等をまとめた地域とは、二次細分区域ごとに発表する気象警報・注意報の発表状況を地域的に概観するために、災害特性や都道府県の防災関係機関などの管轄範囲などを考慮してまとめた区域のことです。また、二次細分区域とは、気象警報・注意報の発表に用いる区域で、市町村（東京特別区は区）を原則としています（例外として一部市町村を分割して設定している場合あり）。これらについて、図68－1に示す福島県の浜通りを例に整理すると、表のようになります。図68－1のように、太実線で囲まれた区域が一次細分区域を表し、囲み文字でその名称が記されています。灰色の実線で囲まれた区域が二次細分区域を表し、影付き文字でその名称が記されています。色分けされた区域が市町村等をまとめた地域を表し、点線の囲み文字でその名称が記されています。なお、同一区域に対して同じ種類の注意報と警報が同時に出されることはありません。

■図68－1　発表区分（福島県の場合）　▶カラー図 P15

福島県　会津　会津北部　会津中部　会津南部　中通り　中通り北部　中通り中部　中通り南部　浜通り　浜通り北部　浜通り中部　浜通り南部

平成22年5月27日現在

（気象庁提供）

■表　発表区分まとめ（例）

府県予報区	一次細分区域	市町村等をまとめた地域	二次細分区域（市町村ごと）
福島県	浜通り	浜通り北部	相馬市、南相馬市、新地町、飯舘村
		浜通り中部	浪江町、双葉町、大熊町、富岡町、楢葉町、広野町、川内村、葛尾村
		浜通り南部	いわき市

気象情報

気象情報は、注意報や警報がまだ発表されていない状態のときに注意を呼び掛ける**予告**と、すでに対象とする注意報や警報が発表されている状態のときの内容の**補完**を目的として発表されるものです。注意報や警報が発表されていない場合でも、24時間から2～3日先に災害に結び付くような激しい現象が発生する可能性のあるときは、注意報や警報に先立って気象情報が発表されます。また、すでに注意報や警報が発表されている場合においても、その利用価値を高め、防災対応への支援をより効果的にするために現象の経過、予想、防災上の留意点などを具体的に説明することが必要であるときは、気象情報が発表されます。気象情報には、対象となる地域による種類、対象となる現象による種類、**発表形式**による種類があり、気象情報のタイトルは、これらの組み合わせによって付けられます。

対象となる地域による種類 気象情報は、発表する地域によって全国を対象とする全般気象情報、全国を11（北海道、東北、関東甲信、北陸、東海、近畿、中国、四国、九州北部、九州南部・奄美、沖縄）に分けた地方予報区を対象とする地方気象情報、都道府県（北海道や沖縄県ではさらに細かい単位）を対象とする府県気象情報の3つに区分されています。

対象となる現象による種類 例えば、大雨に関する全般気象情報などのように、大雨に関するもののほか、大雪、暴風、暴風雪、高波、低気圧、雷、降ひょう、少雨、長雨、潮位（ちょうい）、強い冬型の気圧配置、黄砂など、現象の種類によってさまざまな種類があります。他にも、図68－2のように、大雨と雷及び突風や、雷と降ひょう、暴風と高波など、組み合わせて発表されることもあります。 また、気象情報には、大雨警報発表中に、数年に一度程度しか発生しないような短時間の大雨を観測（地上の雨量計による観測）したり、雨量を解析（気象レーダーと地上の雨量計を組み合わせた分析）したりしたときに発表される記録的短時間大雨情報があります。記録的短時間大雨情報は、過去に観測された雨量をもとに発表基準が定められていて、大雨の多い地方と、少ない地方の発表基準は大きく異なります。おおむね府県予報区ごとに発表基準が決められます。

■図68－2 府県気象情報の例（静岡県の大雨と雷及び突風に関する気象情報の一部抜粋）

大雨と雷及び突風に関する静岡県気象情報 第6号
2021年03月29日04時47分 静岡地方気象台発表

静岡県では、これまでの大雨により地盤の緩んでいる所があります。引き続き２９日朝にかけて、土砂災害に注意してください。

［気象概況］
関東地方には、前線を伴った低気圧があって北東に進んでいます。
静岡県では、これまでの大雨により地盤の緩んでいる所があります。

［雨の実況］
降り始め（２８日３時００分）から２９日４時００分までの降水量（アメダスによる速報値）
静岡 １７７．０ミリ
静岡市清水 １５４．５ミリ

（気象庁提供）

LESSON

学習優先度 A　頻出度

69 台風情報

台風が日本に接近しているときには、どの地域にいつ頃台風が接近するかを説明するために、天気予報などで台風情報がよく用いられます。このレッスンでは、台風情報に表示されている内容や、台風の大きさと強さの表現などについて学びます。

台風情報（実況と5日先までの予報）

台風は、大雨や暴風、波浪、高潮などの大きな災害をもたらす非常に激しい気象現象の1つです。そのため、気象庁は、台風の発生から消滅までを常時監視するとともにその進路などの予報を行い、台風および24時間以内に台風に発達すると予想される熱帯低気圧（以下、「発達する熱帯低気圧」という。）について、図69－1に示すように、5日先までの予想進路や強度を**台風情報**として発表しています。台風情報は、台風および発達する熱帯低気圧の**実況**と**予報**からなります。

台風（発達する熱帯低気圧を含む）の実況　実況は、3時間ごとに発表され、その内容は、台風の**中心位置**、**進行方向**と**速度**、**中心気圧**、**最大風速（10分間平均）**、**最大瞬間風速**、**暴風域**、**強風域**です。図69－1の×印は、現在の台風の**中心位置**を示すもので、×印を中心とした赤色の太実線の円は**暴風域**です。暴風域は、台風の周辺で風速（10分間平均）が**25 m／s以上**の風が吹いているか、地形の影響などがない場合に、吹く可能性のある領域と定義されています。暴風域の円内では、いつ暴風が吹いてもおかしくありません。黄色の実線の円は**強風域**で、風速（10分間平均）が**15 m／s以上**の風が吹いているか、地形の影響などがない場合に吹く可能性のある領域を示しています。また、青色の実線は**現在までの台風経路**です。なお、**発達する熱帯低気圧の期間の経路**は、青色の破線で示されます。

■図69－1　台風情報（24時間先までの予報）

▶カラー図 P15

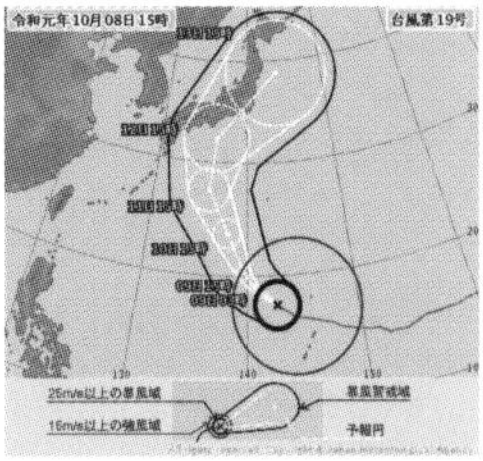

（気象庁提供）

台風（発達する熱帯低気圧を含む）の予報　予報は、1日（24時間）先までは**12時間刻み**で**3時間ごと**に、さらに5日（120時間）先までは**24時間刻み**で**6時間ごと**に発表されます。その内容は、各予報時刻の台風の**中心位置**（予報円の中心と半径)、進行方向と速度、中心気圧、最大風速、最大瞬間風速、暴風警戒域です。白色の破線円は予報円で、台風の中心が到達すると予想される範囲を示しています。予報円は、台風の大きさの変化を表すものではありません。予報した時刻に予報円内に台風の中心が入る確率は70%です。また、台風の中心は、必ずしも予報円の中心を結ぶ白色の破線に沿って進むわけではありません。予報円の外側を囲む赤色の実線は暴風警戒域で、台風の中心が予報円内に進んだ場合に5日(120時間)先までに暴風域に入る恐れのある範囲全体を示しています。最大風速と最大瞬間風速は、台風によって吹く可能性のある風速の最大値を示しているので、地形や竜巻のような局所的な気象現象など、台風以外の影響により一部の観測所で観測値がこれらの値を超える場合があります。また、台風の動きが遅い場合には、12時間先の予報が省略されることがあり、暴風域、強風域、暴風警戒域は、実況や予想される最大風速が小さい場合には表示されません。さらに、**台風が日本に接近し、影響する恐れがある場合**には、台風の位置や強さなどの実況と1時間後の推定値を1時間ごとに発表するとともに、**24時間先までの3時間刻みの予報を3時間ごと**に発表します。図69−2に示すように、24時間先までの予報では、それぞれの地域で警戒が必要となる時間帯がより詳しく分かります。

■図69−2 台風情報
(24時間先までの予報)
▶カラー図 P15

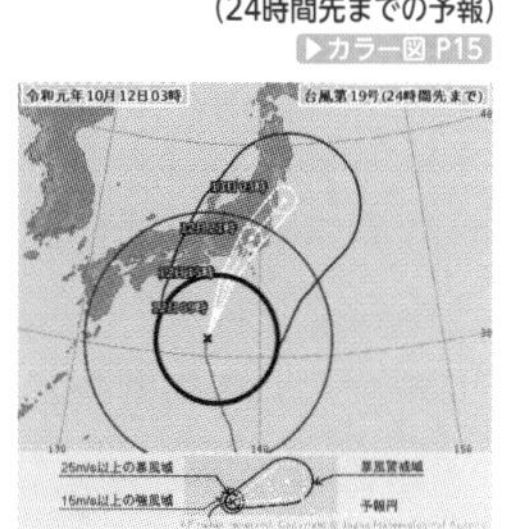

(気象庁提供)

台風の大きさと強さの段階と表現

気象庁は、台風のおおよその勢力を示す目安として、風速(10分間平均)をもとに台風の大きさと強さを表現しています。大きさは強風域(風速15m/s以上の風が吹いているか、吹く可能性がある範囲)の半径で、強さは最大風速で区分しています。

■図69−3

大きさの階級分け(強風域の半径で区分)

階級	風速15m/s以上の半径
大型(大きい)	500km以上〜800km未満
超大型(非常に大きい)	800km以上

強さの階級分け(最大風速で区分)

階級	最大風速
強い	33m/s(64ノット)以上〜44m/s(85ノット)未満
非常に強い	44m/s(85ノット)以上〜54m/s(105ノット)未満
猛烈な	54m/s(105ノット)以上

LESSON 70

学習優先度 A　頻出度

土壌雨量指数・流域雨量指数

雨による地盤の緩みや河川の上流域での雨は、土砂災害や洪水災害の要因となります。このレッスンでは、土壌中の水分量を踏まえた土砂災害の危険性を見積もる土壌雨量指数や、河川の量を踏まえた洪水災害の危険性を見積もる流域雨量指数について学びます。

土壌雨量指数

土壌雨量指数は、降った雨による**土砂災害**の危険性を見積もるための指標です。大雨に伴って発生する土砂災害（崖崩れ・土石流）には、現在降っている雨だけではなく、これまでに降った雨による土壌中の水分量が深く関係しています。そのため、降った雨が土壌中に水分量としてどれだけたまっているかを数値化した土壌雨量指数が、各地の気象台が発表する**大雨警報（土砂災害）**や**土砂災害警戒情報**などの判断基準に用いられています。

■図　土壌雨量指数のタンクモデル

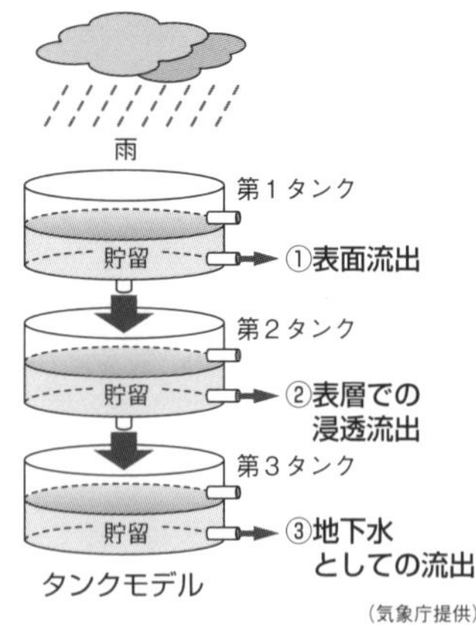

（気象庁提供）

土壌雨量指数の算出方法と特徴　雨が降ると、雨水は地表面を流れて川に流れ込んだり、地中に浸み込んだりします。そのため、土壌雨量指数の計算には、図に示すように、降った雨が土壌中を通って流れ出る様子を孔の開いたタンクを用いてモデル化した**タンクモデル**を使用しています。３段に重ねた各タンクの側面には水が周りの土壌に流れ出すことを表す流出孔が、底面には水がより深いところに浸み込むことを表す浸透流出孔があり、側面の流出孔からの流出量は、第１タンクからのものは**表面流出**に、第２タンクからのものは**表層での浸透流出**に、第３タンクからのものは**地下水としての流出**に対応します。また、第１タンクへの流入は降水、第２タンクへの流入は第１タンクの浸透流出孔からの流出、第３タンクへの流入は第２タンクの浸透流出孔からの流出によるものです。

土壌雨量指数は、各タンク（タンクモデル）の貯留量を合計して算出されます。タンクモデルは、土壌中に含まれる水分量である今まで降った雨の量から河川などに流出した量と下の土壌へ浸透した量を差し引いた雨量をモデル化したものです。土壌水分量が多いほど土砂災害（崖崩れ・土石流）が発生する危険性が高いことから、タンクの貯留量が多いほど土壌雨量指数の値は大きくなります。また、土壌雨量指数は、降水強度の急激な強まりによって急激に増大しますが、その後、降水強度が急激に弱まったとしても、下の土壌への浸透や、河川などへの流出が緩やかなため、土壌雨量指数の減少は緩やかなものになります。なお、タンクモデルにおけるタンクへの流入量とタンクからの流出量に着目した場合の土壌雨量指数が減少する要因の1つは、降水量の減少によって、タンクからの流出量がタンクへの流入量よりも多くなることです。

流域雨量指数

流域雨量指数は、河川の量などを踏まえた大雨による洪水災害（河川の増水、氾濫（はんらん）など）の危険性を見積もるための指標です。全国の約20,000の河川を対象に、河川流域を1km四方の格子（メッシュ）に分けて、降った雨水が、地表面や地中を通って時間をかけて河川に流れ出し、さらに河川に沿って流れ下る量を、タンクモデルや運動方程式を用いて数値化したものです。そのため、各地の気象台が発表する洪水警報・注意報の判断基準に用いられています。

流域雨量指数の算出方法と特徴 雨が降ると、雨水は地中に浸み込んだり、地表面を流れたりして、川に流れ込みます。そのため、流域雨量指数の流出過程の計算では、土壌雨量指数と同じようにタンクモデルを使用しています。降った雨は、通常は、地下水となったり、地表面を流れたりして河川に流れ込みますが、地面がコンクリートで覆われている都市域では、ほとんどが地表面を流れます。このように、浸透や流出は地表面の被覆（ひふく）状態（自然の土の状態か、コンクリートに覆われているか）や雨水の浸み込みやすさに関わる地質に大きく左右されることから、都市用と非都市用で性質の異なるタンクモデルが用いられています。また、流域雨量指数は、河川の上流域での降水状況を考慮したものなので、河川の下流域に降った雨が少量だったとしても、上流域に降った雨の量が多ければ洪水の危険性が高まって流域雨量指数は増大します。また、降雨から流出までの時間差や流下による時間差を考慮するため、流れ込んだ雨が下流へ移動するのに要した時間分だけ、**上流域で降った降水量のピーク値の時間**と**流域雨量指数がピーク値となる時間**に差が生じます。つまり、下流ほどピーク値の時刻は遅くなります。

過去問チャレンジ

土壌雨量指数・流域雨量指数 [▶ L 70]

H 30 － 1（50 回）専門 問 13

図ア～ウは，ある日の都市域を流れるＺ川の流域内で 10 時，10 時 30 分，および 11 時に観測されたレーダーエコーであり，図 (a)～(c) は土壌雨量指数または流域雨量指数の時系列図である。地点Ａにおける土壌雨量指数と，そこから 10km 下流の地点Ｂにおける流域雨量指数の時間変化を示す図 (a)～(c) の組み合わせとして適切なものを，下記の①～⑤の中から一つ選べ。なお，図の範囲外では，その日に雨は降っていないものとする。

▶カラー図 P16

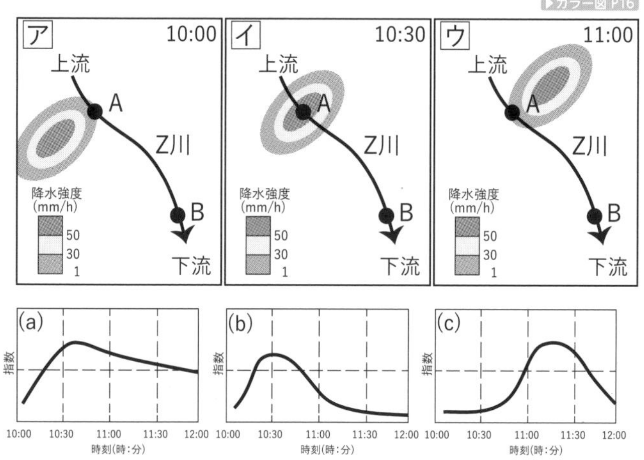

	地点Ａにおける 土壌雨量指数	地点Ｂにおける 流域雨量指数
①	(a)	(b)
②	(a)	(c)
③	(b)	(a)
④	(b)	(c)
⑤	(c)	(a)

ここが大切！

土壌雨量指数と流域雨量指数が、何を判断するための指数なのかを意識して、それぞれの特徴を理解しておくことが大切です。

(地点Aにおける土壌雨量指数) 土壌雨量指数は、降った雨が土壌中に水分量としてどれだけたまっているかをタンク（タンクモデル）を用いて数値化した指数で、各タンクモデルの水分量（貯留量）を合計して算出されます。タンクモデルは、土壌中に含まれる水分量である今まで降った雨の量から河川などに流出した量と下の土壌へ浸透した量を差し引いた雨量をモデル化したものです。そのため、土壌雨量指数は、降水強度の急激な強まりによって急激に増大しますが、その後に降水強度が急激に弱まったとしても、下の土壌への浸透や、河川などへの流出が緩やかなため、土壌雨量指数の減少は緩やかなものになります。地点Aの降水強度に着目すると、10時ごろから1～30mm／hの雨が降り始め、10時30分には50 mm／h以上と降水強度が急激に強まっているため、土壌雨量指数の増大のピークの時間が10時30分ごろの（a）か（b）に絞られます。その後、11時にかけて、降水強度は再び1～30 mm／hに急激に弱まりますが、土壌雨量指数の減少は緩やかなものとなるので、（a）が適切と判断されます。

(地点Bにおける流域雨量指数) 流域雨量指数は、降った雨水が、地表面や地中を通って時間をかけて河川に流れ出し、さらに河川に沿って流れ下る量を、タンクモデルや運動方程式を用いて数値化した指数です。河川の上流での降水状況、降雨から流出までの時間差、流下による時間差などの効果を考慮したものなので、河川の上流で雨が降った場合において、下流の流域雨量指数が増加する時間は、上流の降水時間よりも後の時間になります。地点Bは10時30分ごろに上流で急激に降水強度が増大したZ川の下流に位置しているので、流域雨量指数は10時30分よりも後の時間帯に急激に増加すると判断されます。10時30分よりも後の時間帯に流域雨量指数の値が急激に増加しているのは（c）のみなので、（c）が適切と判断されます。

わんステップアドバイス！

見たことのない図でも、落ち着いて図に表示されている項目を確認しましょう。それぞれの図から地点AとBの位置関係や強い降水があった時間と場所など、図で示されている内容を読み取ることが正解を導くためのポイントですよ。

解答 ②

LESSON 71

学習優先度 B　頻出度

気象災害の種類と内容

気象災害から国民の生命や財産を守ることは、防災官庁である気象庁や気象予報士の重要な役割の１つとされています。このレッスンでは、気象災害に対して的確な判断を下すために必要な、気象現象と災害との関係などについて学びます。

気象災害の種類と内容

気象現象が原因となって生じる災害を気象災害といいます。雨・風・雪・気温など、原因となる現象の種類や規模、被害を受ける対象がさまざまなため、気象災害の分類方法にもさまざまなものがあります。例えば、被害対象に対する作用が直接的なのか間接的なのかなどによって分類すると表のようになります。また、低温や曇天(どんてん)が長期的に継続するためにもたらされる冷害や、晴天で降水が無い状態が継続することでもたらされる干(かん)害・多照など、特定の天候の定常的な継続による災害もあります。冷害や干ばつなど、比較的長期にわたる異常気象による気象災害の予報は、現在の技術ではまだ困難な状況です。

■表　気象災害の区分（被害対象に対する作用）

①気象が直接的に作用して起きる災害 気象が持っている破壊力で起きる災害。台風や低気圧による強風害、大雨害、大雪害、降ひょう害など。
②気象が間接的に作用して起こる災害 気象が被害対象物の性質を変えたり、災害を起こす環境をつくり出す場合。大雨のために堤防が決壊して起こる浸水、洪水害、崖崩れ、土砂災害、雪崩、融雪洪水など。
③気象が災害の拡大、激化をうながす災害 強風下の火災、低温による路面凍結による追突事故など。

風害　風害には、台風や低気圧に伴う強風や竜巻などの激しい突風による風圧が直接的に作用して生じる災害と、塩害、火災、フェーン現象など強風が間接的に作用して生じる災害があります。台風や低気圧の中心付近、前線（特に寒冷前線）、季節風、竜巻などは強風や突風を伴うため、直接的な作用による風害をもたらしやすくなります。なお、積乱雲に伴う強い上昇気流によって発生する激しい渦巻き（多くの場合、漏斗状または柱状の雲を伴う）である竜巻は、積乱雲の雲頂高度の高低にかかわらず発生します。また、台風が温帯低気圧に変わりつつある場合は、温暖前線や寒冷前線が形成され始めるので、前線に伴う強風域が発生し、台風中心から離れた地域で風が強まることがあります。フェーン現象は、主に日本海側で乾燥した熱風が吹く現象で、乾燥した空気のため火

災が生じやすくなります。日本海に台風や発達した低気圧が通過するときに起こりやすく、春先に発達した低気圧が日本海を通過すると、気温が急に上昇して多雪地帯で融雪による災害やなだれを引き起こす要因となります。

雪害 雪害には、吹雪によって見えなくなるなど、降ることで生じる視程障害による災害、電線に湿った雪が付着して切断させるなどの着雪害や交通障害をもたらす積雪害など、降った雪が積もることで生じる災害、なだれなど積もった雪が崩れることで生じる災害、または積もった雪がとけることで生じる災害があります。春先の多雪地帯で気温の上昇や降雨などによって雪がとけると（融雪が起こると）、河川の水量が増大して浸水や洪水などの災害が予想されます。このような場合は、融雪によって浸水や土砂災害などの災害が予想されるときに発表される融雪注意報に加えて、大雨や融雪時に河川の増水によって洪水などの災害が起こる恐れがあるときに発表される洪水注意報が発表されます。また、なだれには、全層なだれと表層なだれがあります。

全層なだれ 積もっている雪と地面の間に雪どけ水が入ることで発生します。気温の上昇や降雨によってとけた水で滑りやすくなった地表面上を、積雪層全体が時速40～80kmで滑り落ちるため、大規模なものが多くなります。

■図71－1　全層なだれ

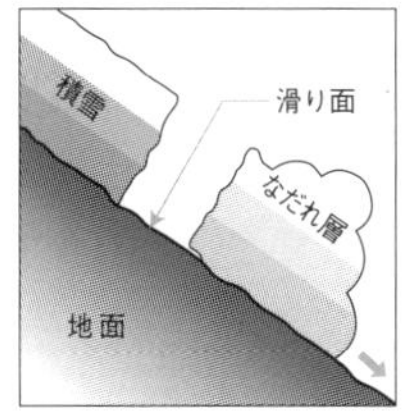

表層なだれ すでに積もっている古い雪の層の上に積もった新雪が、古い雪の層の上を滑り落ちて発生します。古い積雪面上に降り積もった新雪の層（新雪層）が滑り落ちる現象なので、気温が低く降雪が続く１～２月の厳冬期に多く発生します。時速100～200kmとスピードが速く、到達距離が長いのが特徴で、**発生地点の数km先にまで災害を引き起こす**こともある非常に危険な現象です。

■図71－2　表層なだれ

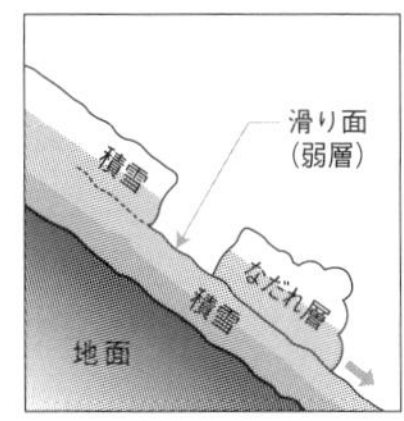

水害 大雨や融雪などによってもたらされる災害で、洪水害、浸水害、土砂災害、山崩れなどの間接作用の形で現れます。洪水害は、大雨、長雨、融雪によって発生し、洪水害が起こるとそれに付随して浸水害が発生します。土砂災害は雨や融雪によってもたらされるもので、山崩れ、崖崩れ、地滑り、土石流、落石などがあります。なお、洪水害には、**河川の水**が堤内地（ていないち）（堤防によって洪水氾濫から守られている区域）に氾濫する外水氾濫と、**川に流れ込むべき水**が堤内地で氾濫する内水氾濫がありますが、近年は都市化による内水氾濫が増えています。これは、コンクリートの地面や舗装道路の増加によって、降った雨が地中に浸透しにくくなったことが原因の１つとされています。

過去問チャレンジ

気象災害と災害をもたらす大気現象 [▶L 71]

H 26 − 1（43 回）専門 問 14

日本における気象災害と災害をもたらす大気現象について述べた次の文（a）～（d）の正誤の組み合わせとして正しいものを，下記の①～⑤の中から一つ選べ。

（a）多雪地域では，春先になると気温の上昇や降雨によって積雪が融け，浸水や洪水などの災害が起こることがある。この災害が予想されるときには，融雪注意報は発表されるが，洪水注意報が発表されることはない。

（b）全層なだれは大規模なものが発生することが多いが，一般に表層なだれは小規模で，山で発生した表層なだれが 1km も離れた集落まで達することはない。

（c）冬季の日本海側では，寒気の移流によって対流雲が発生するが，夏季に発生する積乱雲と比べると雲頂高度が低いことから，竜巻が発生することはない。

（d）台風が温帯低気圧に変わりつつある場合，中心から離れた地域でも強い風が吹くようになることが多い。

	(a)	(b)	(c)	(d)
①	正	正	誤	誤
②	正	誤	正	誤
③	誤	正	誤	正
④	誤	誤	正	誤
⑤	誤	誤	誤	正

ここが大切！

気象災害の種類は多く、その特徴も多岐にわたるため学習が大変な項目です。過去に問われた知識を重点的に整理して、優先順位を付けて習得していきましょう。

解説と解答

（a）春先の多雪地帯では、気温の上昇や降雨などによる融雪によって、浸水や洪水などの災害が予想されます。このような場合は、融雪によって浸水や土砂災害などの災害が予想されるときに発表される融雪注意報に加えて、大雨や融雪時に河川の増水によって洪水などの災害が起こる恐れがあるときに発表される洪水注意報が発表されます。したがって、誤った記述です。

（b）全層なだれは、気温の上昇や降雨によって融けた水で滑りやすくなった地表面上を積雪層全体が滑り落ちるため、大規模なものが多くなります。表層なだれは、古い積雪面上に降り積もった新雪層が滑り落ちる現象で、凍った積雪面を滑り落ちるので、スピードが速く、発生地点の数 km 先にまで達することがあります。したがって、誤った記述です。

（c）冬季の日本海側では、大陸から吹き出す寒気が日本海上を吹走することで気団変質して大気が不安定となり、積乱雲が発生・発達して竜巻などの激しい擾乱が大きな災害をもたらすことがあります。冬季の日本海側で発生する積乱雲は、夏季に発生する積乱雲と比べると熱的効果が小さく雲頂高度は低くなりますが、竜巻は積乱雲の雲頂高度の高低にかかわらず発生します。したがって、誤った記述です。

（d）**台風が温帯低気圧に変わりつつある場合**は、温暖前線や寒冷前線が形成され始めるため、前線に伴う強風域が発生します。特に寒冷前線に伴う強風域は総観規模（数 1,000km）なので、強風域の範囲は台風の強風域（数 100km）よりも広くなることが多くなります。したがって、正しい記述です。

わんステップアドバイス！

冬季の日本海側で発生する積乱雲や、台風の温帯低気圧化に伴う前線の発生などは、一般知識の内容との関連が強いので、そこからも判断できる力を養っておきましょう！

解答 ⑤

「き」ほんの二捨三入

教えて！二捨三入

端数が２以下のときは切り捨て、３から７までは５、８と９は切り上げとする処理方法です。例えば、小数第１位を二捨三入する場合は、図のように、小数第１位が０〜２のときは切り捨てて 10.0、３〜７のときは５にして 10.5、８と９のときは切り上げて 11.0 となります。二捨三入の最大のポイントは、最小値が５刻みになることです。

図

指数の表示例

10.0	→	(.0 を切り捨て)	→	10.0
10.1	→	(.1 を切り捨て)	→	10.0
10.2	→	(.2 を切り捨て)	→	10.0
10.3	→	(.3 を .5 とする)	→	10.5
10.4	→	(.4 を .5 とする)	→	10.5
10.5	→	(.5 は .5 のまま)	→	10.5
10.6	→	(.6 を .5 とする)	→	10.5
10.7	→	(.7 を .5 とする)	→	10.5
10.8	→	(.8 を切り上げ)	→	11.0
10.9	→	(.9 を切り上げ)	→	11.0

教えて！気象予報士試験での問われ方

試験では､｢最大風速値を、１の位を二捨三入して５m ／ s 刻みで答えよ。｣ や､｢降水量を二捨三入して５mm 刻みで答えよ。｣ などのように指示されることがあります。次の出題パターンを押さえておきましょう。

●最大風速値が 57.81m ／ s のときについて

パターン① ｢１の位を二捨三入して５m ／ s 刻み｣ で答える場合

→ 57.81m ／ s の１の位が７なので、５にして 55m ／ s となります。

パターン② 「小数第１位を二捨三入して 0.5m ／ s 刻み」で答える場合

→ 57.81m ／ s の小数第１位が８なので、８を切り上げて 58.0 m ／ s となります。

パターン③ 「最大風速値を二捨三入して 5 m ／ s 刻み」で答える場合

→どの位を二捨三入するかが明記されていませんが、5 m ／ s 刻みという部分から、１の位を二捨三入して 50m ／ s、55 m ／ s、60m ／ s のいずれかで答えることが求められていると判断します。57.81m ／ s の１の位が７なので、７を５にして 55m ／ s となります。

「き」ほんの厳選数式

教えて！必ず覚えておきたい厳選数式

数式と併せて、単位や記号の意味を覚えておくだけで正解を導くことができる問題が試験では出題されているので、式に加えて単位や記号の意味も一緒に覚えるのがポイントです。

この　　の部分も覚えるのが大切ってことだよ！

①対流圏の気温減率　6.5℃／ km

②気体の状態方程式　$p = \rho RT$

p：気圧（単位：Pa）　ρ（ロー）：密度（単位：kg ／ m^3）
R：気体定数（一定の数値）　T：温度（単位：K（ケルビン））

③静力学平衡の式　$\Delta p = -\rho g \Delta z$

Δ（デルタ）p：気圧差（単位：Pa）　ρ：密度（単位：kg ／ m^3）
g：重力加速度（約 9.8m ／ s^2）　Δ z：体積（単位：m^3）

④**乾燥断熱減率**　10℃／km

⑤**湿潤断熱減率**　約5℃／km（平均値）

⑥0℃＝273 K

⑦**相対湿度（単位：%）**　水蒸気圧（水蒸気量）／飽和水蒸気圧（飽和水蒸気量）×100

⑧**水滴の過飽和度（単位：%）**　（水蒸気圧－飽和水蒸気圧）／飽和水蒸気圧×100

⑨**ステファン・ボルツマンの法則**　$I = \sigma T^4$

I：放射強度（単位：W（ワット）／m^2）　σ（シグマ）$= 5.67 \times 10^{-8}$（単位：W／$m^2 \cdot K^4$）
T：黒体の温度（単位：K）

⑩**地球の放射平衡温度**　T＝255 K

⑪**コリオリの力の大きさ**　$C = 2mV\Omega \sin\phi$

C：コリオリの力の大きさ　m：質量　V：風速（単位：m／s）
Ω（オメガ）：地球の自転角速度（単位：7.294×10^{-5}／s）　φ（ファイ）：緯度（単位：°）

⑫**コリオリパラメータの式**　$f = 2\Omega \sin\phi$

f：コリオリパラメータ（コリオリ因子）

⑬**気圧傾度**　$G = \Delta P / \Delta n$

G：気圧傾度　ΔP：気圧差（単位：hPa）　Δn：距離（単位：km）

⑭**気圧傾度力**

$$Pn = -\frac{m}{\rho} \cdot \frac{\Delta P}{\Delta n}$$

Pn：気圧傾度力　m：質量（単位：kg）　ρ：空気の密度（単位：kg／m^3）
ΔP：気圧差（単位：hPa）　Δn：距離（単位：km）

⑮**地衡風速**

$$Vg = -\frac{1}{2\rho\Omega \sin\phi} \cdot \frac{\Delta P}{\Delta n}$$

Vg：地衡風速　ρ：空気の密度（単位：kg／m^3）　$2\Omega \sin\phi$：コリオリパラメータ
ΔP：気圧差（単位：hPa）　Δn：距離（単位：km）

⑯**傾度風**

高気圧性　気圧傾度力＋遠心力＝コリオリの力

低気圧性　気圧傾度力＝遠心力＋コリオリの力

単位や記号の記載がない部分は
どうすればいいのぉ？

そういうのは、単位を気にしなくて大丈夫ですよ。
試験でも、あまり出てこないので、省略してあります。

第3章

実技

第３章は、気象予報士試験における実技試験に対応する内容となっています。気象予報士が予報の作業（解析作業）に用いる気象図の種類とその特徴や、第１章・第２章で学習した知識とさまざまな気象図を用いて行う解析作業の基本を学習します。

第3章
ざっくり解説

第1節

解析作業の基礎知識

予報の解析能力は、①使用する気象図の特徴の把握、②各気象図の着目点の把握、③着目点の特徴から考察できる内容の把握、という3つのステップで養っていくのがおすすめです。

実技の学習は、初めて使う機械を上手に使いこなせるようになるまでの手順と同じと考えるといいよ！
???
初めて使う機械は、最初は何度も説明書で使い方を確認したり、実際にやってみたりして、繰り返し使っていくうちに使い方を覚えて、上手に使うためのコツをつかんでいきますよね。

ここを押さえよう！

この節の学習ポイント

解析作業の基礎知識

▶▶▶ L72～L73

LESSON72で、解析作業に用いる気象図や資料の種類と特徴について学びます。また、LESSON73で、各気象図の着目点や着目点の特徴から考察できる内容について学びます。LESSON73は解析作業の基本的な内容なので、最初は丸暗記するくらいの気持ちで学習するのがおすすめです。そして、過去問に取り組むときに暗記した内容を使って回答する練習を重ねていき、少しずつ実技の記述式問題のコツをつかんでいきましょう。

予報の解析作業も、何度も実際にやっていくうちにコツをつかんで上手になっていくので、練習あるのみですよ。

LESSON 72

学習優先度 A　頻出度

実技に必要な基本知識

気象予報士試験って、地理に詳しくないとダメだったりするのかしら？私、地名とかあまり知らないから、そこから勉強しないといけないのは、すっごく大変な気がするわ。

少しは覚える必要があるけど、そんなに詳しくは必要ないよ！試験で問われる場所って結構限られてるんだ。だから、その辺りを重点的に覚えれば、試験対策としてはバッチリだよ！

そのとおり！覚えなければいけないことは地名のほかにもたくさんありますが、すべてを完璧に覚える必要はありませんよ。ベースとなる資料が整理されたこのLESSONで、分からない地名や記号などを繰り返し確認するようにして、試験に必要な知識から優先的に覚えていくようにしましょう！ファイトですよ。

天気予報のための資料

気象予報士試験で用いる地名には、原則として**気象情報で用いる地名**として定められているものを用いる必要があります。図72－1と図72－2に示す地名と海域名のうち、特に日本と日本の周辺に関するものについて確認しておくと良いでしょう。

■図72－1　気象情報や天気概況で用いる地名と海域名

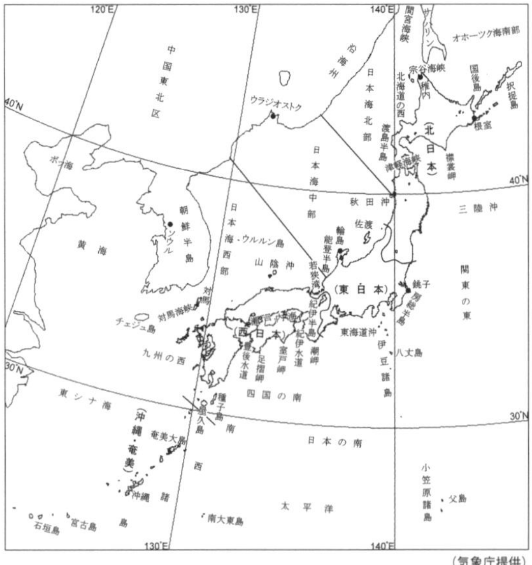

（気象庁提供）

■図72－2　全般気象情報などに用いるアジア・北西太平洋域の地名と海域名

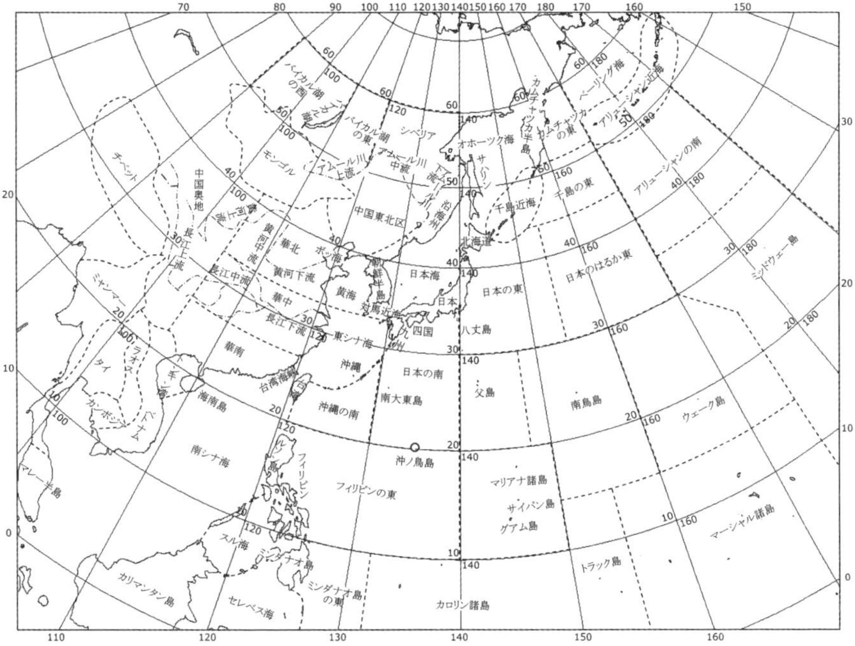

（気象庁提供）

■図72－3　国際気象通報式の基本的な記入型式の例

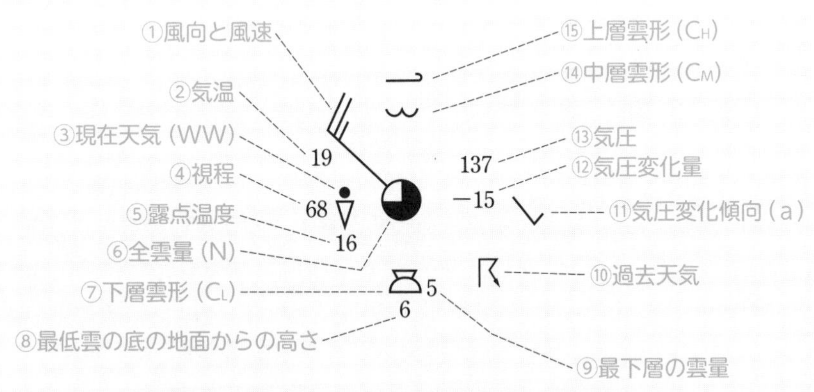

①風向と風速…風向は、軸の向きで風が吹いてくる方向を36方位で表します。風速は、軸に、旗矢羽（50ノット）、長矢羽（10ノット）、短矢羽（5ノット）を付けて表します。なお、矢羽が付いていない軸だけの場合は1～2ノット（風弱く）を、軸の表示もない場合は0.5ノット未満（静穏）を意味しています。

■図72－4　風速の記号

風速（KT）	0.5未満	1～2	5	10	15	20	…	50	…	65
記　号										

天気図に記入されている風速は、基本的には、観測時刻の前10分間平均風速（単位：KT）です。風速は、図72－4のように矢羽の数と種類の組み合わせで表すので、65ノットであれば**旗矢羽**1本と**長矢羽**1本と**短矢羽**1本で表します。図72－3の場合は、風向が「北西」、風速が「25ノット」と読み取ります。

②**気温**…軸の先に付いた丸（地点円）の左上に、1℃単位で表します。図72－3の場合は、19なので「19℃」と読み取ります。

③**現在天気（ww）**…地点円の左横に、図72－5に示す00～99の区分で表します。図72－3の場合は、![]で80なので「しゅう雨」と読み取ります。

■図72－5　現在天気の記号

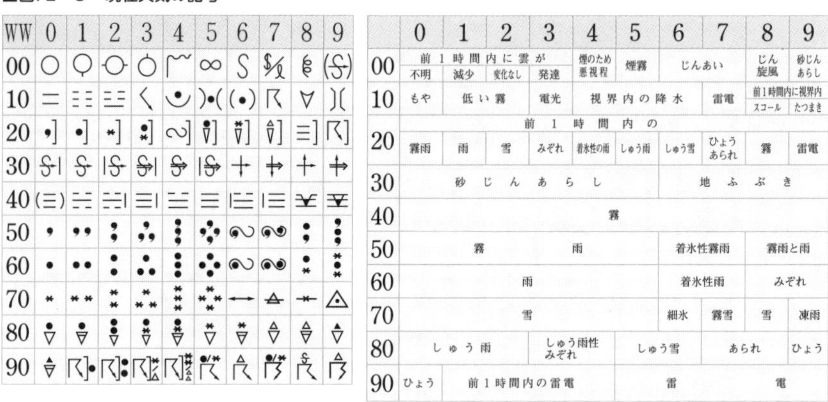

	0	1	2	3	4	5	6	7	8	9
00	前1時間内に雲が 不明	減少	変化なし	発達	煙のため悪視程	煙霧	じんあい		じん旋風	砂じんあらし
10	もや	低い霧		電光	視界内の降水			雷電	前1時間内に視界内 スコール	たつまき
20	前1時間内の 霧雨	雨	雪	みぞれ	着氷性の雨	しゅう雨	しゅう雪	ひょうあられ	霧	雷電
30	砂じんあらし						地ふぶき			
40	霧									
50	霧雨						着氷性霧雨		霧雨と雨	
60	雨						着氷性雨		みぞれ	
70	雪						細氷	霧雪	雪	凍雨
80	しゅう雨			しゅう雨性みぞれ		しゅう雪		あられ		ひょう
90	ひょう	前1時間内の雷電				雷電				

④**視程**（してい）…現在天気の左横に、図72－6に示す符号で表します。視程は、地表付近の水平方向での見通しを距離で表したものです。視程の数字は、00が0.1km未満、01～50は0.1km単位、56～80は50を引いた数字のkm単位、81～88は80を引いた数字に5を掛けてから30を足した数字のkm単位、89は70km以上、90～99は船舶による気象観測の場合に使われるものです。なお、符号51～55は使用しません。図72－3の場合は、68なので50を引いて「18km」と読み取ります。

■図72－6　地表の水平視程

符号	00	01	02	…	10	…	50	56	57…60	…	80
視程（km）	<0.1	0.1	0.2	…	1.0	…	5.0	6	7～10	…	30

符号	81	82	83	84	85	86	87	88	89
視程（km）	35	40	45	50	55	60	65	70	>70

符号	90	91	92	93	94	95	96	97	98	99
視程（km）	<0.05	0.05	0.2	0.5	1	2	4	10	20	≧50

⑤**露点温度**…現在天気の下に、1℃単位で表します。図72－3の場合は、16なので「16℃」と読み取ります。

⑥**全雲量（N）**…図72－7に示すように、地点円の中に、**全天の面積を10とする10分雲量**における雲の占める面積の割合に応じた記号で表します（日本式）。記号には日本式と国際式があり、地上気象観測では日本式の10分雲量が用いられますが、国際式では**全天の面積を8とする8分雲量**が用いられます。図72－3の場合は、◕なので10分雲量で「7～8」、8分雲量で「6」と読み取ります。なお、記号が⊜の地点は雲量の観測を行っていないことを示し、△の地点は自動観測であることを示しています。

■図72－7　全雲量による天気分類

N	10分雲量	8分雲量	雲量による天気判別
○	0（一点の雲もない）	0	快晴
⦶	1または1以下	1	
◔	2～3	2	晴
◔	4	3	
◑	5	4	
⊖	6	5	
◕	7～8	6	
●	9～10（全天を覆わず隙間がある）	7	曇
●	10	8	

⑦**下層雲形（C_L）**…地点円の下に、下層雲C_Lとして積雲、層積雲、層雲、積乱雲を図72－8に示す記号で表します。なお、雄大積雲は、積雲の中で著しく発達しているものをいい、そのまま消滅段階に進むものと、さらに発達して積乱雲になるものがあります。雄大積雲の段階では、雲の頂部がくっきりとカリフラワー状になって見えます。しゅう雨性の降水を伴うことがありますが、雷電はありません。図72－3の場合は、⏢なので、「多毛状（たもう）の積乱雲。かなとこ状をしていることが多い。」と読み取ります。

■図72 − 8　下層雲 C_L の雲形

0		C_Lの雲がない。
1		扁平（へんぺい）な積雲、または悪天時でないときの断片的な積雲
2		並（なみ）積雲、または雄大積雲
3		無毛積乱雲
4		積雲が広がってできた層積雲
5		層積雲、ただし積雲が広がってできたものではない。
6	—	安定気層で発生する霧状の層雲、または悪天時でないときの断片的な層雲
7	---	悪天時のちぎれた層雲、または積雲。通常高層雲や乱層雲の下に降水によってできる雲で動きが速い。積乱雲や積雲の下にもできることがある。
8		積雲と層積雲。ただし積雲が広がってできたものでない層積雲で、積雲とは雲底の高さが違う。
9		多毛状の積乱雲。かなとこ状をしていることが多い。
／		C_Lの雲が暗くて見えない。霧、風じんなどで見えない。

⑧**最低雲の底の地面からの高さ**…下層雲形で報じた雲の雲底の地面（海面）からの高さを、下層雲形（下層雲形がない場合は中層雲形）の下に、図72 − 9に示す符号で表します。図72 − 3の場合は、6なので「1,000 m以上1,500 m未満」と読み取ります。

■図72 − 9　最低雲の底の地面からの高さ

符号	高　さ	符号	高　さ
0	50m未満	5	600m以上 1,000m未満
1	50m以上 100m未満	6	1,000m以上 1,500m未満
2	100m以上 200m未満	7	1,500m以上 2,000m未満
3	200m以上 300m未満	8	2,000m以上 2,500m未満
4	300m以上 600m未満	9	2,500m以上 または雲がない

⑨**最下層の雲量**…下層雲形の右横に、下層雲形（下層雲形がない場合は中層雲形）で報じた雲の雲量を8分雲量の数字で表します。図72 − 3の場合は、5なので「5（8分雲量）」と読み取ります。

⑩**過去天気**…地点円の右下に、過去6時間内あるいは過去3時間内の天気を図72 − 10に示す記号で表します。通報時間が00、06、12、18UTCの場合は観測時間前6時間内に、03、09、15、21UTCの場合は観測時間前3時間内に起こった天気状態を表

■図72 − 10　過去天気

記号	天気の状態
S/+	砂じんあらし、高い地ふぶき（視程1km未満）
≡	霧、氷霧（視程1km未満）または濃煙霧（視程2km未満）
,	霧雨
●	雨
✱	雪またはみぞれ
▽	しゅう雨性降水
	雷電

します。図72－3の場合は、なので「雷電」と読み取ります。

⑪**気圧変化傾向（a）**…気圧変化量の右横に、観測時間前3時間の気圧の変化傾向を、図72－11に示す記号で表します。気圧の変化状況ごとに9つの記号があって、気圧変化量と併せて表示します。図72－3の場合は、なので「下降後上昇（3時間前より低いか等しい）」と読み取ります。

■図72－11　前3時間気圧変化傾向

a		符号	気圧変化の状況
0		＋	上昇後下降（3時間前より高いか等しい）
1		＋	上昇後一定または緩上昇（3時間前より高い）
2		＋	一定上昇または変動上昇（3時間前より高い）
3		＋	下降後上昇、一定後上昇、上昇後急上昇（3時間前より高い）
4		±0	一定（3時間前と同じ）
5		－	下降後上昇（3時間前より低いか等しい）
6		－	下降後一定または緩下降（3時間前より低い）
7		－	一定下降または変動下降（3時間前より低い）
8		－	上昇後下降、一定後下降、下降後急下降（3時間前より低い）

⑫**気圧変化量**…地点円の右横に、観測時間前3時間の気圧変化量を、0.1hPa単位で表します。前3時間気圧変化量は、気圧と同じ0.1hPa単位で記入し、数字の頭には上昇を意味する＋（プラス）、または下降を意味する－（マイナス）の符号を付けます。例えば、＋15と記入されていれば1.5hPa上昇という意味で、－07と記入されていれば0.7hPa下降という意味です。図72－3の場合は、－15なので「1.5hPa下降」と読み取ります。

試験で「気圧変化量」を答えることが指示されている場合は、＋（プラス）や－（マイナス）の符号を付けて答える必要があることに注意しましょう！

⑬**気圧**…地点円の右上に、0.1hPa単位で表します。気圧の値は、標高の高い観測点を除き、海面気圧の1,000の位と100の位を省略した0.1hPa単位で記入します。また、小数点の表示も省略してあります。例えば、観測値が1012.3hPaであれば、1,000の位と100の位を省略するので「12.3」となり、小数点の表示も省略するので「123」となります。また、観測値が987.4hPaであれば、100の位の9を省略するので「87.4」となり、小数点の表示も省略するので「874」となります。図72－3の場合は、137なので、仮に100の位の9が省略されていたとすると913.7hPaとなりますが、このような非常に小さい数字は低気圧として数字が小さすぎることから、省略されているのは1,000の位と100の位と判断して「1013.7hPa」と読み取ります。

⑭**中層雲形（C_M）**…地点円の上に、中層雲C_Mとして高積雲、高層雲、乱層雲を図72－12に示す記号で表します。図72－3の場合は、なので、「1層をなし、全天を覆う傾向のない半透明の高積雲」と読み取ります。

■図72 − 12　中層雲 C_M の雲形

0		C_Mの雲がない。
1		半透明の高層雲
2		不透明な高層雲、または乱層雲
3		1層をなし、全天を覆う傾向のない半透明の高積雲
4		レンズ状の全天を覆う傾向のない半透明の高積雲
5		次第に空に広がり厚くなる、半透明または不透明の高積雲。帯状または2層以上に重なった層状の高積雲で、ロール状、モザイク状のものもある。
6		積雲、または乱層雲が広がってできた高積雲
7		多重層の高積雲で、高層雲か乱層雲を伴う高積雲、または2層以上の半透明の高積雲。全天に広がる傾向はない。
8	M	塔状の高積雲、または房状の高積雲
9		混沌とした空の高積雲。一般にいくつかの層になっている。
/		C_Mの雲が暗くて見えない。霧、風じんなどで見えない。下の層が連続した雲層のため見えない。

⑮**上層雲形（C_H）**…中層雲形の上に、上層雲 C_H として巻雲、巻積雲、巻層雲を図 72 − 13 に示す記号で表します。図 72 − 3の場合は、— なので、「空に広がる傾向はない毛状の巻雲、またはかぎ状の巻雲」と読み取ります。

■図72 − 13　上層雲 C_H の雲形

0		C_Hの雲がない。
1		空に広がる傾向はない毛状の巻雲、またはかぎ状の巻雲
2		空に広がる傾向はない濃密な巻雲、または塔状の巻雲、房状の巻雲
3		積乱雲からできた濃密な巻雲
4		次第に空に広がって厚くなる毛状の巻雲、またはかぎ状の巻雲
5		巻雲（しばしば放射状になる）と巻層雲、または巻層雲のみ。次第に空に広がり厚くなって、連続した層は地平線上45°以上に達していない。
6		巻雲（しばしば放射状になる）と巻層雲、または巻層雲のみ。次第に空に広がり厚くなって、連続した層は地平線上45°以上に達するが、全天を覆っていない。
7		全天を覆う巻層雲
8		全天を覆っていないし、それ以上広がる傾向のない巻層雲
9		巻積雲、またはC_Hの雲の中で巻積雲が卓越している。
/		C_Hの雲が暗くて見えない。霧、風じんなどで見えない。低い雲のため見えない。

図72-14に示すように、天気図に表示されている天気記号に、①～⑮の要素のすべてが記入されているとは限らないから、記号や符号の記入位置をしっかりと把握しておこう！

■図72−14

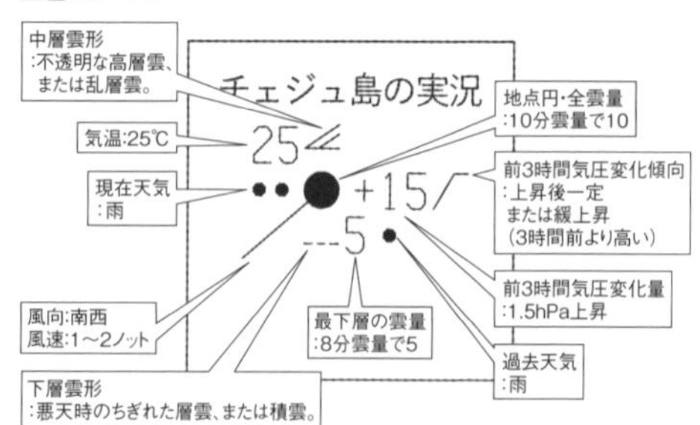

実技試験の記述式問題では、気象庁が定める予報用語と呼ばれる表現を用いることが原則とされているので、以下に、実技試験対策として特に重要なものを抜粋して示しておきます。

■図72 － 15　1日の時間細分の用語（府県天気予報の場合）

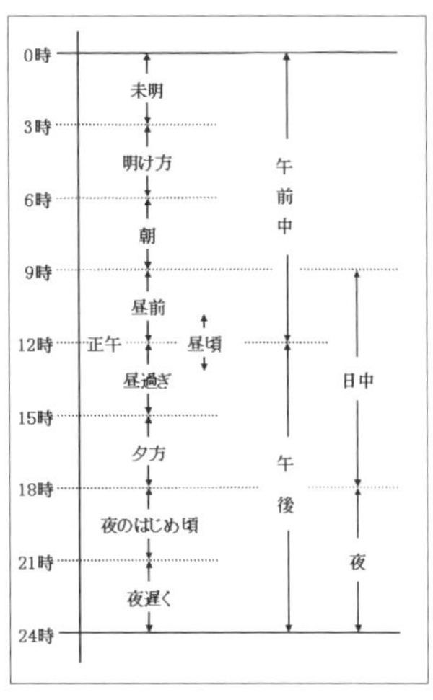

（気象庁提供）

問題文に、時間帯について府県天気予報での時間細分用語を用いて答えることが指示されている場合は、図72 － 15に示す用語を用いる必要があります。例えば、暴風警報が発表されるのが10月1日の9～12時とされる場合は、「10月1日昼前」と記述します。なお、昼頃とは、正午の前後それぞれ1時間を合わせた2時間くらいをいいます。

用語の種類は「昼頃」を含めて9種類しかないから、各時間帯に対応する用語を確実に覚えておいてね！

■図72 － 16　雨の強さに用いる用語

用語	1時間雨量
やや強い雨	10mm以上20mm未満
強い雨	20mm以上30mm未満
激しい雨	30mm以上50mm未満
非常に激しい雨	50mm以上80mm未満
猛烈な雨	80mm以上

例えば、1時間雨量が30mm以上50mm未満の雨が予想されている場合は、「30mm以上50mm未満の激しい雨が予想されている」などと表現します。

■図72 － 17　風の強さに用いる用語

用語	平均風速
やや強い風	10m／s以上15m／s未満
強い風	15m／s以上20m／s未満
非常に強い風	20m／s以上30m／s未満
猛烈な風	30m／s以上または最大瞬間風速が50m／s以上

使い方は、雨の強さに用いる用語と同じですが、問題文に猛烈な風の領域とあれば、風速（平均風速）30m／s以上または最大瞬間風速が50m／s以上の風が吹いている領域に着目する必要があります。

■図72 － 18　波の強さに用いる用語

用語	波の高さ
波がやや高い	1.25mを超え2.5mまで
波が高い	2.5mを超え4mまで
しける	4mを超え6mまで
大しけ	6mを超え9mまで
猛烈にしける	9mを超える

雨と風と波の強さの表現については、数値から用語、用語から数値のいずれにも対応できるように習得しておいてくださいね。

■図72 − 19　台風などの天気図での表記

表記	最大風速による区分（階級）
ＴＤ	最大風速が34ノット未満の熱帯低気圧
ＴＳ	最大風速が34ノット以上48ノット未満の台風
ＳＴＳ	最大風速が48ノット以上64ノット未満の台風
Ｔ	最大風速が64ノット以上の台風

■図72 − 20　海上警報の種類と記号

種　類	記　号	内　容
海上風警報	[W]	海上で風速が**28ノット以上34ノット未満**（13.9m／s以上17.2m／s未満。風力階級は7）の状態に既になっているか、または24時間以内にその状態になると予想される場合に発表する警報。
海上強風警報	[GW]	海上で風速が**34ノット以上48ノット未満**（17.2m／s以上24.5m／s未満。風力階級は8～9）の状態に既になっているか、または24時間以内にその状態になると予想される場合に発表する警報。
海上暴風警報	[SW]	●**台風**の場合は、海上で風速が**48ノット以上64ノット未満**（24.5m／s以上32.7m／s未満。風力階級は10～11）の状態に既になっているか、または24時間以内にその状態になると予想される場合に発表する警報。 ●**温帯低気圧**の場合は、海上で風速が**48ノット以上**（24.5m／s以上。風力階級が10以上）の状態に既になっているか、または24時間以内にその状態になると予想される場合に発表する警報。
海上台風警報	[TW]	台風により、海上で風速が**64ノット以上**（32.7m／s以上。風力階級が12以上）の状態に既になっているか、または24時間以内にその状態になると予想される場合に発表する警報。
海上濃霧警報	FOG [W]	海上の視程がおおむね**500m**（瀬戸内海では1km）**以下**の状態に既になっているか、または24時間以内にその状態になると予想される場合に発表する警報。

[GW] などの［　］が付いた記号は、海上警報を示すものです。海上警報は図72 − 21に示すように、低気圧や台風周辺の海域、日本海やオホーツク海のような地形で区切られた海域、あるいは緯度経度で区切った海域を対象として、船舶にとって危険な気象現象への警戒を呼び掛けるものです。海上警報の対象として緯度経度で区切った海域は天気図上で〰〰や〰〰の線で囲んで表現します。図72 − 21からは、日本の周辺海域である東シナ海、黄海、日本海、日本の東海上、オホーツク海に海上濃霧警報が発表されていることが読み取れます。

■図72 − 21　地上天気図に表示されている海上警報

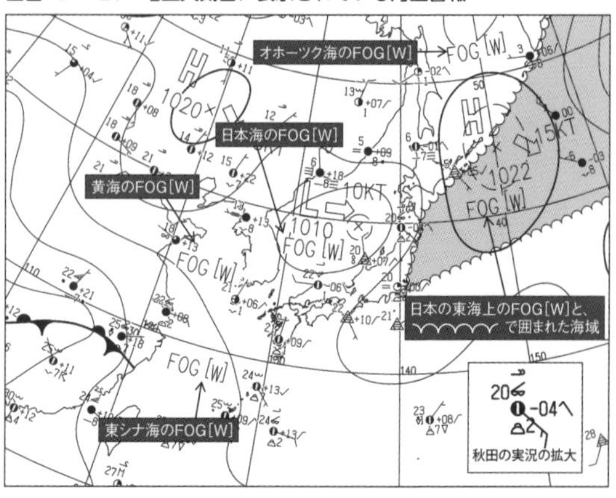

また、海上暴風警報 [SW]、海上台風警報 [TW]、ある

いは台風に関する海上強風警報［GW］が発表されている場合には、図72 － 22に示すように、該当する台風や発達した温帯低気圧についての情報が英文で表示されます。これを英文情報といいます。英文情報に表示される内容は、図72 － 23に示すとおりです。⑤の中心付近の最大風速、⑥の最大瞬間風速、⑦の暴風域は、英文情報の発表対象が台風の場合にのみ表示されます。

■図72 － 22　地上天気図に表示されている英文情報

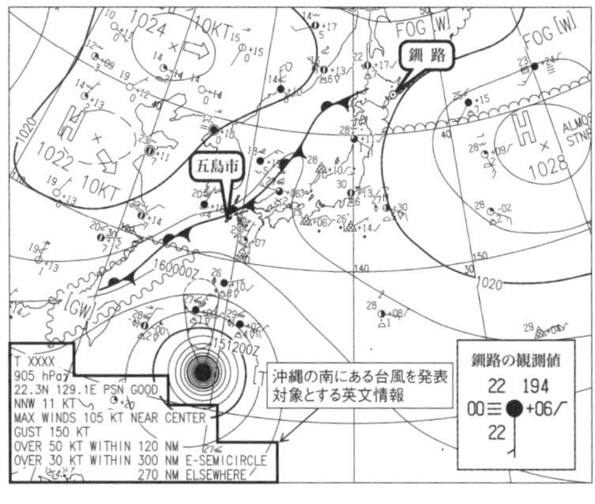

■図72 － 23　英文情報に表示される内容

	台風	温帯低気圧
①	台風の階級、台風番号、台風名、4桁の数字（台風番号）	温帯低気圧の種類
②	中心気圧	中心気圧
③	中心位置	中心位置
④	進行方向と進行速度	進行方向と進行速度
⑤	中心付近の最大風速	—
⑥	最大瞬間風速	—
⑦	暴風域	—
⑧	強風域	強風域

①の台風の階級は、図72 － 19に示すTS、STS、Tの3つの記号で表記されます。台風番号は、左の2桁は西暦の下2桁、右の2桁はその年の発生順の番号の4桁で、例えば0213であれば2002年第13号という意味ですが、気象予報士試験ではXXXXなどのように表記されています。台風名は英語で表記されますが、気象予報士試験では省略されているのが一般的です。また、温帯低気圧の種類については、DEVELOPING LOWもしくはDEVELOPED LOWの2種類に区分されて表記されます。DEVELOPING LOWは発達中の低気圧という意味で、今後、中心気圧が下がるか最大風速が増すことが予想される場合に表記されます。DEVELOPED LOWは発達した低気圧という意味で、中心気圧または最大風速から見て、最盛期または衰弱期にある場合に表記されます。

②の中心気圧は、台風も温帯低気圧もhPaの単位で表示されます。

③の中心位置は、台風の場合は緯度経度が0.1°単位で、温帯低気圧の場合は緯度経度が1°単位で表記されます。台風の場合は、位置（PSN）の確度（正確性）についても、図72 － 24のように表記されます。

■図72 － 24　位置の確度

表記	意味
PSN GOOD	正確
PSN FAIR	ほぼ正確
PSN POOR	不正確

④の進行方向は、台風も温帯低気圧も16方位で、

進行速度は台風も温帯低気圧も風速がノットで表示されます。

⑤の中心付近の最大風速が表示されるのは台風のみで、風速がノットで表示されます。

⑥の最大瞬間風速が表示されるのも台風のみで、風速がノットで表示されます。

⑦の暴風域が表示されるのも台風のみで、風速（10分間平均）が25 m／s（50ノット）以上の範囲について、台風の中心からの距離が海里（単位：NM）で表示されます。なお、1ノットは1時間に1海里進む速さで、なおかつ、1海里＝1.852kmの関係なので、1時間に進む距離は1.852km（1,852 m）となります。1時間を秒に変換すると3,600秒なので、1,852 ÷ 3,600 ≒ 0.51から、1ノット＝約0.51 m／sの関係が算出されます。そのため、50ノット≒25 m／sの関係にあります。

簡単に考えると、ノットの数字を約半分にしたらm／sの数字に、あるいは、m／sの数字を約2倍したらノットの数字になるってことよね。これだったら覚えておけそうだわぁ～♪

⑧の強風域は、台風も温帯低気圧も、風速（10分間平均）が15 m／s（30ノット）以上の範囲が、台風の中心からの距離について海里で表示されます。強風域の分布が中心に対して対称になっていない場合は、大きい半径を持つ半円とその反対側について、方向は8方位で、距離はNMでそれぞれ表示されます。なお、方向は、E（東）、W（西）、S（南）、N（北）、NE（北東）、NW（北西）、SE（南東）、SW（南西）の英字で表示されます。

図72－22に表示されている、沖縄の南にある台風を発表対象とする英文情報の場合は、図72－25に示す内容となります。

■図72－25　沖縄の南にある台風に関する英文情報

表示されている英文	意味
T　XXXX	最大風速が64ノット以上の台風、台風番号はXXXX
905　hPa	中心気圧は905hPa
22.3N　129.1E　PSN　GOOD	中心位置は北緯22.3°、東経129.1°、中心位置の確度は正確
NNW　11KT	北北西に11ノットで進行中
MAX　WINDS　105KT　NEAR　CENTER	中心付近の最大風速は105ノット
GUST　150　KT	最大瞬間風速は150ノット
OVER　50　KT　WITHIN　120　NM	中心から120海里以内の風速は50ノット以上（暴風域）
OVER　30　KT　WITHIN　300　NM E-SEMICIRCLE　270　NM　ELSEWHERE	中心の東半円300海里以内とその他の地域（西半円）270海里以内の風速は30ノット以上（強風域）

気象予報士試験では、英文情報から強風域の最大半径をkmで答えることが求められる場合があります。このような場合、英文情報には、強風域の最大半径が海里で表示されているので、海里をkmに変換する必要があります。図72－22の沖縄の南にある台風を発表対象とする英文情報からは、図72－25に示すように、この台風の強風域が**台風中心の東半円300海里以内と西半円270海里以内の領域**と読み取れます。強風域の最大半径の方位は広い方の半円なので、東半円の300海里です。1海里＝1.852kmの関係にあるので、300×1.852＝555.6より、300海里は555.6kmと算出され、強風域の最大半径は約550kmとなります。

また、英文情報から、台風の大きさを答えることが求められることもあります。台風の大きさは、LESSON69で説明しているように強風域の半径で決まります。前述のとおり、台風の強風域は台風中心の東半円300海里以内と西半円270海里以内の領域で、東半円が約550kmです。西半円の270海里もkmに換算すると、270×1.852＝500.04より、約500kmと算出されます。このように、東半円と西半円で半径が非対称の場合は**平均値**で台風の大きさを決定します。強風域の半径の平均値は（550+500）÷2＝525kmとなるので、図72－22の沖縄の南にある台風は、500km以上800km未満の大型に該当すると判断します。

以下に整理した、気象予報士試験対策として必要な、単位の変換に関する知識は、必ず覚えておきましょう。また覚えておくだけではなく、何度も繰り返し問題に取り組み、練習を重ねることで時間的な制約が課せられる本試験においてもミスのないようにしておくことが大切ですよ。

- 緯度1度は60分
- 1NM（海里）は緯度1分の長さなので1／60度
- 緯度1度は111km
- 緯度1分は1.852km（1,852 m）
- 1KT（ノット）は、1時間に1NM（海里）進む速さ
- 1海里＝1.852km

上記の関係から、次の関係が成立

- 緯度1度＝60NM（海里）＝111km
- 1KT＝（1／60）度／1h
- 1KT＝1.852km／1h
- 1KT＝0.514 m／s

LESSON

73 基本的な解析手法

学習優先度 A 頻出度 

天気図って、いろいろあるから、まず種類を覚えるのが大変そうでしょ。あと図のどこを見たらいいかも分からないし、もう全然分かんなくて、嫌んなっちゃう～。

僕も最初はそうだったなぁ。でも、それぞれの図で読み取るべき情報が決まってるってことが分かってからは、どの図から何を読み取る必要があるのかを、意識して学習を進めていったんだ。

アイキャン君の言うとおり！このLESSONで、試験でよく使われる天気図について、どの要素にどんな風に着目すべきかを説明するから、それぞれの特徴をしっかりつかんでいきましょう。

天気図の読み方

地上天気図

■図73－1

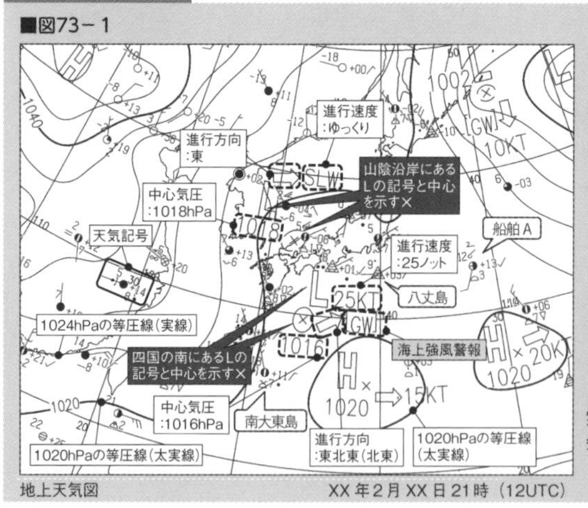

実線：気圧（hPa）
矢羽：風向・風速（短矢羽は５ノット,長矢羽は10ノット,旗矢羽は50ノット）

地上天気図　XX年２月XX日21時（12UTC）

地上天気図には、等圧線が、1000hPaを基準として4hPaごとに実線で、20hPaごとに太実線で表示されています。等圧線の間隔が広い場合には、必要に応じて２hPa間隔の破線で補われていることがあります。高気圧や低気圧の中心には×印、その近くにHやLの記号、中心気圧を示す数字、進行方向を示す白抜きの矢印、進行速度を示す数字とノット（KT）の単位、国際気象通報式の天気記号などが表示されています。なお、進行速度が５ノット以下で方向が定まっているときはSLW（意味は、ゆっくり）の英字と方向を示す白抜きの矢印が、５ノット以下で方向が定まらないときはALMOST STNR（意味は、ほぼ停滞）の英字が表示されます。

地上天気図の読み取りポイント

地上天気図は、高気圧、低気圧、地上の前線などの位置や移動方向といった総観規模スケールの気圧配置（気圧場）を把握するのに用います。

総観規模スケールの気圧配置（気圧場）の把握…例えば、図73－1で**四国の南**に着目すると、低気圧の存在を示すＬの記号と中心位置を示す×の記号が表示されていて、×の記号の下には低気圧の中心気圧を示す1016の数字が表示されているので、中心気圧が**1016 hPa**の低気圧が四国の南に存在していることが読み取れます。また、四国の南にあるＬの記号の右横には低気圧の移動速度を示す25 KTの英数字が、Ｌの記号の下には低気圧の移動方向を示す白抜きの矢印が表示されています。白抜きの矢印の方向は東北東もしくは北東と読み取れるので、この低気圧は**25ノット**の速さで**東北東（北東）**へ進んでいます。さらに、四国の南にあるＬの記号の右横の25 KTの英数字の下には海上強風警報が発表されていることを示す［GW］の記号が表示されているので、この低気圧に伴う海上強風警報が発表されていることが読み取れます。**山陰沿岸**にも、低気圧の存在を示すＬの記号と中心位置を示す×の記号や、Ｌの記号の下に低気圧の中心気圧を示す1018の数字が表示されています。また、Ｌの記号の右上に低気圧の移動速度を示すSLWの表示があり、移動方向を示す白抜きの矢印の方向は東なので、山陰沿岸に中心気圧が**1018hPa**の低気圧があって、**ゆっくり**と**東**へ進んでいることが読み取れます。

なお、**四国の南**にある25ノットの速さで東北東（北東）へ進んでいる中心気圧が1016hPaの低気圧については、**この低気圧に伴う海上強風警報が発表されていることから、この低気圧はこの後発達する予想となっている**と推測されます。

第3章　実技　第1節　解析作業の基礎知識

850hPa 天気図

■図73－2

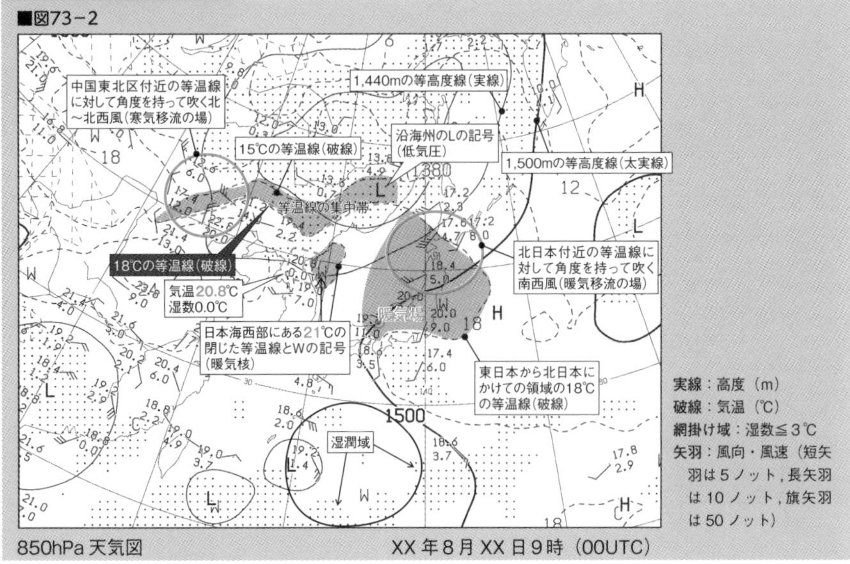

850hPa 天気図　　XX 年 8 月 XX 日 9 時（00UTC）

850hPa 天気図には、等高度線が、1,500 mを基準にして 60 mごとに実線で、300 mごとに太実線で表示されています。また、等温線が、0℃を基準にして暖候期（4～9月）は3℃ごと、寒候期（10～3月）は6℃ごとに破線で表示されています。図 73－2は8月の天気図なので、等温線は3℃ごとに表示されています。周囲と比べて相対的に高度（気圧）が高い領域の中心付近にH、相対的に高度（気圧）が低い領域の中心付近にLの記号が表示されています。HやLの記号が、閉じた等高度線の領域内に表示されている場合は高気圧や低気圧の存在を示していると判断します。また、暖気の中心にはW、寒気の中心にはCの記号が表示されています。閉じた等温線の領域内にWやCの記号が表示されている場合は、周囲から孤立した暖かい空気や冷たい空気が存在しているということなので、**暖気核**や**寒気核**が存在していると判断します。さらに、**湿数（気温－露点温度）**が3℃以下（天気図によっては、3℃未満となっている場合あり）の領域については、湿潤域として細かなドット（点）が網掛け域として表示されています。高層天気図にも国際気象通報式の天気記号が表示されていますが、地上天気図とは異なり、表示されている気象要素は、図 73－3に示すように、**風向・風速**、**気温**、**湿数**のみとなっています。風速は、旗矢羽が 50 ノット、長矢羽が 10 ノット、短矢羽が5ノットを意味しています。気温と湿数の単位は℃、値は小数第1位まで記入され

■図73−3　高層天気図の天気記号

風向（北北東）
風速（65ノット）
15.0←気温（15.0℃）
6.0←湿数（6.0℃）

ていて、気温が氷点下の場合は数字の頭に−（マイナス）の符号が付きます。

850hPa天気図の読み取りポイント

850hPaは約1,500 mで、地表の摩擦や影響がなくなる最下層の高度です。また、太陽放射の有無（昼と夜）による気温変化の影響をほぼ受けないので、**水平温度移流による気温変化**といった温度場や風の場の把握などに用います。

①温度場の把握…温度場とは、その場（領域）における気温の状態をいいます。温度場を把握するために、等温線の集中帯、暖気核や暖気場・寒気核や寒気場の存在や位置などに着目します。

→等温線の集中帯の位置から、850hPa面の前線や地上の前線の存在や位置を把握します。等温線の集中帯は、2本以上の等温線の間隔が狭くなっている領域のことで、等温線の間隔が狭いほど温度傾度が大きいことを意味し、等温線の数が多いほど温度傾度が大きいことを意味します。前線は、暖気団と寒気団の境界に生じます。図73－4に示すように、暖気団と寒気団の境界にある、温度など（温位や相当温位）が移り変わる層（**転移層**）は、温度傾度が大きい領域なので、狭い間隔に複数の等温線が集中する領域（等温線の集中帯という。）です。つまり、等温線の集中帯は、転移層（前線帯ともいう。）に対応しているので、上層（850hPa面）の前線（前線面）は、前線帯の暖気側の縁に当たる等温線の集中帯の南縁に対応していることになります。また、前線面は傾いているので、前線の位置は鉛直方向に同じではなく、下層の前線ほど、上層の前線よりも暖気側に位置する関係となります。

■図73−4　前線の構造

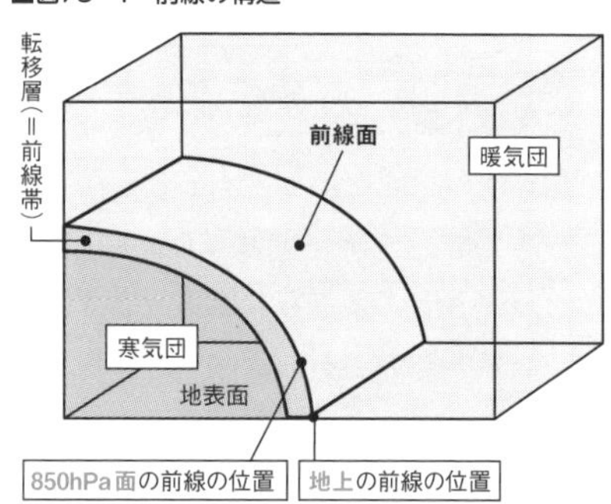

図73－2の場合は、850hPa面の低気圧の中心位置を示すLの記号が沿海州にあって、この低気圧のすぐ近くで15℃と18℃の等温線の間隔が狭くなっているのが読み取れます。この等温線の間隔が狭くなっている領域が等温線の

第3章　実技　第1節　解析作業の基礎知識

集中帯で、等温線の集中帯と低気圧の位置関係から、この等温線の集中帯は、低気圧に伴う前線に対応していると判断します。前線は等温線の集中帯の南縁に対応しているので、850hPa 面の前線は、18℃の等温線に対応する位置に解析されると判断します。

→Wや C の位置や等温線の位置から、暖気核や暖気場、寒気核や寒気場の存在や位置を把握します。図 73 − 2 の場合は、日本海西部にWを取り囲む閉じた等温線があって、すぐ近くの天気記号の気温が 20.8℃であることから、21℃の等温線で囲まれた暖気核の存在が読み取れます。また、等温線が気温の高い側から低い側に湾曲して突き出している領域は相対的に気温が高い暖気場、反対に気温の低い側から高い側に湾曲して突き出している領域は相対的に気温が低い寒気場です。図 73 − 2 の場合は、東日本から北日本にかけての領域で 18℃の等温線が気温の高い側から低い側に突き出しているので、この領域は暖気場と判断します。前述のとおり、850hPa 面の前線は、18℃の等温線に対応していることから、21℃の閉じた等温線で囲まれた暖気核や東日本から北日本にかけての暖気場は、前線の暖気側に位置する暖域に対応していると判断します。

暖気核、暖気場、暖域は似ているけれど、異なる意味を持つ用語なので、記述式で正確に表現できるように、しっかりとその違いを理解しておきましょう。

②風の場の把握…風の場とは、その場（領域）における風向や風速の状態をいいます。風向や風速に着目することで、水平収束や水平発散の状態を把握でき、温度場との関係から、温度移流の状態を把握することができます。また、850hPa 面の風は下層大気の代表的な風なので、850hPa 面の水平収束や水平発散の場から鉛直流の状態を把握することも可能です。

→水平収束や水平発散には、図 73 − 5 に示すように、風向シアによるものと、風速シアによるものがあります。850hPa 面で周囲から風が集まってくるような風向シアがある領域や、異なる風向によって風がぶつかるような領域は、下層における水平収束の場となるので、行き場をなくした空気が上層へ移動して上昇流が生じます。反対に、風が周囲に出ていくような風向シアがある領域は、下層における水平発散の場となるので、その領域の空気を補うために上層から空気が移動してきて下降流が生じます。また、一般的に、850hPa 面で風速が風下に向かって小さくなっている領域は**下層**における水平収束の場となるので、上昇流が生じ、風速が風下に向かって大きくなっている領域は下層における水平発散の場となるので、下降流が生じます。

■図73-5　水平収束と水平発散

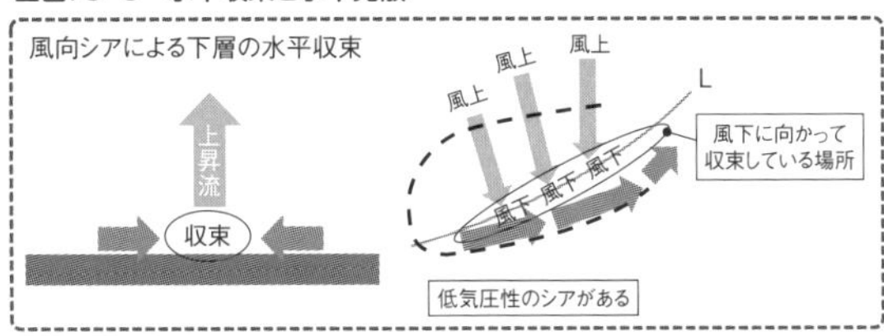

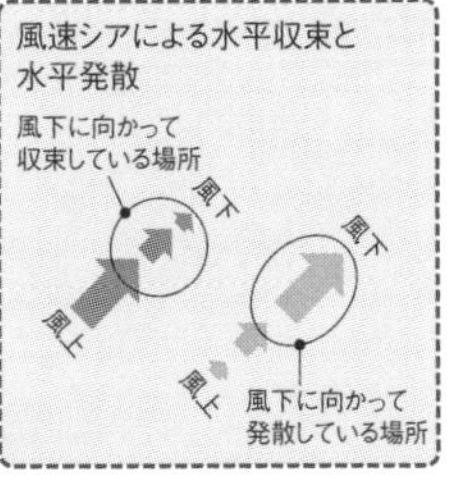

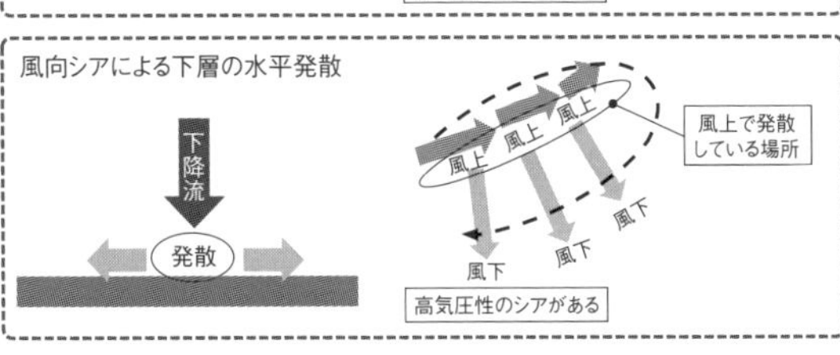

※Ｌは低気圧、矢印の長さは風速の大きさ

→温度移流の状態は、等温線と風向・風速の関係に着目することで把握することができます。風が等温線に対して角度を持って吹く場合に温度移流が生じ、相対的に温度の高い側から低い側に向かう風があるときは暖気移流、相対的に温度の低い側から高い側に向かう風があるときは寒気移流となります。また、移流の大きさは、温度傾度や風速が大きいほど大きくなります。暖気移流が存在している領域を暖気移流の場、寒気移流が存在している領域を寒気移流の場と表現します。なお、一般的に、温帯低気圧の進行方向前面は南よりの風による暖気移流の場、後面は寒気移流が卓越する寒気移流の場となり、暖気移流や寒気移流は、低気圧が顕著に発達するときほど強く明瞭になります。

図73－2の場合は、北日本付近で、18℃の等温線に対して大きな角度を持って気温の高い側から低い側に向かって吹く30ノット前後の南西風が読み取れるので、この領域は暖気移流の場と判断します。また、中国東北区付近には、15℃と18℃の等温線の集中帯に対して大きな角度を持って気温の低い側から高い側に向かって吹く25ノット前後の北～北西風が読み取れます。等温線の集中帯は温度傾度が大きい領域なので、中国東北区付近は比較的強い寒気移流の場であると判断します。

850hPaの天気図からは、低気圧の発達過程に関連する多くの重要な情報が読み取れるので、少し大変ですが、しっかりと読み取れるように繰り返し練習しておきましょう。

500hPa 天気図

■図73－6

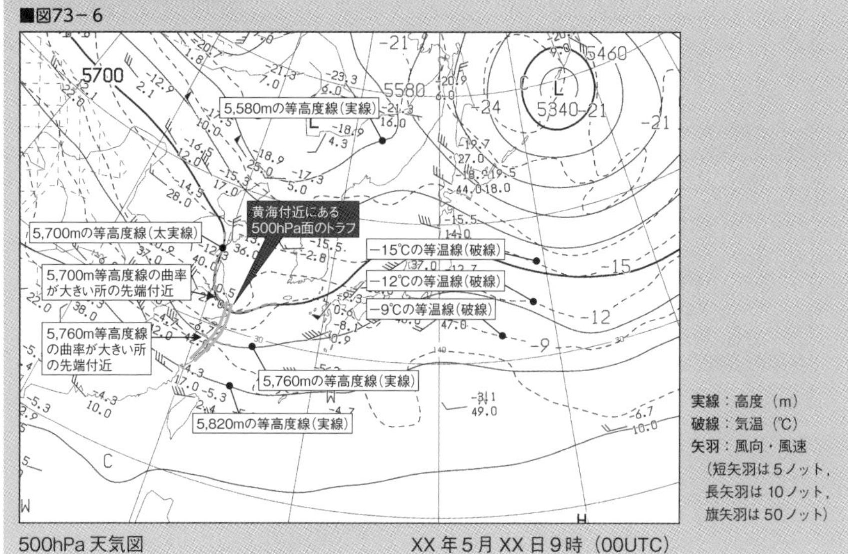

500hPa 天気図　　XX 年5月 XX 日9時（00UTC）

500hPa 天気図には、等高度線が、5,700 mを基準にして 60 mごとに実線で、300 mごとに太実線で表示されています。また、等温線が0℃を基準にして、暖候期（4～9月）は3℃ごと、寒候期（10～3月）は6℃ごとに破線で表示されています。暖気の中心にはW、寒気の中心にはCの記号が表示され、暖気核や寒気核は閉じた等温線の領域内にWやCの記号が表示されています。周囲と比べて相対的に高度（気圧）が高い領域の中心付近にH、相対的に高度（気圧）が低い領域の中心付近にLの記号が表示され、高気圧や低気圧の場合は閉じた等圧線の中にHやLの記号が表示されています。その他にも、風向・風速、気温、湿数を示す天気記号が表示されています。

500hPa 天気図 の読み取りポイント

500hPa は約 5,700 mで中層大気を代表する高度です。低気圧との関連が深い**トラフ（気圧の谷）**の解析など、**高度場**を把握したり、中層大気の**温度場**から**大気の鉛直安定度**を把握したりするのに用います。

①高度場の把握…高度場とは、その場（領域）における等高度線の状態などをいいます。等高度線の形状や高度傾度などに着目することで、低気圧との関連が深いトラフ（気圧の谷）を解析することができます。上層のトラフは、等高度線の値が小さい側から大きい側に向かって突き出している先端付近を結ぶ線を1つの目安として解析します。図73－6で500hPa面の等高度線の形状に着目すると、例えば、黄海付近に5,700 mの等高度線が値の小さい側から大きい側に向かって大きく突き出している部分があります。この5,700 mの等高度線の曲率が大きい所の先端付近から、5,760 mの等高度線の曲率が大きい所の先端付近を通る滑らかな線上付近にトラフが解析されます。このようにして解析した上層のトラフと地上低気圧との位置関係から、トラフと地上低気圧との結び付きを把握し、地上低気圧と上層のトラフを結ぶ軸の傾きから低気圧の状態を推測します。図73－7に示すように、地上低気圧の中心と上層のトラフを結ぶ軸が上層ほど西に傾いている場合の低気圧は発達期にあり、軸が垂直になると低気圧の発達は止まり、最盛期～閉塞期に入ります。そして、衰弱期には地上低気圧の中心と上層のトラフを結ぶ軸は上層ほど東に傾きます。

■図73−7　地上低気圧と上層のトラフの関係の模式図

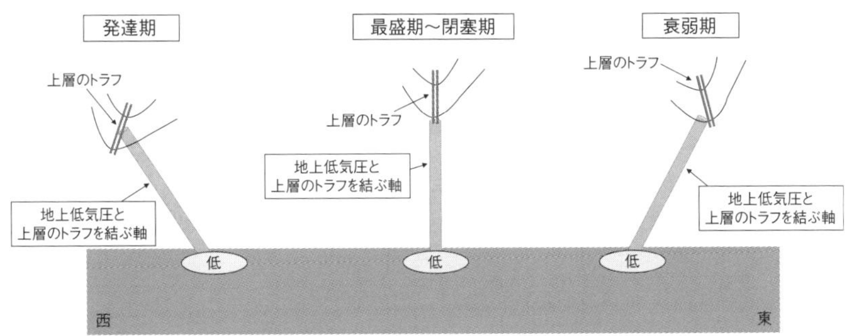

■図73−8　発達期の低気圧の模式図

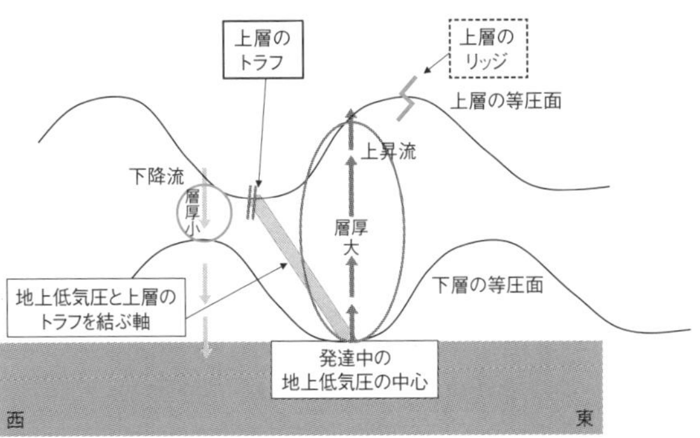

寒気は相対的に重く、暖気は相対的に軽い性質があるので、地上低気圧と上層のトラフを結ぶ軸が上層ほど西に傾いている場合は、図73－8に示すように、地上低気圧の西側（後面）で寒気が下降し、東側（前面）

で暖気が上昇する位置関係になります。発達中の地上低気圧の西側では上層の等圧面と下層の等圧面に挟まれた気層の平均気温が低いので層厚は小さくなり、東側では平均気温が高いので層厚は大きくなります。つまり、上層のトラフは地上低気圧の西側に形成されることになり、地上低気圧と上層のトラフを結ぶ軸は西に傾きます。このように、軸が西に傾いているときは、有効位置エネルギーの運動エネルギーへの変換が起こり、エネルギーが低気圧に補給される構造なので低気圧は発達期と判断します。一方で、軸が垂直な場合や東に傾いている場合は、低気圧にエネルギーが補給されない構造なので、低気圧は閉塞期に入り、その後は衰弱していくと判断します。

②**中層大気の温度場の把握**…図 73 − 9 に示すように、上層に寒気が存在することは、重い空気が上に存在することなので、重い空気は下へ、軽い空気は上へ移動しようとします。その結果、対流が発生して大気の状態が鉛直不安定になります。上層に流入する寒気が強いほど、下層との気温差は大きくなるので、対流も激しくなります。また、暖湿で軽い空気が下層に流入することも、上層に寒気が流入するのと同様に、対流が生じる要因となります。なお、通例としては、500hPa 面における冬の寒気として、九州～本州北部における− 30℃以下が強い寒気、− 36℃以下が非常に強い寒気とされています。− 36℃以下の寒気の場合は、中層大気にも寒気が入って厚みのある寒気となるので、下層から中層に達する厚い対流性の雲が発生して大雪となる可能性が大きくなります。

■図73−9

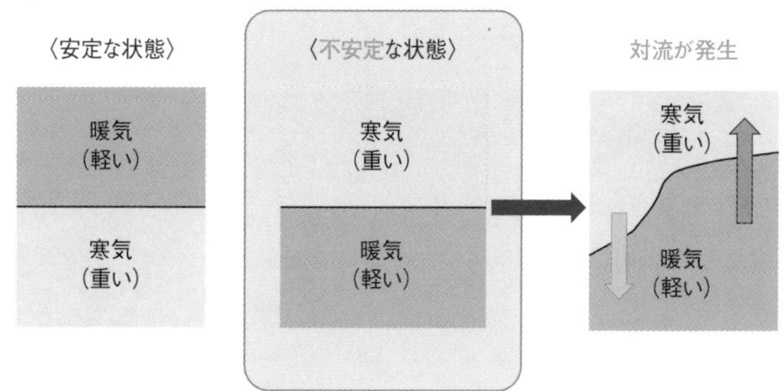

300hPa 天気図

■図73－10

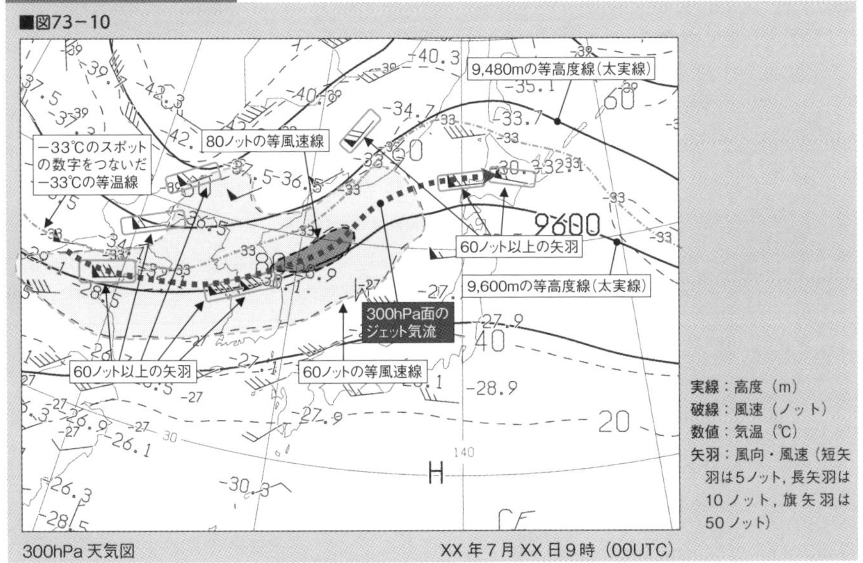

300hPa 天気図には、等高度線が、9,600 mを基準にして120 mごとに太実線で表示されています。周囲と比べて相対的に高度（気圧）が高い領域の中心付近にH、相対的に高度（気圧）が低い領域の中心付近にLの記号が表示され、高気圧や低気圧の場合は閉じた等圧線の中にHやLの記号が表示されています。また、暖気の中心や寒気の中心を示すWやCの記号、風向・風速、気温、湿数を示す天気記号などが表示されていますが、300hPa 天気図の場合は、等温線**の表示が**ありません。気温分布は、6℃ごとにスポットで表示されている－（マイナス）の符号が付いた2桁の数字から読み取ります。このスポットに着目して同じ数字を線でつなぐことで、図73－10に示す－33℃の等温線のように、他の高層天気図に表示されている等温線と同じ線を解析できます。また、300hPa 天気図には、風速が同じ地点を結んだ等風速線が、20 ノットごとに破線で表示され、風速の値が破線上に記入されています。

え～っ。破線は等温線って覚えてたのにぃ。300hPa だと破線は等風速線なの～？なんでよぉ。間違えちゃうじゃない。もう、嫌んなっちゃう～。

そうなんだよ！等風速線が表示されているのは300hPa 天気図だけだから、ほんとに最初は間違えちゃうんだよね。本試験で焦っているときなんかも破線だから等温線って勘違いしやすいから要注意だよ！普段からしっかり意識しておこう！

300hPa 天気図 の読み取りポイント

300hPa は約 9,600 m で、対流圏上層の高度です。つまり、300hPa 面の強風軸を、風速の極大域であるジェット気流として考えることができるので、ジェット気流の位置などの風の場を把握したり、上層の温度場を把握したりするのに用います。

①風の場の把握…500hPa より上層では、地衡風近似（地衡風として扱うことが可能という意味。）が成り立っているので、300hPa の高度における風は、一般的に等高度線に平行に、高度の高い方を右に見て吹くものとして、風の場を把握することができます（北半球の場合）。

→ジェット気流は、偏西風帯の中で、特に幅が狭く風速の大きい流れで、その風速は鉛直方向では上層に行くほど強くなっています。そのため、対流圏上層の高度における 300hPa 天気図で、ジェット気流の位置を把握します。ジェット気流は、大きくは次の２点に着目して解析します。

（１）60 ノット以上の実測値

（２）等風速線の曲率の大きい部分

■図73−11

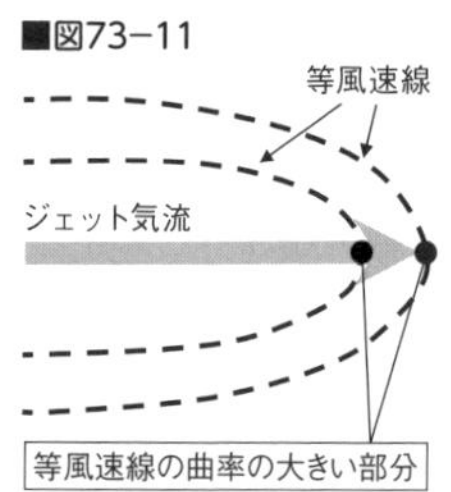

等風速線の曲率の大きい部分とは、図 73 − 11 に示すように、破線で表示された等風速線が大きく湾曲している部分の先端付近のことです。ジェット気流が存在する所では、等風速線がそのジェット気流を包むように曲がるので、曲率が大きい部分の先端付近を結ぶ線上付近をジェット気流の位置の大まかな目安とします。基本的には上記の２点を大きな判断基準としますが、ジェット気流は１つの大きな流れなので、大きな流れの中にある実測値を選択する必要があり、全体的に滑らかな線を描くことも大切です。また、基本的には 60 ノット以上が基準とされていますが、適宜 80 ～ 90 ノット以上の実測値が系統的に複数観測されている所を目安とすることが多い点にも留意します。なお、実測値がない部分については、等風速線に沿って滑らかな流線（流れに即した線）を描画します。図 73 − 10 であれば、まず、等風速線に着目して、60 ノットの等風速線で囲まれた領域や、その領域内の 80 ノットの等風速線で囲まれた領域を読み取ります。次に、60 ノット以上の矢羽に着目して、60 ノットや 80 ノットの等風速線の曲率が大きい所を結ぶような

線で、なおかつ60ノット以上の矢羽の風向に留意して、滑らかな流線を描画することで、300hPa面のジェット気流を解析します。

→ジェット気流（強風軸）と**低気圧（温帯低気圧）のライフサイクル**は、図73－12に示すような関係になる傾向があるので、両者の位置関係から低気圧がどの過程にあるかを推定することができます。

■図73－12　ジェット気流と低気圧のライフサイクルの関係

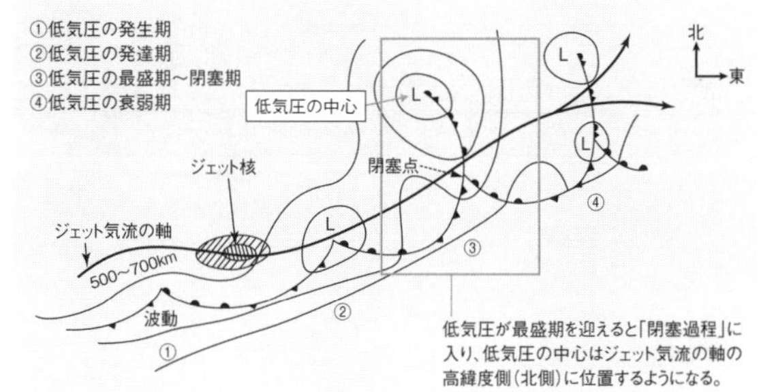

（気象庁提供）

低気圧の発生期：前線上に波動が生じている時期で、波動の中心部は、ジェット気流の南側（500～700km付近）に位置しています。

低気圧の発達期：低気圧は発達しながら北東へ移動する一方で、ジェット気流は南下するので、低気圧の中心付近の上空にジェット気流が位置するようになります。

低気圧の最盛期～閉塞期：低気圧の北東への移動やジェット気流の南下がさらに進み、低気圧はジェット気流の北側に位置するようになります。

低気圧の衰弱期：ジェット気流の分流によって、低気圧は衰弱していきます。

→ジェット気流の流れから、**上層の収束域や発散域**を把握することが可能です。ジェット気流が低高度側から高高度側に等高線を横切って吹いているときは、図73－13に示すように、ジェット気流の北側で発散域、南側で収束域となります。反対に、ジェット気流が高高度側から低高度側に等高線を横切って吹いているときは、ジェット気流の北側で収束域、南側で発散域となります。

■図73－13　ジェット気流に伴う収束域と発散域

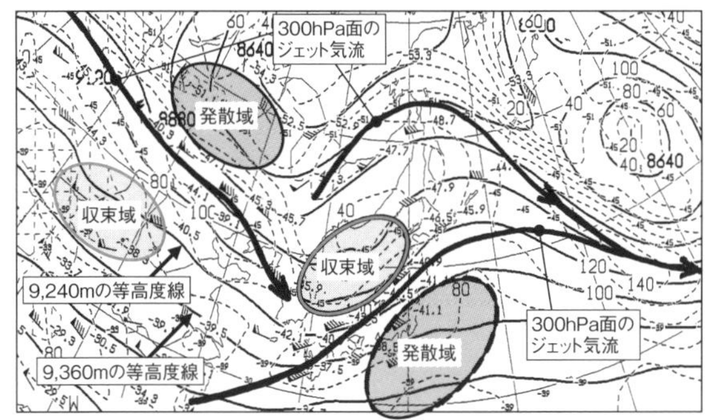

②**上層の温度場の把握**…寒冷低気圧は、地上低気圧としては不明瞭なことが多く、対流圏中・上層で明瞭なため、その存在を対流圏上層の高度である300hPa天気図で把握することができます。図73－14に示すように、300hPa天気図において閉じた等高度線で囲まれたLの記号が存在する場合は、そこに300hPa面の低気圧の存在が推測されます。その低気圧付近の気温に着目し、スポットの数字をつないだ閉じた等温線の存在と寒気の中心を意味するCの記号が存在するなど、寒気核の存在が確認される場合は、寒冷低気圧の可能性を考えます。

■図73－14　300hPa天気図における温度場の把握

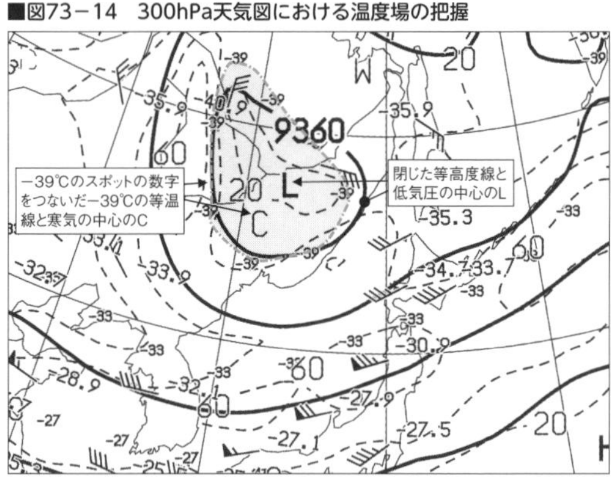

先生！試験でよく見る700hPa高層天気図の説明がありませんでした。どうしてですか？

おっ！良いところに気が付きましたね。700hPaで把握するのに適している主な物理量は、鉛直流や湿数ですが、試験では、これらの物理量については、850hPaの気温と風や、500hPaの気温といった異なる気圧面の物理量と組み合わせた天気図を用いて把握することが求められる傾向があります。

えぇっ～？違う気圧面の要素が入り混じってるの？そんなのもうムリよ～。

大丈夫ですよ。どの物理量がどの気圧面のものか、その組み合わせさえ意識すれば、異なる気圧面の物理量が1つの天気図に表示してあっても、読み取り方はこれまでの天気図とほぼ同じです。

だから700hPaについては、組み合わせの天気図のところで説明してるってことだね。

850hPa気温・風、700hPa鉛直流解析図（予想図）

■図73－15

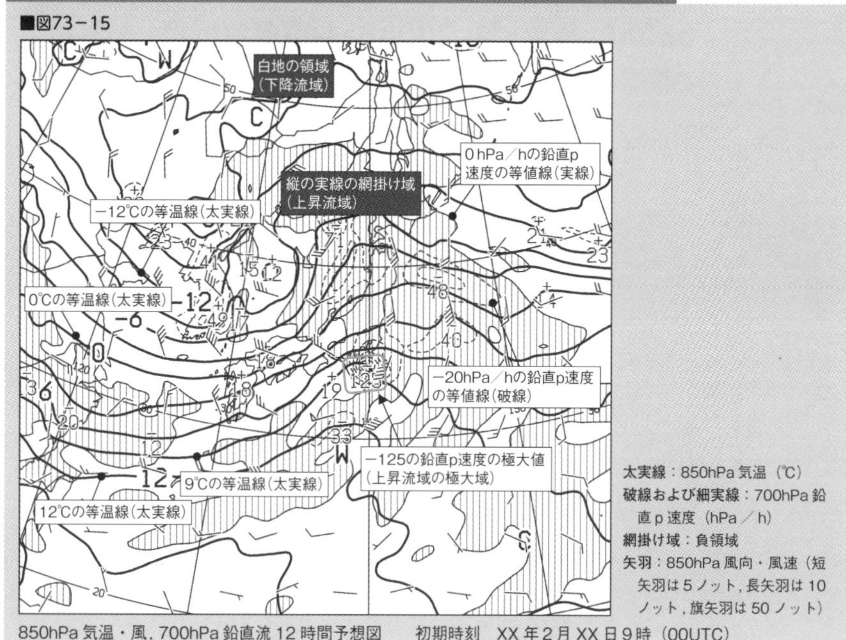

850hPa 気温・風, 700hPa 鉛直流 12 時間予想図　　初期時刻　XX 年 2 月 XX 日 9 時（00UTC）

予想時刻 0 時間後の数値予報天気図を**解析図**、12 時間後、24 時間後、36 時間後といった将来の大気状態を予想する数値予報天気図を**予想図**といいます。図 73 － 15 は 12 時間予想図です。解析図や時間ごとの予想図を対比させて時間経過による変化を把握します。図の見方や読み取り方は、解析図と予想図で同じです。

850hPa 面における下層の収束や発散、温度移流は、鉛直流との関連が強いことから、図 73 － 15 のように、**850hPa 面における気温・風**と、**700hPa 面における鉛直流**を 1 つの天気図上に表示させた図が作成されています。850hPa 気温・風、700hPa 鉛直流解析図（予想図）に表示されている内容は次のとおりです。

850hPa面　**等温線**が、0℃を基準にして 3℃ごとに太実線で表示され、暖気の中心に**W**、寒気の中心に**C**の記号が表示されています。また、約 300km ごと（日本付近）の格子点における**風向**と**風速**が、矢羽で表示されています。

700hPa面　鉛直流が鉛直 p 速度という速度（単位：hPa ／ h）で表示されています。実線で表示されている 0 hPa／ h の**鉛直 p 速度**の等値線を基準として、**20hPa ／ h** ごとの等値線が破線で表示されています。また、図 73 － 15 のように、**上昇流**の領域は縦の実線で網掛け域として表示され、極大域付近に**－（マイナス）の符号**が付いた数値が表示されています。下降流の領域は白地のままで極大域付近に＋（プラス）の符号が付いた数値が表示されています。

850hPa気温・風、700hPa鉛直流解析図（予想図）の読み取りポイント

700hPa は約 3,000 mで、対流圏中・下層を代表する高度です。低気圧周辺の 850hPa 面の温度場と風の場や、700hPa 面の鉛直流の場に着目して、低気圧の位置や状況、前線の位置などを把握することに用います。

低気圧の位置や状況、前線の位置などの把握…低気圧周辺の気温・風、鉛直流の状況に着目することで、低気圧の今後の盛衰を予想することができます。低気圧（温帯低気圧）の前面（東側）で暖気移流と上昇流、後面（西側）で寒気移流と下降流が存在する場合は、低気圧が発達するために必要な運動エネルギーが供給される構造にあることから、このような状況にある低気圧は発達過程にあると予想されます。反対に、このような状況にない低気圧は、今後発達しないと予想されます。

図 73 − 16 に示すように、東海道沖に低気圧（温帯低気圧）が存在する場合、この低気圧周辺の気温と風に着目すると、低気圧の前面（東側）では 45 ノットの南南西の風が、等温線を大きな角度で気温の高い側から低い側に横切って吹いているのが読み取れるので、暖気移流が予想されていると判断されます。風と等温線の角度が大きく風も強いことから、暖気移流は強いと判断されます。また、低気圧の後面（西側）では 25 ノットの北西の風が、等温線を大きな角度で気温の低い側から高い側に横切って吹いているのが読み取れるので、寒気移流が予想されていると判断され、等温線の間隔が狭く温度傾度が大きいことから、寒気移流は強いと判断されます。さらに、この低気圧周辺の鉛直流に着目すると、低気圧の前面（東側）は、おおむね縦の実線で網掛け域として表示された上昇流域、後面（西側）はおおむね白地の下降流域となっている

■図73－16　850hPa気温・風、700hPa鉛直流解析図における低気圧周辺の状況

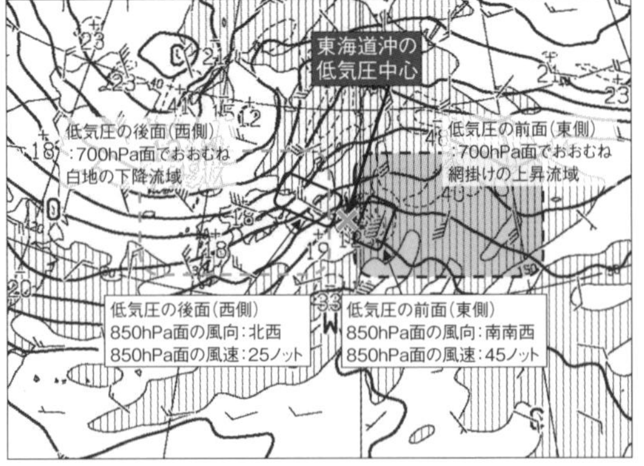

のが読み取れます。つまり、この低気圧の前面（東側）では強い暖気移流と上昇流が、後面（西側）では強い寒気移流と下降流が読み取れることから、この低気圧は今後発達すると予想されます。

図 73 － 16 に表示してある東海道沖の低気圧中心の×は、850hPa 気温・風、700hPa 鉛直流解析図には記入されていません。地上天気図で読み取って、自身で書き込む必要があることに注意しましょう。

500hPa 気温、700hPa 湿数解析図（予想図）

■図73－17

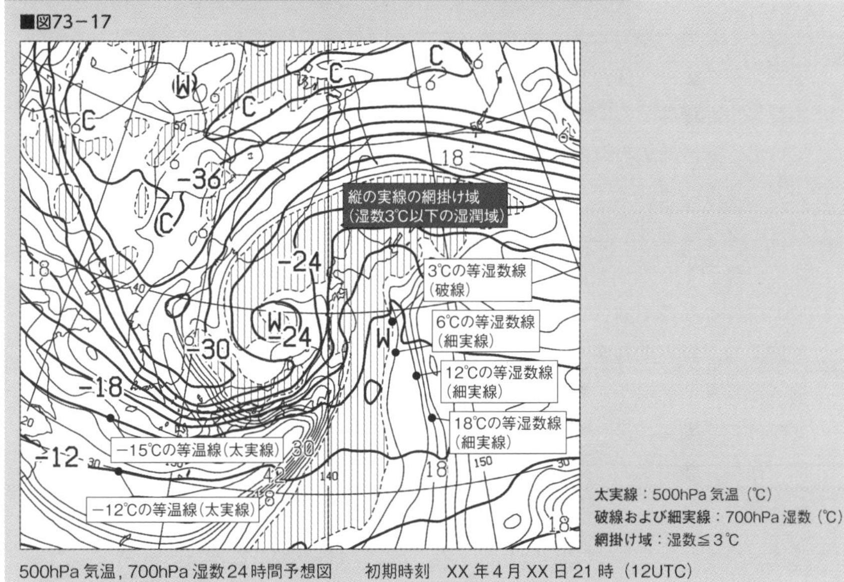

500hPa 気温，700hPa 湿数 24 時間予想図　初期時刻　XX 年 4 月 XX 日 21 時（12UTC）

500hPa 気温、700hPa 湿数解析図（予想図）に表示されている内容は次のとおりです。

700hPa 面 破線で表示されている湿数 3℃の等湿数線を基準として、6℃ごとの等湿数線が細実線で表示されていますが、破線で表示された湿数 3℃と 1 本外側の実線で表示された等湿数線の間隔だけは 3℃となっています。また、図 73 － 17 のように、湿数 3℃以下（3℃未満の場合もあり）の湿潤域は縦の実線で網掛け域として表示され、それ以外の領域は白地のままで表示されています。

500hPa 面 等温線が、0℃を基準にして 3℃ごとに太実線で表示され、暖気の中心に W、寒気の中心に C の記号が表示されています。

500hPa 気温、700hPa 湿数解析図（予想図）の読み取りポイント

700hPa 面の湿数分布に着目して、前線の位置を把握したり、850hPa 気温・風、700hPa 鉛直流図を併用して前線の位置を検討したりするのに用います。

① 700hPa 面の湿数分布における前線の位置の把握…700hPa 面の湿数が３℃以下（３℃未満の場合とする場合あり。以下同じ。）の領域は、対流圏中・下層の水蒸気輸送が盛んなことから、対流圏中・下層雲の発生域と考えることができます。寒冷前線やその前面付近は、一般に、降水を伴う湿数が小さい湿潤域となっていて、寒冷前線の後面は相対的に乾燥空気が流入する湿数が大きい乾燥域となっています。そのため、湿潤域や乾燥域の分布に着目して前線の位置を把握することができます。図 73 − 18 に示すように、日本海中部に低気圧（温帯低気圧）が存在する場合、この低気圧周辺の湿数の分布に着目すると、湿潤域と乾燥域の境界となる湿数３℃の等湿数線が低気圧の中心付近から南西に向かって伸びているのが読み取れます。低気圧との位置関係などから、この湿数３℃の等湿数線付近に寒冷前線が対応しているとすると、寒冷前線やその前面（東側）付近で網掛けの湿潤域、後面（西側）で白地の乾燥域の分布となります。以上のことから、700hPa 面の寒冷前線は、低気圧の中心付近から南西に向かって伸びている湿数３℃の等湿数線との対応が良いと判断します。

■図73－18　500hPa気温、700hPa湿数24時間予想図

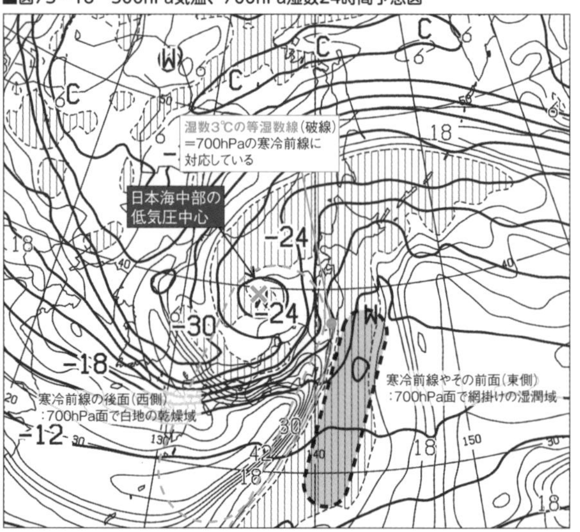

② 850hPa 気温・風、700hPa 鉛直流図の併用による 700hPa 面の前線の位置の把握…一般的に、前線を伴う低気圧周辺の風向は、図 73 − 19 に示すように、低気圧や寒冷前線の後面（西側）では、北～西よりの風が吹く寒気移流の場、前面（東側）では東～南よりの風が吹く暖気移流の場という特徴があります。また、寒冷前線と温暖前線に挟まれた領域（暖域）は、西～南よりの風による強い暖気移流の場となります。このような水平方向の風向シアにより、寒冷前線付近と温暖前線付近では、いずれも、反時計回りの低気圧性風向シアが存在します。この特徴を踏まえて、図 73 − 18 と同日時の 850hPa 気温・風、700hPa 鉛直流図を併用して、寒冷前線の位置を考察します。図 73 − 18 で考察した 700hPa 面の寒冷前線に対応している湿数 3℃の等湿数線の位置や、日本海中部の低気圧中心の位置付近における 850hPa 面の風に着目すると、図 73 − 20 に示すように、湿数 3℃の等湿数線の後面（西側）は、40 ～ 85 ノット前後の北～西よりの風が等温線に対して大きな角度を持って気温の低い側から高い側に向かって吹いている寒気移流の場、前面（東側）は、55 ～ 85 ノットの西～南よりの風が等温線に対して大きな角度を持って気温の高い側から低い側に向かって吹いている暖気移流の場となっているのが読み取れます。また、700hPa 面の鉛直流に着目すると、湿数 3℃の等湿数線の後面（西側）はおおむね白地の下降流域で、前面（東側）は、網掛けの上昇流域となっているのが読み取れます。したがって、湿数 3℃の等湿数線が寒冷前線に対応していることは、整合性が良いと判断されます。

■図73−19　前線を伴う低気圧周辺の風向

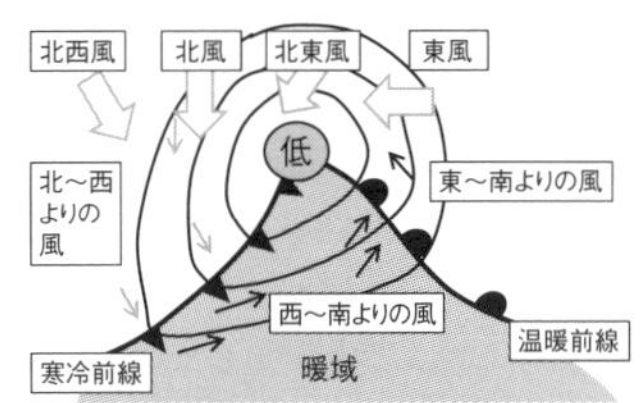

■図73−20　図73−18と同日時の850hPa気温・風、700hPa鉛直流24時間予想図

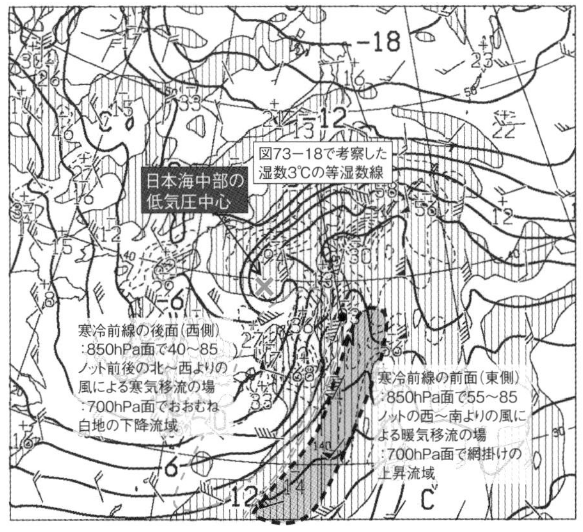

２つの気圧面が組み合わさってる図なんて、絶対無理～って思ってたけど、組み合わさってる方が情報を読み取りやすかったりするものなのね。ちょっと楽しくなってきたかも～。

ぷーきゃんちゃん、素晴らしいですよ！それが分かってもらえると先生、とてもうれしいです。これまでに説明してきた天気図は基本となるものなので、しっかりと学習してくださいね。
それと、ここまで説明してきた図に加えて、これから説明する３つの天気図が、気象予報士試験対策としても非常に重要になってくるので、その調子でもう少し頑張っていきましょう。

500hPa 高度・渦度解析図（予想図）

■図73－21

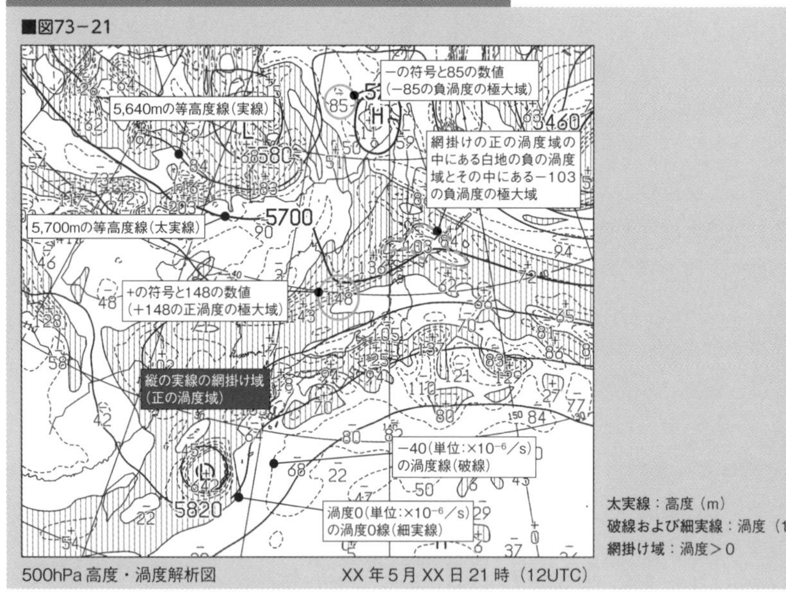

500hPa 高度・渦度解析図　　XX 年５月 XX 日 21 時（12UTC）

500hPa 高度・渦度解析図（予想図）には、等高度線が、5,700 m を基準にして 60 m ごとに実線で、300 m ごとに太実線で表示されています。周囲と比べて相対的に高度（気圧）が高い領域の中心付近にH、相対的に高度（気圧）が低い領域の中心付近にLの記号が表示され、高気圧や低気圧の場合は閉じた等圧線の中にHやLの記号が表示されています。また、細実線で表示されている渦度（単位：× 10^{-6}／s）がゼロの線（渦度０線）を基準として、渦度 40 ごとに、最大で ± 200までの等渦度線が破線で表示されています。図 73 － 21 のように、負の渦度域は白地のままで、正の渦度域は縦の実線で網掛け域として表示されていて、正の渦度の極大域の中心に＋（プラス）の符号が数値とともに表示され、負の渦度の極大域の中心に−（マイナス）の符号が数値とともに表示されています。

500hPa 高度・渦度解析図（予想図）の読み取りポイント

渦度移流から鉛直流の存在を推測したり、等高度線と渦度に着目して 500hPa 面のトラフの位置を把握したり、等高度線に着目して 500hPa 面の強風軸の位置を把握したりするのに用います。

①渦度移流による鉛直流の存在の推測…渦度は、大気の回転の度合いを示す物理量で、500hPa 高度・渦度図に表示されている渦度とは、相対渦度を意味します。

時計回りの回転を負の渦度、反時計回りの回転を正の渦度と表現するんだよ！この表現は、北半球と南半球で共通なんだけど、最初はとっても間違いやすいから注意してね。

私は、ゴロ合わせで、「はんせい」って覚えたわ。反時計回りが正の渦度っていう意味よ。どう？これでもう忘れないでしょ。私って天才かも〜♪

ゴロ合わせは、ど忘れしちゃったときの対策として有効だね。それに片方だけ覚えるだけでよいのも楽でイイね！

500hPa より上層では、地衡風近似が成り立っているので、500hPa の高度においては一般的に等高度線に平行に、高度の高い方を右に見るような風（北半球）が吹いているものとします。低緯度側ほど高度が高く、高緯度側ほど高度が低い状態なので、一般風は西風（偏西風）となります。大気の流れに大きな変化がない偏西風帯において、500hPa 面では総観規模の擾乱に対しての水平発散が小さいので、渦度はほぼ保存されて流されるという特徴があります。つまり、500hPa 面を移動する渦度は時間変化が小さく、偏西風の流れに沿ってほぼ同じ等高度線に沿うように移動するので、長時間にわたる追跡ができ、この 500hPa 面の渦度を追跡することで総観規模擾乱の移動を検出することができます。また、

第3章 実技　第1節 解析作業の基礎知識

空気の流れによって発生した渦が、より大きな大気の流れによって流されて移動することを、渦度移流といいます。渦度移流には、渦度が時間とともに増加する正の渦度移流と、時間とともに減少する負の渦度移流があります。また、時間の経過とともに、渦度が増加する領域を正の渦度移流域、渦度が減少する領域を負の渦度移流域といいます。例えば、図73－21で北海道付近に着目すると、網掛けの正の渦度域の中に、白地の負の渦度域と－103の負渦度の極大域が読み取れます。この領域は、この後、西側にある正の渦度が偏西風によって移動してくる領域なので正の渦度移流域です。逆に、正渦度の極大域で、西側の領域の渦度の値がそれよりも小さい場合は、西側の値の小さい渦度がその後移動してくる領域なので、正渦度の極大域は負の渦度移流域となります。

渦度の移流は、鉛直流との結び付きが強いので、500hPa面での渦度移流の大きさの分布状態を見積もることで、上昇流や下降流の存在を推測することができます。図73－22に示すように、発達中の地上低気圧（温帯低気圧）の中心と上層のトラフを結ぶ軸は、上層ほど西に傾いています。これは、発達中の低気圧は、後面に寒気、前面に暖気の位置関係となることで、有効位置エネルギーの運動エネルギーへの変換が起こり、温帯低気圧にエネルギーが供給される構造となっているからです。そのため、発達中の地上低気圧に対応する上層のトラフは、地上低気圧よりも西側に位置していて、この上層のトラフに対応する正渦度の極大域も地上低気圧の西側に位置しています。正渦度の極大域の前面は、これからより大きな渦度が移動してくる領域なので、正の渦度移流域です。このように、正の渦度移流域が、発達中の地上低気圧によって生じる上昇流域に対応していることがあるので、正の渦度移流域と地上低気圧との位置関係から、低気圧の位置や低気圧がどの過程にあるかを判断することがあります。ただし、上昇流や下降流の生成には、温度移流や凝結による加熱など他の要因もあるので、渦度移流だけで鉛直流を決定するのではなく、その他の要因についても併せて検討することが大切です。

■図73−22　正の渦度移流域と上昇流の関係の模式図

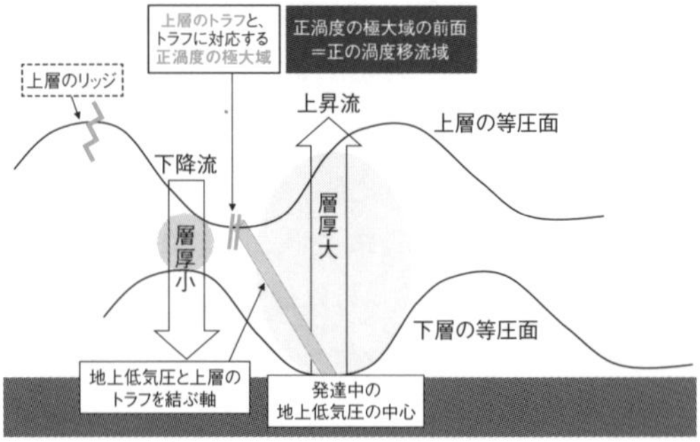

② 500hPa 面のトラフの位置の把握…トラフが発達すると、それに対応する正渦度の極大値が大きくなります。また、トラフの中にまとまった負の渦度域が現れることがあります。トラフの中の負の渦度域は、対応する地上低気圧の中の発散域を示しているので、この領域では比較的好天が予想されます。一方、リッジの中のまとまった正の渦度域では、対応する高気圧の上空に寒気が流入して大気の成層が不安定になっているなど、対流性の雲の発生や降水が予想されます。

500hPa 高度・渦度図におけるトラフは、次の特徴が存在する場所付近に解析されます。

- ●等高度線の曲率が大きい場所
- ●網掛けで表示された正の渦度域内
- ●正渦度の極大域付近
- ●等渦度線の集中帯付近や、等渦度線の曲率に沿う場所

図 73 − 23 の場合は、等高度線の曲率が最も顕著な 5,340 mの等高度線における曲率が大きい場所の先端付近に着目し、網掛けで表示された正の渦度域内における＋ 190 の正渦度の極大域付近を通るような線で、5,520 mの等高度線の曲率が大きい場所の先端付近にかけての滑らかな線を描画します。また、破線で表示されている**等渦度線**に着目し、等渦度線の集中帯付近や等渦度線の曲率に沿う場所との対応が良ければ、その位置が 500hPa 面のトラフの位置として適していると判断します。

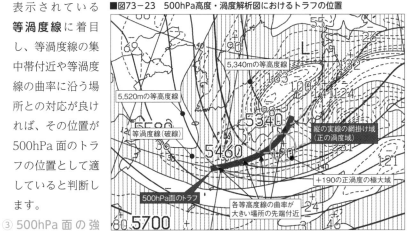

■図73－23　500hPa高度・渦度解析図におけるトラフの位置

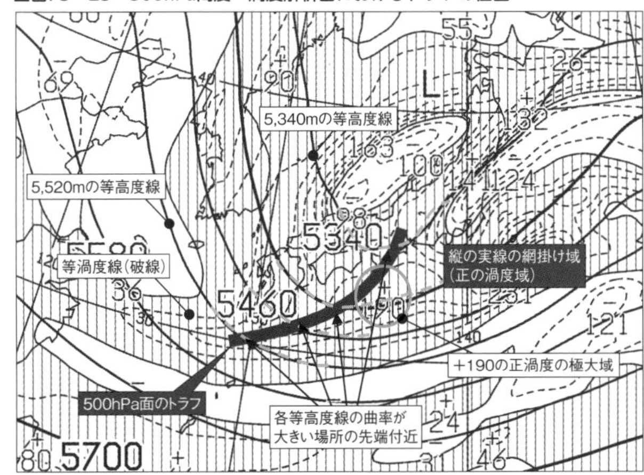

③ 500hPa 面の強風軸の位置の把握…500hPa の高度においては一般的に偏西風が吹いています。強風軸は偏西風の領域において水平方向に最も風が強い領域をいいます。図 73 − 24 に示すように、一様に西風が吹いている領域で風速シアが存在する場合、風が最も強い領域の北側（高緯度側）では風速シアによる反時計回りの循環（正の渦度）が、南側（低緯度側）では風速シアによる時計回りの循環（負の渦度）が生じます。そして、風が最も強い領域では風速シアによる渦度は発生しませ

ん。そのため、強風軸の風下に向かって北側（高緯度側）が正の渦度域、南側（低緯度側）が負の渦度域の分布となり、この２つの領域の境界に当たる渦度０線が最も風の強い領域（強風軸）に対応します。つまり、正の渦度域の南縁に当たる渦度０線上に強風軸が存在すると判断することができます。このことを踏まえて、図73－25で渦度０線に着目すると、複数の東西に長く伸びる渦度０線の存在が読み取れますが、このうち、渦度０線の北側（高緯度側）に正の渦度域、南側（低緯度側）に負の渦度域の分布となる渦度０線（正の渦度域の南縁に当たる渦度０線）上付近に、500hPa面の強風軸が存在すると判断します。

■図73－24　強風軸と渦度の関係の模式図

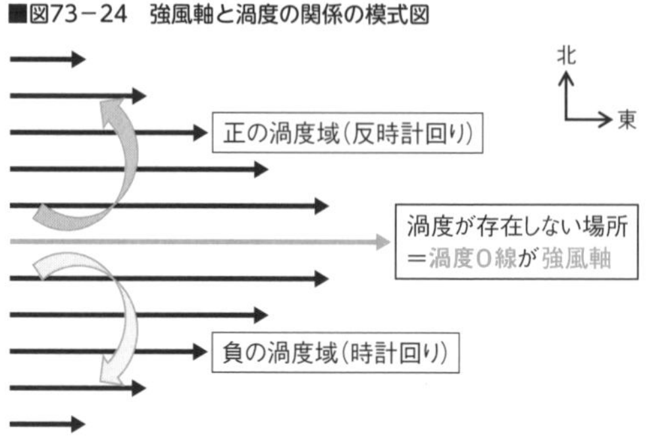

■図73－25　500hPa高度・渦度24時間予想図における強風軸

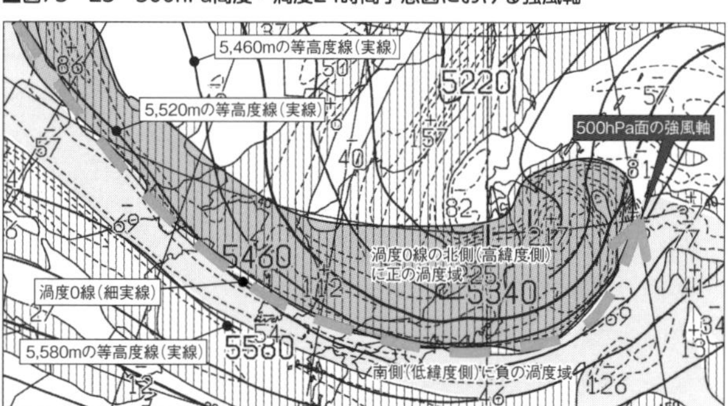

偏西風の蛇行が大きくなってトラフやリッジが強まると、流れの曲率も大きくなって曲率による渦度が大きくなるので、渦度０線と強風軸は一致しなくなります。でも、気象予報士試験で問われるのは、渦度分布に着目して500hPa面の強風軸の位置を読み取る力なので、上記のテクニックを押さえておけば大丈夫ですよ。

850hPa 相当温位・風予想図

■図73－26

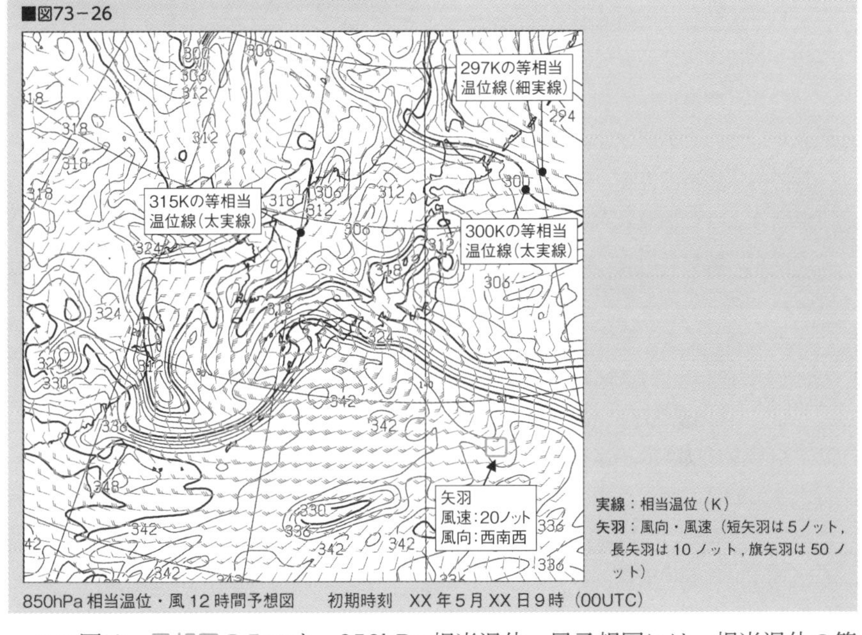

850hPa 相当温位・風 12 時間予想図　　初期時刻　XX 年5月XX 日9時（00UTC）

この図は、予想図のみです。850hPa 相当温位・風予想図には、相当温位の等値線である等相当温位線が、300 K を基準にして3 K ごとに実線で、15 K ごとに太実線で表示されています。また、風向と風速が約 100km の格子点ごとに、矢羽で表示されています。風向・風速は地上天気図や高層天気図と同じく、旗矢羽が 50 ノット、長矢羽1本が 10 ノット、短矢羽1本が5ノットです。

850hPa 相当温位・風予想図の読み取りポイント

850hPa 面の前線の位置を把握したり、高相当温位の領域を把握したり、スケールの小さい擾乱、収束・発散域を把握したり、下層ジェットの存在を把握したりするのに用います。

① 850hPa 面の前線の位置の把握…空気が未飽和な状態のままで断熱変化をする場合は、温位が変化しません。そのため、前線付近の空気が乾燥していて上昇流

域での水蒸気の凝結量が極めて少ない場合は、温位をその気団の性質の代表と見なした温位による前線の位置の解析が有効です。しかし、水蒸気量が多く湿った空気が流入して上昇流が生じる場合は、凝結によって潜熱が放出されるので温位が変化（増加）します。このような場合においては、温位による解析を前線解析に用いるのは適切ではありません。そこで、水蒸気が凝結しても変化しない物理量である相当温位を、前線の解析に用います。相当温位は、水蒸気をすべて凝結させたときの潜熱を考慮した物理量で、空気塊の外から熱が加えられない限り、その空気塊が飽和していても、飽和していなくても保存されるので、気団の性質をよく表現することができます。850hPa 相当温位・風予想図を用いて 850hPa 面の前線の位置を解析する場合の着目ポイントは次のとおりです。

（1）等相当温位線の集中帯の南縁

（2）風の低気圧性水平シアが大きい領域

相当温位は温度と湿度に依存する物理量なので、温度が高く水蒸気量が多いほどその値は大きくなります。前線は、異なる気団の境界なので、相当温位の傾度が大きい等相当温位線の集中帯が前線帯に対応し、等相当温位線の集中帯の南縁が 850hPa 面の前線（前線面）に対応しています。また、寒冷前線の前面では西～南よりの風、後面では北～西よりの風が吹いていて、温暖前線の前面では東～南よりの風、後面では西～南よりの風が吹いているので、いずれも前線付近は低気圧性水平シアが大きくなっています。そのため、等相当温位線の集中帯の南縁で、風の低気圧性水平シアが大きい場所を、850hPa 面の前線の位置と判断します。

図 73－27 の場合は、等相当温位線の集中帯の南縁に着目すると、342K の等相当温位線付近で風向による低気圧性水平シアが大きくなっているのが読み取れるので、850hPa 面の寒冷前線は、342 K の等相当温

■図73－27　850hPa相当温位・風24時間予想図における850hPa面の前線

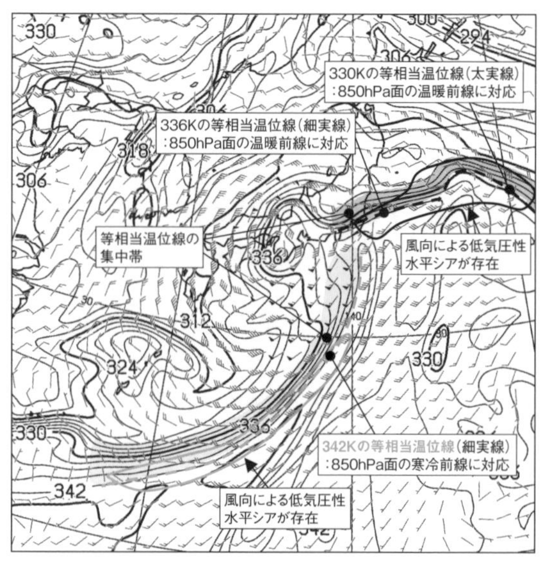

位線に対応していると判断します。また、850hPa 面の温暖前線は、等相当温位線の集中帯の南縁に当たる 336 K と 330 K の等相当温位線付近で風向による低気圧性水平シアが大きくなっているのが読み取れるので、336 K や 330 K の等相当温位線に対応していると判断します。

②**高相当温位の領域の把握**…下層に高相当温位の空気が流入する領域は、下層に**暖湿**な空気が流入する領域です。暖かい空気と冷たい空気では**暖かい空気**の方が**軽く**、湿潤空気と乾燥空気では**湿潤空気**の方が**軽く**なります。湿潤空気の方が軽いのは、水蒸気を全く含まない窒素や酸素、二酸化炭素やアルゴンなどの混合気体を**乾燥空気**、水蒸気を含む窒素や酸素などの気体を**湿潤空気**として比較した場合、湿潤空気の分子量の方が小さいからです。乾燥空気の成分を、図 73 − 28 のように、微量なアルゴンや二酸化炭素の重さを考慮せず、窒素と酸素と考え、窒素が約 80%、酸素が約 20%の比率で乾燥空気が生成されているとすると、窒素と酸素の分子量から、**乾燥空気の分子量は 28.8** です。一方、湿潤空気の成分は乾燥空気と水蒸気です。水は H_2O なので、図 73 − 29 のように、**水の分子量は 18** です。そのため、**乾燥空気の分子量 28.8 ＞水の分子量 18** の関係となり、乾燥空気の分子量の方が重いことになります。このような理由から、図 73 − 30 のように、すべてが重い分子量（乾燥空気）で生成されている乾燥空気と、一部が軽い分子量（水蒸気）に置き換わった湿潤空気では、乾燥空気の方が重く、**湿潤空気の方が軽く**なります。つまり、下層に高相当温位（暖湿）の空気が流入する領域は、軽い空気が下層に流入する領域なので、大気の成層は**対流不安定**な状態にあります。このような状況下において、暖湿気流が山脈に向かって吹きつけるように吹く場合は、暖湿気流が山脈の斜面を滑昇することで上昇流（**地形性上昇流**という）が生じ、対流不安定が**顕在**

■図73−28

乾燥空気の成分

〈アルゴンや二酸化炭素は微量で重さへの貢献度はごくわずかなので無視できる〉

窒素分子約80%	酸素分子約20%
⬇	⬇
窒素分子量(28)	酸素分子量(32)

乾燥空気の分子量は
窒素分子の貢献度28×80%
＋ 酸素分子の貢献度32×20%＝28.8

■図73−29

湿潤空気の成分

水はH_2O

水素(H)原子	**酸素(O)**原子
⬇	⬇
水素原子の重さ(1)	酸素原子の重さ(16)

水蒸気の分子量は
水素原子1×2+酸素原子16＝18

■図73−30

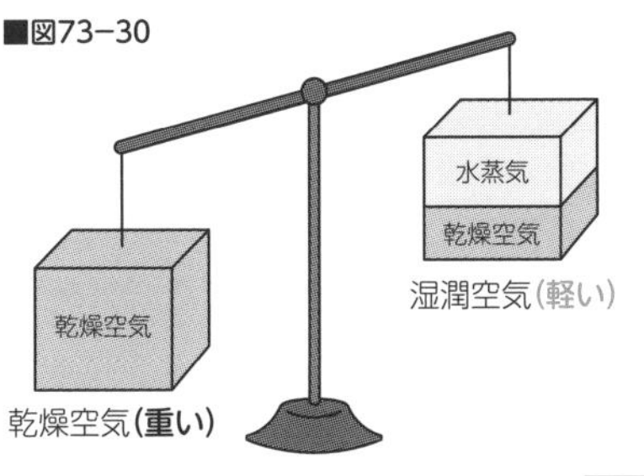

化して大気の状態が鉛直不安定になり、積乱雲のような激しい対流活動が引き起こされることが予想されます。

■図73−31　数値予報モデルの地形図

数値予報モデルの地形図
実線：標高(m)

気象予報士試験では、地形性上昇流の存在を把握することを目的として、図73−31に示すような、数値予報モデルの地形図が用いられることがあります。この図は、標高（単位：m）を実線と数字で示しているので、数字や線の間隔から標高の高い領域（山脈の存在）や傾斜の大きい領域を把握することができます。数字が大きい場所ほど標高が高く、線の間隔が狭い所ほど傾斜が大きいことを意味します。この地形図と850hPa相当温位・風予想図を併用して、激しい対流活動が引き起こされる可能性のある領域を把握します。

■図73−32　850hPa相当温位・風12時間予想図における高相当温位な空気の流入域

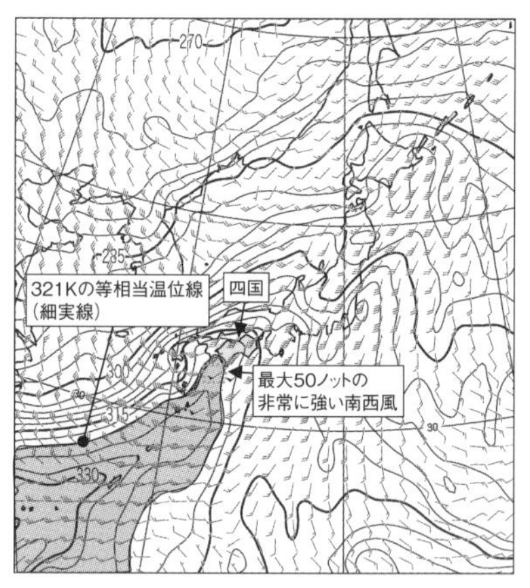

例えば、図73−32は、11月における850hPa相当温位・風12時間予想図ですが、四国の高知県に向かって11月の時期にしては321Kと高相当温位の暖湿な空気が最大50ノットの非常に強い南西風によって流入する予想になっています。この南西風が流入する先端付近の四国の標高の特徴について図73−31で確認すると、四国の中心付近は標高が高くなっているのが読み取れます。このような状況から、南西風が四国山脈の太平洋側の斜面に向かって吹き付ける予想となっていて、暖湿気流が山脈の斜面を滑昇することで地形性上昇流が生じ、対流不安定が顕在化して大気の状態が鉛直不安定になり、積乱雲のような激しい対流活動が引き起こされることが予想されます。つまり、四国の太平洋側では非常に激しい雨や落雷、突風などに注意や警戒が必要になることが予想されるということです。なお、夏季の場合には、特別な警戒が必要となる相当温位の値は、一般に340 K以上とされています。

③スケールの小さい擾乱、収束・発散域の把握…850hPa相当温位・風予想図では、約100kmの格子点ごとに風速が表示されているので、流線と等風速線の描画を比較的容易に行うことができます。そのため、総観規模よりもスケールの小さい

擾乱の確認に適しています。また、流線と等風速線の分布から、収束が特に大きい領域を把握することもでき、収束域が高相当温位の領域と重なっている場合は、その領域での大雨が予想されます。総観規模よりもスケールの小さい擾乱の寿命はそれほど長くはありませんが、局所的に激しい現象をもたらすなど、天気に大きな影響を及ぼすことがあるので、これらの擾乱を把握しておくことは重要です。

④下層ジェットの存在の把握…等相当温位線が混んでいる暖気側で、40ノット以上の強風が存在する領域には、下層ジェットが存在する可能性があります。下層ジェット付近では、対流が盛んで上空の大きな運動量が下層に運ばれるために地上で風が強まり、しばしば激しい突風が発生することがあるので注意が必要です。なお、地上の突風の強さ（最大瞬間風速）は、850hPa面の風速と同程度とされています。

ね～ね～、不安定とか対流不安定とか成層不安定って言葉がよく出てくるんだけど、これって実技試験の記述式でどれも同じ意味として使っていいの～？アイキャン先輩、教えて～。

えっ？僕？う、うん…。え～っと、確か…。全部、同じ不安定だから、大丈夫だと思う…。

同じじゃありませぇーんっ！対流不安定は、現在、安定であることを意味する用語ですよ。下層に暖湿空気があって潜在的に不安定な状態ですが、まだ安定な状態です。気層が上昇流などで持ち上げられることで不安定が顕在化します。

鉛直不安定と成層不安定はどちらもすでに不安定が顕在化している状態を意味する用語なので、おおむね同じ意味です。この点についてはアイキャン君は合っているね。でも、試験ではこれらをしっかり使い分けましょう。単に不安定とするのもダメですよ。

地上気圧・降水量・風予想図

■図73－33

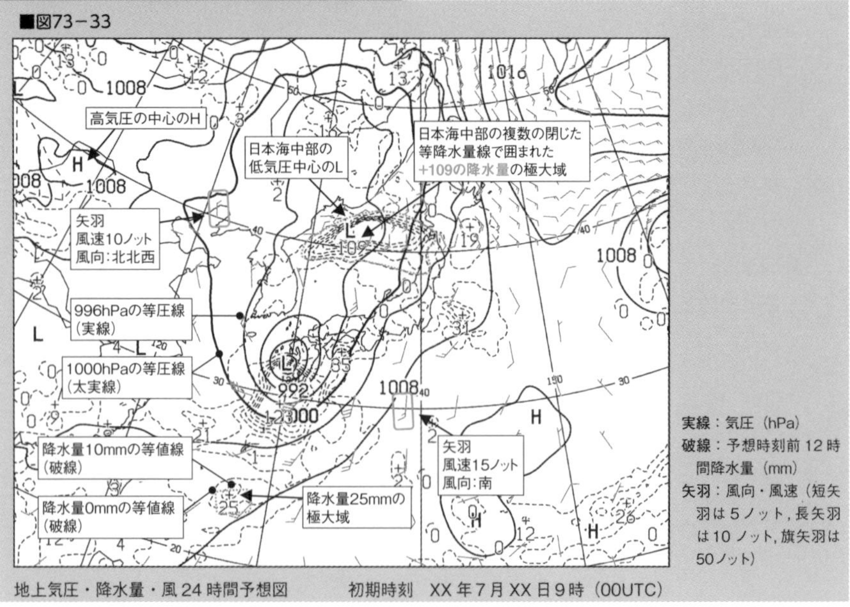

地上気圧・降水量・風 24 時間予想図　　初期時刻　XX 年 7 月 XX 日 9 時（00UTC）

この図は、予想図のみです。地上気圧・降水量・風予想図には、等圧線が 1000hPa を基準にして 4 hPa ごとに実線で、20hPa ごとに太実線で表示されています。周囲と比べて相対的に気圧が高い領域の中心付近にH、相対的に気圧が低い領域の中心付近にLの記号が表示され、HやLの記号が、閉じた等圧線の領域内に表示されている場合は､高気圧や低気圧の存在を示していると判断します。また、該当する予想図の 12 時間前から予想図の時刻までの降水量を積算した前 12 時間降水量（予想降水量）が、0 mmから最大 50 mmまで 10 mmごとに破線（等降水量線）で表示され、極大域付近に＋（プラス）の符号が付いた整数が表示されています。ただし、72 時間予想図に表示されている降水量は前 24 時間降水量（予想降水量）なので注意が必要です。また、予想時刻における海上風が矢羽で表示されていて､風向･風速は地上天気図と同じく､旗矢羽が 50 ノット、長矢羽 1 本が 10 ノット、短矢羽 1 本が 5 ノットを意味します。

地上気圧・降水量・風予想図の読み取りポイント

降水域を把握したり、降水域や風向・風速、等圧線の形状などに着目して地上の前線の位置を把握したりするのに用います。

①降水域の把握…降水量の極大域や等降水量線に着目して、降水域や降水が多くなっている領域を把握します。図 73 － 33 の場合は、日本海中部に複数の閉じた等降水量線で囲まれた**＋ 109 の降水量の極大域**が表示されているので、この領域で多量の降水が予想されているのが読み取れます。

気象予報士試験では、この降水の要因を、850hPa 面の空気の性質と風向・風速分布に着目して検討する問題が問われることがあります。このような問題の場合は、提示されている複数の天気図から、考察するために最も適していると判断される図を選択して要因を検討する必要があります。降水量の要因について問われていて、850hPa 面の空気の性質と風向・風速に着目することが求められているので、同日時における 850hPa 面の相当温位の分布や風の分布情報が表示されている 850hPa 相当温位・風予想図が、提示されていることを確認します。図 73 － 34 のように、図 73 － 33 と同日時の 850hPa 相当温位・風予想図が提示されている場合は、その図で、日本海中部における相当温位の分布（空気の性質）に着目します。図 73 － 34 で日本海中部において多量の降水が予想されている領域の 850hPa 面の相当温位の特徴に着目すると、約 330 ～ 345 K の等相当温位線の集中帯に対応する場となっているのが読み取れるので、日本海中部の低気圧との位置関係から、この等相当温位線の集中帯は前線帯に対応していて、等相当温位線の集中帯の南縁に当たる 345 K や 339 K の等相当温位線が 850hPa 面の前線に対応していると推測されま

■図73－34　図73－33と同日時の850hPa相当温位・風24時間予想図

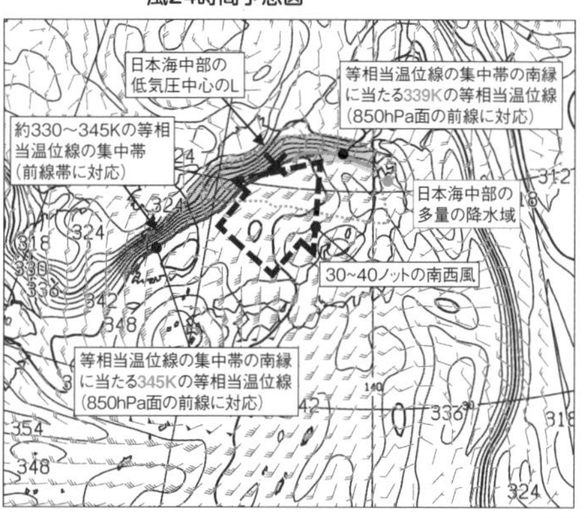

す。また、850hPa 面の風向・風速の分布の特徴に着目すると、多量の降水域は 30 ~ 40 ノットの強い南西風が吹く場となっているのが読み取れます。そのため、これらの位置関係などから、高相当温位の**湿潤暖気**が等相当温位線の集中帯に対応する**前線で収束**して**上昇流が強化**されるために、日本海中部で多量の降水が予想されていると考えることができます。

②**地上の前線の位置の把握**…低気圧の位置に着目し、低気圧から伸びる位置付近で、等圧線の形状、降水域、風向・風速などから前線の位置を把握します。地上の寒冷前線は、次の特徴が存在する場所付近に解析されます。

- **等圧線の低気圧性曲率が大きい場所**
- **降水域や降水の極大域付近**
- **風の低気圧性水平シアが大きい領域**

図 73 － 35 において、①等圧線の低気圧性曲率が大きい場所、②予想時刻前 12 時間降水量の多い場所や降水の極大域付近、③風の低気圧性水平シアが大きい領域（反時計回りの風向シアが存在する場所）に留意して、九州にある低気圧中心の L を起点とする南西方向に伸びる線と南東方向に伸びる線を滑らかに描画すると、地上の寒冷前線と温暖前線は図 73 － 35 に示す位置付近に解析されます。

ここで、図 73 － 35 と同日時の 850hPa 相当温位・風 12 時間予想図と併せて、850hPa 面の前線との位置関係を確認してみましょう。図 73 － 36 で、九州にある低気圧中心付近に着目すると、低気圧中心付近から南西方向に伸びる等相当温位線の集中帯と、南東方向に伸びる等相当温位線の集中帯が読み取

■図73－35　地上気圧・降水量・風12時間予想図

■図73－36　図73－35と同日時の850hPa相当温位・風12時間予想図

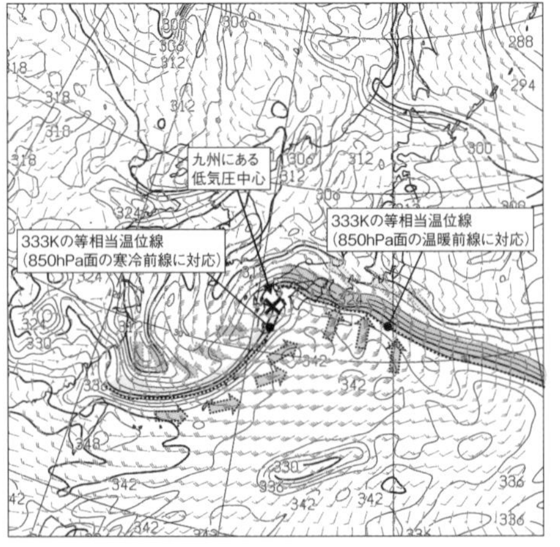

れます。この集中帯が850hPa面の前線帯に対応していて、等相当温位線の南縁に当たる等相当温位線が850hPa面の前線に対応しているので、寒冷前線は、南西方向に伸びる333 Kの等相当温位線に、温暖前線は南東方向に伸びる333 Kの等相当温位線に対応していると判断されます。850hPa面の風に着目しても、寒冷前線や温暖前線付近で低気圧性水平シアが大きくなっているのが読み取れるので、各前線の位置との整合性が良いことが確認できます。

図73 − 35で解析した地上の前線と図73 − 36で解析した850hPa面の前線の位置を比べると、図73 − 37に示すように、**地上の前線は850hPa面の前線の暖気側**に位置していることが分かります。また、**低気圧中心の位置はほぼ同じ**ですが、地上の前線と850hPa面の前線との差は、温暖前線の方が寒冷前線よりも大きくなっています。これは、図73 − 4で説明している前線面の勾配（傾き）が、温暖前線の方が寒冷前線よりも**緩い（小さい）**ことによるものです。

■図73−37　地上の前線と850hPa面の前線の位置関係

九州にある
低気圧中心のL
333Kの等相当温位線
（850hPa面の寒冷前線に対応）
333Kの等相当温位線
（850hPa面の温暖前線に対応）
地上の寒冷前線
地上の温暖前線

気象予報士試験では、提示されている天気図や、問題文で指示されている天気図の各要素に着目して考察する力が求められます。表に整理した寒冷前線解析時の着目ポイントを基本にして、提示された天気図からどの天気図を用いるのが最適か判断できる力を養っていきましょう。

■図73−38　寒冷前線解析時の着目ポイント

天気図	寒冷前線解析時の着目ポイント
地上気圧、前12時間降水量、風	・等圧線の低気圧性曲率が大きい場所 ・降水域や降水の極大域付近 ・風の低気圧性水平シアが大きくなっている領域
850hPa相当温位	・等相当温位線の集中帯とその南縁
850hPa気温・風	・寒冷前線の後面（西側）で北〜西よりの風（寒気移流の場）、前面（東側）で西〜南よりの風（暖気移流の場） ・風の低気圧性水平シアが大きくなっている領域
700hPa鉛直p速度	・寒冷前線の後面（西側）で下降流域、前面（東側）で上昇流域
700hPa湿数	・寒冷前線やその前面（東側）付近で湿潤域、後面（西側）で乾燥域

エマグラム

■図73－39

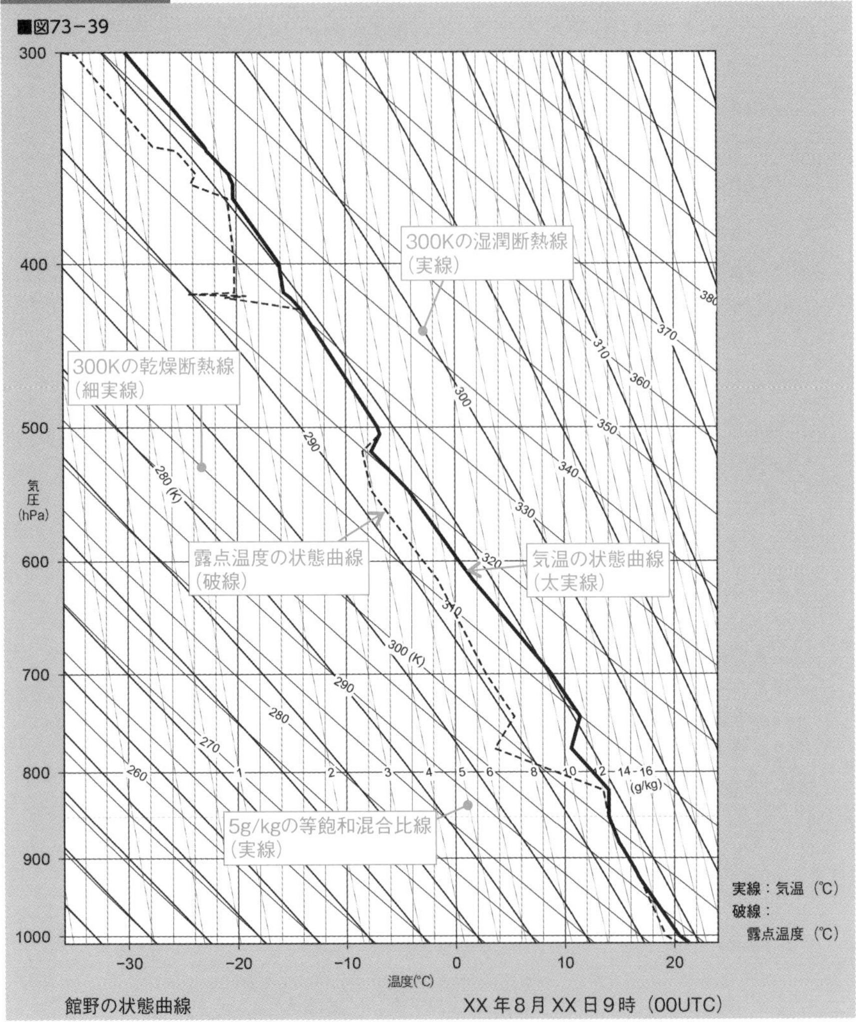

エマグラムは、大気の鉛直安定度や空気塊の断熱過程を把握するために用いられるもので、縦軸に気圧、横軸に温度を取った図です。縦軸の気圧の目盛は100hPa ごとですが、空気の密度は下層ほど大きくて気圧の変化が大きいことから、実際の大気に合わせて、下層ほど狭く上層ほど広い間隔になっていることに注意が必要です。横軸の温度は、2℃ごとの線が等間隔に表示されています。エマグラムには、図 73 － 39 に示すように、**傾斜が大**きい細実線の乾燥断熱線、乾燥断熱線よりも**傾斜が小**さくて上層ほど湾曲が大きくなっている実線の湿潤断熱線、直線で最も**傾斜が小**さい実線の等飽和混合比線が表示されています。等飽

和混合比線の間隔は数値が小さいほど広くなっていることに注意が必要です。なお、乾燥断熱線は等温位線でもあり、湿潤断熱線は等湿球温位線でもあります。このエマグラムに、高層気象観測の結果から得られた各高度の気温と露点温度を記入することで、鉛直分布の状態を把握し、小規模擾乱の発生に都合の良い状態の発生予測を行うことができます。各高度の要素を線で結んだ線は、鉛直方向の状態を示す線であることから状態曲線といい、気温の状態曲線は**太実線**で、露点温度の状態曲線は**破線**で記入されます。

エマグラム の読み取りポイント

積雲対流が発達するためのエネルギー量であるCAPE（ケープ）やCIN（シン）を把握したり、エマグラムに記入された空気塊の混合比を求めたり、鉛直不安定の大きさを示すショワルター安定指数（SSI（エスエスアイ））の値を求めたりするのに用います。

① CAPEとCINの把握…CAPEは、対流有効位置エネルギーの英語（Convective Available Potential Energy）の頭文字で、積雲対流が発達するためのエネルギー量を表しています。図73－40に示すように、下層のA点の高度にある空気塊の温度が露点温度よりも高く未飽和な状態である場合、空気塊が何らかの要因によって持ち上げられると、空気塊は乾燥断熱線に沿って上昇し、やがて露点温度を通る等飽和混合比線と交差するB点で飽和に達して凝結を開始します。空気塊がB点で飽和に達して凝結を開始することから、B点を持ち上げ凝結高度といい、雲底高度の目安となります。その後も、何らかの要因によって空気塊がさらに持ち上げられる場合、飽和に達した空気塊は湿潤断熱線に沿って上昇し、やがて周囲の空気の温度と同じになる高度であるC点（気温の状態曲線と交差する点）に到達します。C点より上では空気塊の方が常に気温が高いので、空気塊を上昇させる要因がなくても空気塊は自らの浮力で上昇することができることから、C点を自由対流高度といいます。自由対流高度より上では、空気塊が湿潤断熱線に沿って上昇することで積雲対流の活動が活発になって雲が成長していきます。上昇する空気塊は、再び周囲の空気の温度と同じになる高度であるD点（気温の状態曲線と交差する点）に到達します。空気塊の温度はD点で周囲の空気の温度と同じになって浮力がゼロになることから、D点を平衡高度といいます。平衡高度で雲

の成長は止まるので、D点は雲頂高度の目安となります。そして、C点の自由対流高度からD点の平衡高度までの間の湿潤断熱線と気温の状態曲線で囲まれた面積に比例する量がCAPEです。CAPEの面積が大きいほど、空気塊は大きな上昇速度を持つので、対流が発達して大気は成層不安定な状態です。

■図73−40　エマグラム上の空気塊の断熱変化の模式図

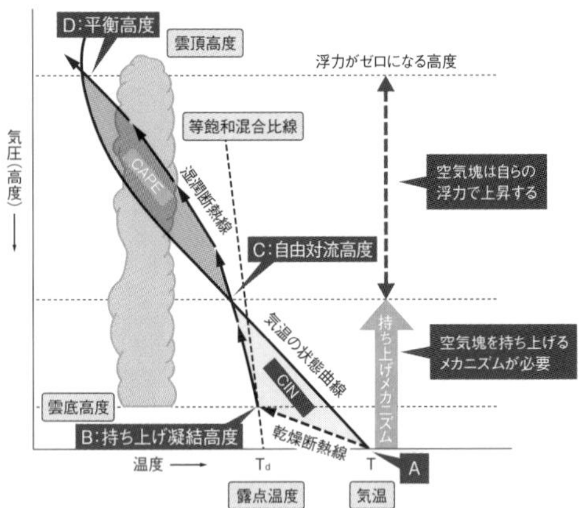

なお、A点とB点とC点で囲まれた領域の面積をCIN（対流抑制）といい、空気塊をC点まで持ち上げるために必要なエネルギー量を表しています。CINの面積が大きいほど、空気塊を自由対流高度まで持ち上げるためのエネルギー量が多くなるので、対流は発生しにくくなります。

②空気塊の混合比の把握…混合比は、乾燥空気1kgに対して、水蒸気が何g混在しているかを示すもので、空気中に含まれている水蒸気量を表すのに用いられます。空気塊が上昇や下降をしても凝結を伴わない場合は、水蒸気圧（水蒸気量）と乾燥空気の気圧の比率である混合比は保存されます。また、露点温度は、空気塊を冷却していったときに水蒸気が凝結を始める温度なので、空気塊が飽和に達した状態の温度です。この飽和に達した状態における混合比（もうこれ以上水蒸気を含むことができない状態における混合比）が飽和混合比です。飽和混合比は温度と圧力によって決まります。温度は上層ほど低くなりますが、圧力も低くなります。温度が低くなると飽和混合比は小さくなりますが、圧力が低くなって飽和混合比が大きくなり両者が打ち消し合うことで、飽和混合比が同じ値になる所を結んだ線が等飽和混合比線です。つまり、凝結を伴わない場合の空気塊の混合比は保存され、空気塊が凝結を始める温度（露点温度）はその空気塊が持つ水蒸気量を示しているので、その露点温度を通る飽和混合比の値が、その空気塊の混合比になります。そのため、エマグラムにおいては、記入されている空気塊の露点温度を通る等飽和混合比線の値を読み取ることで、空気塊の混合比を求めることができます。

③ショワルター安定指数（SSI）の把握…下層の空気塊が持ち上げられた場合に上層にある空気の温度と比較して、空気塊の温度が上層の空気の温度よりも低いか

高いかでその大気の鉛直不安定の大きさを判断するための指数を、ショワルター安定指数（SSI）といいます。そのため、SSI は 850hPa の高度の空気塊を乾燥断熱的（途中で飽和した場合、それより上空では湿潤断熱的）に 500hPa の高度まで上昇させたときの空気塊の温度（以下、A とする。）を、500hPa の高度における周囲の空気の温度（以下、B とする。）から差し引いた値で、**B－A**により算出されます。SSI の算出手順は次のとおりです。

手順①…エマグラムに記入されている 850hPa の空気塊の温度と露点温度から、その空気塊が未飽和なのか、飽和に達しているのかを判断します。空気塊の温度の方が高い場合は、その空気塊は未飽和なので上昇させると乾燥断熱減率で気温が低くなります。そのため、乾燥断熱線に沿って空気塊を上昇させます。温度が同じ場合は、すでに飽和状態なので空気塊を上昇させると湿潤断熱減率で気温が低くなります。そのため、湿潤断熱線に沿って 500hPa の高度まで空気塊を上昇させたときの温度を読み取ります **(A)**。

手順②…850hPa の空気塊が未飽和な状態だった場合は、最初は乾燥断熱線に沿って上昇させていきますが、空気塊は露点温度を通る等飽和混合比線と交差する高度で飽和に達します。そのため、その高度から上は湿潤断熱線に沿って上昇させ、500hPa の高度まで上昇させたときの温度を読み取ります **(A)**。

手順③…エマグラムに記入されている気温の状態曲線から、500hPa の高度における周囲の空気の温度を読み取ります **(B)**。

手順④…**B－A**によって算出された値が SSI の値です。

このようにして算出された SSI の値が－（マイナス）の場合は、850hPa の高度の空気塊が何らかの要因によって強制的に 500hPa の高度まで持ち上げられると、周囲の空気よりも温度が高くて軽い空気塊は、その後も上昇を続けるので、大気の状態は不安定と判断されます。SSI の値が＋（プラス）の場合は、850hPa の高度の空気塊が何らかの要因によって強制的に 500hPa の高度まで持ち上げられたとしても、周囲の空気よりも温度が低くて重い空気塊は、その後は上昇せずに下降するので、大気の状態は安定と判断されます。この手順に沿って、図 73 － 41 における SSI の値を算出してみます。

■図73−41　エマグラム（状態曲線）から算出するSSI

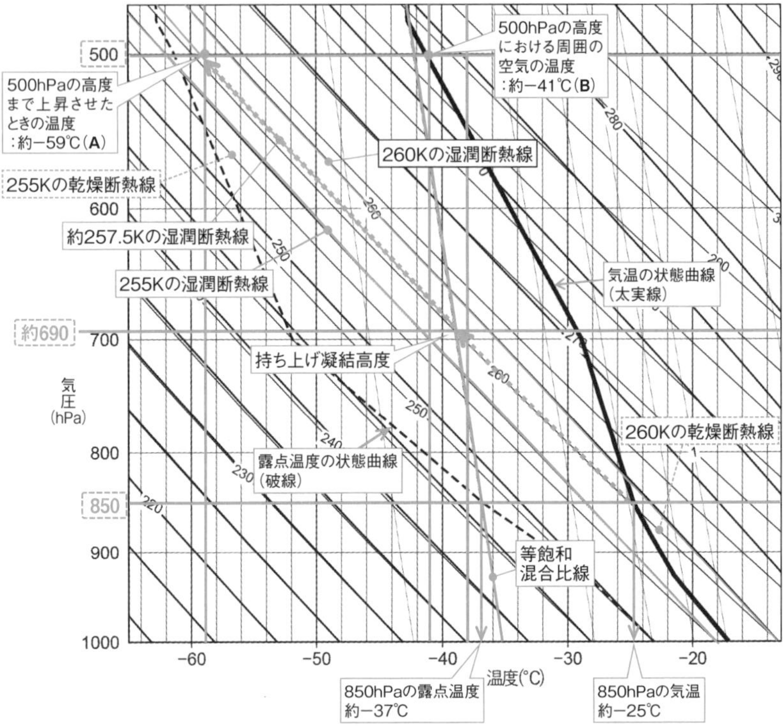

手順①…図 73 − 41 で 850hPa の気温と露点温度の関係に着目すると、気温の状態曲線が露点温度の状態曲線よりも右側にあって、気温（約− 25℃）が露点温度（約− 37℃）よりも高い状態なので、850hPa の空気塊は未飽和の状態です。未飽和の空気塊の温度は乾燥断熱減率で低くなるので、乾燥断熱線に沿って空気塊を上昇させます。ちょうど真上を通る 260 K の乾燥断熱線が表示されているので、260 K の乾燥断熱線に沿って上昇させます。

手順②…上昇する未飽和な空気塊は、露点温度に達した時点で飽和に達するので、空気塊は 850hPa の露点温度を通る等飽和混合比線と交差する高度で飽和に達します。ちょうど真上を通る等飽和混合比線が表示されていないので、両側の等飽和混合比線を**比例配分**して補助線を描画すると、空気塊は、約 690hPa の高度で等飽和混合比線と交差することから、約 690hPa の高度で飽和に達します。飽和状態の空気塊の温度は湿潤断熱減率で低くなるので、約 690hPa の高度より上は湿潤断熱線に沿って上昇させます。ちょうど真上を通る湿潤断熱線が表示されていないので、両側の 260K と 255K の湿潤断熱線を比例配分し、約 257.5 K の湿潤断熱線を補助線として描画し、この補助線に沿って 500hPa の高度まで上昇させたときの空気塊の温度を読み取ると、図 73 − 41 に示すように、約− 59℃（A）です。

手順③…エマグラムに記入されている気温の状態曲線から、500hPa の高度における周囲の空気の温度を読み取ると、図 73 − 41 に示すように、約− 41℃（B）です。

手順④…850hPa の高度の空気塊を 500hPa の高度まで上昇させたときの空気塊の温度である約− 59℃（A）を、500hPa の高度における周囲の空気の温度である約− 41℃（B）から差し引くと、B − A より、SSI の値は＋ 18℃と算出され、大気の状態は安定と判断されます。

ショワルター安定指数（SSI）は、鉛直不安定の大きさを示す目安となるものです。数学的には SSI の値が負であれば上昇する空気塊の温度の方が周囲の空気の温度よりも高く浮力は上向きとなるので大気の状態は不安定、SSI の値が正であれば上昇する空気塊の温度の方が低く浮力は下向きとなるので大気の状態は安定です。

ただし、実際には SSI の値が正であっても、しゅう雨などの大気の状態が不安定になる統計調査結果が出ていることから、一般的には大気の状態が安定か不安定かの判断は、次のように SSI の値の 3 ℃を 1 つの目安としています。

■図73−42　SSIによる不安定の判断基準

SSI≦　3℃	しゅう雨(しゅう雪)がある
SSI≦　0℃	雷が発生する
SSI≦−3℃	ひょうが降る
SSI≦−6℃	竜巻が発生する

さくいん

INDEX

あ

か

さ

た

な

は

ま

や

ら

わ

著者紹介

■ユーキャン気象予報士試験研究会

本会は、気象予報士試験対策本の制作にあたり、気象予報に関する幅広い知識を有する著者を中心に結成されました。

●監修・執筆　上杉 亜紀子（うえすぎ あきこ）

スキューバダイビングのインストラクター時代に命を守るための知識として気象に興味を持ち、気象予報士の資格を取得。民間の気象会社で予報業務やキャスターの実務経験を積んだ後、ユーキャン気象予報士合格指導講座の講師業務に従事。過去問解説の執筆や、受講生からの質問対応などの業務を通じて、合格のための効率的な学習方法を伝えている。

●法改正・正誤等の情報につきましては、下記「ユーキャンの本」ウェブサイト内「追補(法改正・正誤)」をご覧ください。
https://www.u-can.co.jp/book/information

●本書の内容についてお気づきの点は

- 「ユーキャンの本」ウェブサイト内「よくあるご質問」をご参照ください。
  https://www.u-can.co.jp/book/faq
- 郵送・FAX でのお問い合わせをご希望の方は、書名・発行年月日・お客様のお名前・ご住所・FAX 番号をお書き添えの上、下記までご連絡ください。
  【郵送】〒169-8682 東京都新宿北郵便局 郵便私書箱第 2005 号
  ユーキャン学び出版 気象予報士資格書籍編集部
  【FAX】03-3378-2232
  ◎より詳しい解説や解答方法についてのお問い合わせ、他社の書籍の記載内容等に関しては回答いたしかねます。

●お電話でのお問い合わせ・質問指導は行っておりません。

写真提供(表紙、巻頭特集):PIXTA / amanaimages / Shutterstock

ユーキャンの気象予報士 入門テキスト

2021年9月3日 初版 第1刷発行
2022年1月6日 初版 第2刷発行
2023年4月1日 初版 第3刷発行
2024年9月1日 初版 第4刷発行

編 者 ユーキャン気象予報士試験研究会
発行者 品川泰一
発行所 株式会社 ユーキャン 学び出版
〒151-0053
東京都渋谷区代々木1-11-1
Tel 03-3378-1400
編 集 株式会社 利助オフィス
発売元 株式会社 自由国民社
〒171-0033
東京都豊島区高田3-10-11
Tel 03-6233-0781(営業部)

印刷・製本 シナノ書籍印刷株式会社

※落丁・乱丁その他不良の品がありましたらお取り替えいたします。お買い求めの書店か自由国民社営業部(Tel 03-6233-0781)へお申し出ください。